数学·统计学系列

U0211688

Secrets in Inequalities (volume II)

不等式的秘密

● ［越南］范建熊 著

● 隋振林 译

（第二卷）

 哈尔滨工业大学出版社

HARBIN INSTITUTE OF TECHNOLOGY PRESS

内 容 提 要

这是《不等式的秘密》一书的第二卷,取名为"高级不等式". 在本卷你可以看到五种方法,这些方法不仅能提升解决不等式的能力,而且还可以减少问题的复杂性并给出漂亮的证明. 在此,你可以找到证明不等式的现代方法:整合变量法、平方分析法、反证法、归纳法和经典不等式的使用方法. 正如你阅读过的本书第一卷一样,这里有许多漂亮和困难的问题训练你使用这些方法的技能.

我们希望,作者倾注在本书关于不等式方面的热情和汗水对你有用.

图书在版编目(CIP)数据

不等式的秘密:高级不等式. 第 2 卷/(越)范建熊著;隋振林译.
—哈尔滨:哈尔滨工业大学出版社,2014.1(2024.10 重印)
ISBN 978-7-5603-4220-7

Ⅰ.①不… Ⅱ.①范… ②隋… Ⅲ.①不等式-普及
读物 Ⅳ.①O178-49

中国版本图书馆 CIP 数据核字(2013)第 196780 号

版权登记号　黑版贸审字　08-2012-004

策划编辑　刘培杰　张永芹
责任编辑　张永芹　王勇钢
封面设计　孙茵艾
出版发行　哈尔滨工业大学出版社
社　　址　哈尔滨市南岗区复华四道街 10 号　邮编 150006
传　　真　0451-86414749
网　　址　http://hitpress. hit. edu. cn
印　　刷　哈尔滨市石桥印务有限公司
开　　本　787mm×1092mm　1/16　印张 15.75　字数 305 千字
版　　次　2014 年 1 月第 1 版　2024 年 10 月第 10 次印刷
书　　号　ISBN 978-7-5603-4220-7
定　　价　38.00 元

(如因印装质量问题影响阅读,我社负责调换)

致谢

首先让我来介绍斯坦福大学数学教授 Ravi Vakil 和 Rafe Mazzeo,感谢他们对我的大力支持.感谢斯坦福大学为我撰写本书提供的奖学金.最真诚地感谢我的教授,来自越南国家科学院的 Nguyen Duy Tien, Pham Van Hung 和 Nguyen Vu Luong,他们自始至终鼓励我,完成本书的创作,并从最初版本到最后版本校对了本书.另外,我衷心地感谢,对本书做出贡献的我的朋友们,他们提供了大量的漂亮而优美的不等式,并给出了这些不等式挑战性的解法,帮助我认真仔细地校对了本书,并参与了全部不等式的引用编辑,让我获得了国家资金的支持.他们是 Dinh Ngoc An 和 Nguyen Viet Anh(一年级大学生),Ngyen Quoc Khanh (Hanoi 国立大学二年级学生),Le Trung Kien (BacGiang 高中生),Vo Quoc Ba Can (Can Tho 医学院,一年级大学生),Le Huu Dien Khue (Hue 国立中学),Do Hoang Giang (Hanoi 国立大学学生),Phan Thanh Nam (Ho Chi Minh 市国立大学四年级学生),Bach Ngoc Thanh Cong,Nguyen Vu Tuan 和 Hai Phong 的 Tran Phu High 的其他学生,Nguyen Thuc Vu Hoang(Quang Ngai 高中生).我非常感谢著名的不等式解答专家 Vasile Cirtoaje,Michael Rozenbeg, Gabriel Dospinescu 和 Mircea Lascu,他们为我提供了许多不等式方面的资料,帮助我改善了本书的结构和风韵,使其变成了一本多元化和丰富多彩的书.

1

大量的不等式是从著名的数学论坛 www. mathlink. ro 上收集的,我非常感谢为本书提供问题的作者,感谢 mathlinks 的其他会员,通过他们的智慧,给我创作和求解问题的灵感. 还有大量的各种各样的不等式来自世界各地的奥林匹克数学竞赛以及 MYM,Crux 和数学思考(reflectos. awesomemath. org)等数学杂志.

我要特别真诚地感谢 Pachitariu Marius,Pohota Cosmin,他们帮助我用两种语言编辑了本书的文字和数学表达式.

最后,我希望感谢我美丽的母亲,父亲和我的姐姐,他们给予我最善良的帮助,他们总是在鼓励我,给我力量,并且自始至终陪伴我,完成本书的创作与编写. 感谢我的朋友们:Ha Viet Phuong, Nguyen Thanh Huyen, Doung Thi Thuong, Ngo Minh Thanh. 我的母亲,帮助我校对了英文版本并纠正了其中的拼写错误. 本书奉献给大家.

作者
Pham Kim Hung
加利福尼亚州. 斯坦福大学

正如你看到的《不等式的秘密》第一卷或者本卷的标题，这一卷是关于高级不等式的话题. 我们着手这个项目的主要想法是出一本有关不等式方面的书. 尽管目前出现了大量有关这方面的书籍，但我们还是想用不同的方式来科学地组织出现的大量有关不等式方面的内容. 有第一卷做引导，本卷的内容就很容易明白. 这更像是提名书的延续，如同在不等式世界旅行的第二部分.

在这个旅行中，你可以看到五个不同的方法，这些方法的使用不仅可以提升解决不等式问题的能力，而且还可以降低问题的复杂性并给出漂亮的证明. 需要注意的是，经典不等式的使用方法，放在前四个方法之后，我们认为只有在不等式方面的能力达到一个较高的水平之后，才有可能灵活地使用这个方法；确实如此，在一个领域里，坚实的知识背景通常是需要找到一个问题最简单和最自然的解决方案. 在这里，你可以找到证明不等式的更好的现代方法：整合变量法（一般的和特殊的形式）、平方分析法、反证法、归纳法，还有上面提到的经典不等式的使用方法. 正如你已经读过本书第一卷一样，这里有许多漂亮和困难（有时非常非常困难）的问题来训练你使用这些方法的技能. 这五个方法中，每一个方法都有它自己不同的特色和魅力，但是我们始终强调方法的简单性和有效性. 因此，我们强烈推荐不等式方面的这个新礼物. 从古至今，学生和教师参入数学竞赛（即使是很难的竞赛），不仅对数学更感兴趣，而且提高了课堂数学能力. 我们希望，倾注本书的热情和汗水，对你有用.

首次完成本书长达 350 多页,为了保持两卷的相似性,与 GIL 出版社商讨之后决定,撤掉第六章(约 100 多页)仅保留标题.我们把第六章的内容放在互联网上,你可以自由地下载(下载地址是:www.gil.ro/eng/sii).第六章是本书最有趣味的一章,因为它是由许多关于不等式方面精彩的文章(这些文章对前五章使用五个方法进行补充或改进)所组成.阅读完前五章,很有必要阅读它.另外,作为一个读者,在得到本书之前,阅读这一章也是评价本书的一个很好的指示.阅读第六章,可以更好地理解其他章节.

　　没有作者和 GIL 出版社的授权,不管什么理由,用于商业目的出版或发布本章的内容,都是非法的.更多的相关信息,请联系出版社或作者.

在不等式中使用高级方法

如果没有坚实的方法证明大量不等式问题,那么美丽的不等式世界将会变得枯燥、无吸引力.好的方法,在数学的方方面面都是很有必要的,因为,使用好的方法可以避免重复思考相似的问题,也可以通过它创作已经可以解决的新问题.这就是我们彻底描述五个重要方法的原因(更多高级的方法在第一卷已经介绍过),这五个方法是:整合变量法、平方法、反证法、一般归纳法和经典不等式法.

在数学竞赛中,你是否常常对每次出现的求解不等式问题感到恐慌?你是否时常对处理首次出现的一个新类型的不等式感到困惑?在本书中,除了第一卷已经有的方法外,我们将给你提供更先进的方法.它将帮助你熟练地驾驭不等式问题,简单说,这些方法是平方和、整合变量、反证法、归纳和经典方法,每一个方法的开始部分,都给出了细致的解释和分析,以帮助你掌握这些方法的使用,同样,对每一部分都提供大量的应用问题,解答简洁明朗.让我们看看这五个方法是如何的简单和有效.

"方法"一词扮演着一个重要角色,我不想给出这个词的严肃的意义.你们每一个人都可以创建自己的方法并付诸于问题中.在证明不等式中我发现了这五个方法,或许你已经发现了这些方法或者是类似的方法.这五个方法涵盖了出现在当今数学竞赛中的大部分不等式.

缩写和记号

缩写

IMO   国际数学奥林匹克

TST   IMO 选拔考试

APMO   亚洲太平洋地区数学奥林匹克

MO   国家数学奥林匹克

MYM   数学和越南青年杂志

SOS   平方和方法

MV   整合变量法

SMV   强整合变量法

WLOG   不失一般性

CPR   读者私下发给我的问题,发件人要求冠以作者的名字.

记号

$\mathbf{N}$ 自然数集

$\mathbf{N}^*$ 自然数集,0 除外

$\mathbf{Z}$ 整数集

$\mathbf{Z}^+$ 正整数集

$\mathbf{Q}$ 有理数集

$\mathbf{R}$ 实数集

$\mathbf{R}^+$ 正实数集

关于求和(积)符号的说明[译者]

为了和国内相关书籍关于求和(积)符号保持一致,在本书第二卷采用下列符号:

(1) 轮换和使用记号 $\sum$

例如,三变量 a,b,c 的轮换和

$$\sum f(a) = \sum f(b) = \sum f(c) = f(a) + f(b) + f(c)$$

$$\sum f(a,b) = \sum f(b,c) = \sum f(c,a) = f(a,b) + f(b,c) + f(c,a)$$

$$\sum f(a,b,c) = \sum f(b,c,a) = \sum f(c,a,b) = f(a,b,c) + f(b,c,a) + f(c,a,b)$$

四变量 a,b,c,d 的轮换和

$$\sum f(a) = \sum f(b) = \sum f(c) = \sum f(d) = f(a) + f(b) + f(c) + f(d)$$

1

$$\sum f(a,b) = \sum f(b,c) = \sum f(c,d) = \sum f(d,a)$$
$$= f(a,b) + f(b,c) + f(c,d) + f(d,a)$$

其余类似.

（2）轮换积使用记号 $\prod$

例如，三变量 a,b,c 的轮换积

$$\prod f(a) = \prod f(b) = \prod f(c) = f(a) \cdot f(b) \cdot f(c)$$

$$\prod f(a,b) = \prod f(b,c) = \prod f(c,a) = f(a,b) \cdot f(b,c) \cdot f(c,a)$$

四变量 a,b,c,d 的轮换积

$$\prod f(a) = \prod f(b) = \prod f(c) = \prod f(d) = f(a) \cdot f(b) \cdot f(c) \cdot f(d)$$

$$\prod f(a,b) = \prod f(b,c) = \prod f(c,d) = \prod f(d,a)$$
$$= f(a,b) \cdot f(b,c) \cdot f(c,d) \cdot f(d,a)$$

其余类似.

（3）对称和使用记号 $\sum\limits_{\text{sym}}$

例如，三变量 a,b,c 的对称和

$$\sum_{\text{sym}} a = 2(a+b+c)$$

$$\sum_{\text{sym}} ab = ab + ba + bc + cb + ca + ac = 2(ab + bc + ca)$$

$$\sum_{\text{sym}} f(a,b,c) = f(a,b,c) + f(a,c,b) + f(b,c,a) + f(b,a,c) + f(c,a,b) + f(c,b,a)$$

四变量 a,b,c,d 的对称和

$$\sum_{\text{sym}} a = 3(a+b+c+d)$$

$$\sum_{\text{sym}} ab = ab + ac + ad + bc + bd + cd$$

其余类似.

术　语

(1) AM‐GM 不等式

设 $a_1, a_2, \cdots, a_n$ 是非负实数,则

$$a_1 + a_2 + \cdots + a_n \geqslant n\sqrt[n]{a_1 a_2 \cdots a_n}$$

(2) 加权 AM‐GM 不等式

设 $a_1, a_2, \cdots, a_n$ 是非负实数,则

$$x_1 a_1 + x_2 a_2 + \cdots + x_n a_n \geqslant a_1^{x_1} a_2^{x_2} \cdots a_n^{x_n}$$

其中,$x_1, x_2, \cdots, x_n$ 是满足 $x_1 + x_2 + \cdots + x_n = 1$ 的正数.

(3) Cauchy-Schwarz 不等式

设 $a_1, a_2, \cdots, a_n; b_1, b_2, \cdots, b_n$ 是实数,则

$$(a_1^2 + a_2^2 + \cdots + a_n^2)(b_1^2 + b_2^2 + \cdots + b_n^2) \geqslant (a_1 b_1 + a_2 b_2 + \cdots + a_n b_n)^2$$

(4) Hölder 不等式

设 $m, n \in \mathbf{N}, \{x_{ij}\}\ (i = 1, 2, \cdots, m; j = 1, 2, \cdots, n)$ 是正实数,则

$$\prod_{i=1}^{m}\left(\sum_{j=1}^{n} x_{ij}\right)^{\frac{1}{m}} \geqslant \sum_{j=1}^{n}\left(\prod_{i=1}^{m} x_{ij}^{\frac{1}{m}}\right)$$

(5) Chebyshev 不等式

设 $(a_1, a_2, \cdots, a_n), (b_1, b_2, \cdots, b_n)$ 是两个排列次序相同的实数列,则

$$n(a_1 b_1 + a_2 b_2 + \cdots + a_n b_n) \geqslant (a_1 + a_2 + \cdots + a_n)(b_1 + b_2 + \cdots + b_n)$$

(6) Jensen 不等式

设 f 是 I 上的凸函数,$a_1, a_2, \cdots, a_n \in I$,则

$$f(a_1) + f(a_2) + \cdots + f(a_n) \geqslant n f\left(\frac{a_1 + a_2 + \cdots + a_n}{n}\right)$$

(7) Schur 不等式

设 a, b, c 是非负实数,r 是正实数,则

$$a^r(a-b)(a-c) + b^r(b-c)(b-a) + c^r(c-a)(c-b) \geqslant 0$$

另外,如果 a, b, c 是正实数,则上述不等式对任意实数 r 也成立.

(8) Suranyi 不等式

设 $a_1, a_2, \cdots, a_n$ 是非负实数,则

$$(n-1)(a_1^n + a_2^n + \cdots + a_n^n) + n a_1 a_2 \cdots a_n$$
$$\geqslant (a_1 + a_2 + \cdots + a_n)(a_1^{n-1} + a_2^{n-1} + \cdots + a_n^{n-1})$$

(9) Schur 不等式的扩展

如果 $x \geqslant y \geqslant z, a \geqslant b \geqslant c$,则

$$a(x-y)(x-z)+b(y-z)(y-x)+c(z-x)(z-y) \geqslant 0$$

（10）对称优超原则

设 $(a)=(a_1,a_2,\cdots,a_n)$，$(b)=(b_1,b_2,\cdots,b_n)$ 是两个实数列，我们可重新安排 (a)，(b)，使之分别变成 (a')，(b')，满足 $(a') \geqslant (b')$，当且仅当，对所有的实数 x 有

$$|a_1-x|+|a_2-x|+\cdots+|a_n-x| \geqslant |b_1-x|+|b_2-x|+\cdots+|b_n-x|$$

◎ 目 录

平方分析法

1.1 起　步

一般来说,当我们要证明某一个不等式时,不能使用任何经典不等式.我们本能的方法就是把表达式转换成平方的形式,并不是尝试和想起过去我们已经解决了的类似的不等式问题,这个方法是基于最基本的代数性质:$x^2 \geqslant 0, \forall x \in \mathbf{R}$. 对于解决的大部分问题的证明中,你已经使用了这个性质.无论如何,从此以后,你将会走进出乎意外的场景.

从不等式界最著名的 AM - GM 不等式开始我们的旅程,但我们只考虑 $n=2$ 这个最简单的情况.请看下面的例子.

例 1.1.1　证明:对于任何非负实数 a,b
$$a^2 + b^2 \geqslant 2ab$$

证明及分析　这里没有什么要说的,虽然第一次看到这个不等式,但解答是非常容易的.不等式等价于 $(a-b)^2 \geqslant 0$,这是显然成立的.

例 1.1.2　证明:对于任何非负实数 a,b,c
$$a^3 + b^3 + c^3 \geqslant 3abc$$

1

证明及分析 你可能想象到,这个不等式简单、经典,不太有趣.可你想过这个不等式的最佳证明吗?或许可能是基于两个实数的证明方法,或许是构建四个实数的解答方案,选择四数之一等于其他数的算术平均,这是一个好的想法.但是,下面给出的证法更直接、更自然,不失为一个好方法

$$a^3 + b^3 + c^3 - 3abc = \frac{1}{2}(a+b+c)\left[(a-b)^2 + (b-c)^2 + (c-a)^2\right]$$

上面两个简单的例子,都使用了平方分析法得到了证明,我们不必使用任何高级的数学知识,可以解决许多困难的不等式问题,这就是平方分析法带来的巨大的优势.此外,这个方法的出现,在我们的思想中是非常自然的.

如果你有本书的第一卷,可以查看一下第 9 章问题与解答部分,那里有许多不等式是用平方分析法证明的.在本章,我们要讲解这个极好方法的原理和用法.下面我们从某些著名的不等式开始.

例 1.1.3 设 a,b,c 是非负实数,证明

$$(a+b)(b+c)(c+a) \geqslant 8abc$$

证明及分析 显然,不等式等价于

$$ab(a+b) + bc(b+c) + ca(c+a) \geqslant 6abc$$

可以改写成

$$a(b^2 + c^2 - 2bc) + b(c^2 + a^2 - 2ca) + c(a^2 + b^2 - 2ab) \geqslant 0$$

或

$$a(b-c)^2 + b(c-a)^2 + c(a-b)^2 \geqslant 0$$

这是显然成立的.证毕.

上面的例子非常的简单,但其详细的解释,将在稍后进行.上面的解答对你可能没有太大困难.从解答中可以看到,我们尝试把不等式变换成平方的形式,更准确地说,是某些平方和 $\alpha(x-y)^2 + \beta(y-z)^2 + \gamma(z-x)^2$,无论如何,我们们获得的 α,β,γ 是非负的.作为这个例子,立即得到所需结论:某些简单的变换之后,有很大的优势,本题就是这样的情况.这是不等式证明的一个古老而经典的方法.

例 1.1.4 设 a,b,c 是非负实数,证明

$$a^3 + b^3 + c^3 + 3abc \geqslant ab(a+b) + bc(b+c) + ca(c+a)$$

证明及分析 作为标题,SOS 表示"平方和",因此,第一步也是最重要的一步,是把不等式表示成某些项的平方和的形式.

下面两个表示都是已知的

$$a^3 + b^3 + c^3 - 3abc = \frac{1}{2}(a+b+c)\left[(a-b)^2 + (b-c)^2 + (c-a)^2\right]$$

和

$$ab(a+b)+bc(b+c)+ca(c+a)-6abc$$
$$=a(b-c)^2+b(c-a)^2+c(a-b)^2$$

因此不等式等价于

$$(a+b-c)(a-b)^2+(b+c-a)(b-c)^2+(c+a-b)(c-a)^2\geqslant 0$$

可是,这不是我们之前所希望的,$(a-b)^2$,$(b-c)^2$,$(c-a)^2$ 的系数并不总是非负.这个古老经典的方法似乎出问题了,是否有一个创新的想法,来处理这个问题呢? 请稍后,让我们来开动开动脑筋.

曾记得,我们在证明对称不等式的时候,通常使用"重排变量次序"的方法,那么,对于这个问题,当然,我们也可以这样做.不失一般性,设 $a\geqslant b\geqslant c$,在 $(a+b-c)(a-b)^2$,$(b+c-a)(b-c)^2$,$(c+a-b)(c-a)^2$ 这三项中,至少有一项是负的,即 $(b+c-a)(b-c)^2$(当然,如果这个项是非负的,不等式得证). 假设 $r=(b+c-a)(b-c)^2\leqslant 0$,对于其他两个非负项 $(a+b-c)(a-b)^2$ 和 $(c+a-b)(c-a)^2$ 之间,我们注意到 $(b+c-a)(b-c)^2$ 和 r 相比较是非常大的,这是什么原因呢? 简单地,我们有

$$a+c-b\geqslant|b+c-a|$$
$$(a-c)^2\geqslant(b-c)^2$$

结果是 $(c+a-b)(a-c)^2\geqslant|r|$.最后,我们可以推出

$$(a+b-c)(a-b)^2+(b+c-a)(b-c)^2+(c+a-b)(c-a)^2$$
$$\geqslant(c+a-b)(c-a)^2+r\geqslant 0$$

在这个解答中,有不同寻常的东西,不同于先前的解答.我发现两个问题:首先,重排变量的次序是非常必要的一步,因为,由这一步,我们可以确定 α,β,γ 的非负性;第二,概括出"很大的非负项"和"很小的负项",从而得到一个非负数的一步是最重要的过程,因为,这完成了整个证明.在这里,我们感受到了 SOS 方法的神奇.

请随我去看看下面一个稍难一点的例子.

例 1.1.5 设 a,b,c 是非负实数,证明

$$\frac{a^2+b^2+c^2}{ab+bc+ca}+\frac{8abc}{(a+b)(b+c)(c+a)}\geqslant 2$$

证明及分析 第一步,把不等式表示成平方和的形式.注意到,不等式左边第一项大于等于1,另一项小于等于1,因此,很自然地把不等式写成如下形式

$$\left(\frac{a^2+b^2+c^2}{ab+bc+ca}-1\right)+\left[\frac{8abc}{(a+b)(b+c)(c+a)}-1\right]\geqslant 0$$

或

$$\frac{(a-b)^2+(b-c)^2+(c-a)^2}{2(ab+bc+ca)} - \frac{c(a-b)^2+a(b-c)^2+b(c-a)^2}{(a+b)(b+c)(c+a)} \geqslant 0$$

于是,我们计算出

$$\alpha = \frac{1}{ab+bc+ca} - \frac{2a}{(a+b)(b+c)(c+a)}$$

β 和 γ 类似给出. 第二步,通常是重排变量的次序,也就是 $a \geqslant b \geqslant c$. 那么 α,β 和 γ 中,哪些是负的呢? 很容易得到

$$\gamma = \frac{1}{ab+bc+ca} - \frac{2c}{(a+b)(b+c)(c+a)}$$

$$\geqslant \beta = \frac{1}{ab+bc+ca} - \frac{2b}{(a+b)(b+c)(c+a)} \geqslant 0$$

但是 α 并不总是非负的(因为如果 α 非负,不等式得证),于是,在最后一步,我们尝试整合"大的非负项 $\beta(c-a)^2$"和"小的负项 $\alpha(b-c)^2$",这就是说,只需证明

$$\beta(c-a)^2+\alpha(a-b)^2 \geqslant 0$$

我们看到,这是非常明显的,因为 $(a-c)^2 \geqslant (a-b)^2$,从而

$$\beta+\alpha = \frac{2}{ab+bc+ca} - \frac{2}{(b+c)(c+a)} \geqslant 0$$

所以,$\beta(c-a)^2+\alpha(a-b)^2 \geqslant (\beta+\alpha)(a-b)^2 \geqslant 0$,证毕.

奇怪,怎么可能联结"非负项 $\gamma(a-b)^2$"和"非常小的负项 $\alpha(b-c)^2$"呢? 请回答这个问题. 实际上,我们不能做到这一点,因为不等式

$$\gamma(a-b)^2+\alpha(b-c)^2 \geqslant 0$$

并不总是成立. 例如 $a=10,b=9,c=0$,就是一个反例. 无论如何,在这个细节上,你并不需要花费更多的心思,通常,我们不用 $\gamma(a-b)^2$ 联结 $\alpha(b-c)^2$,而是根据 $(a-c)^2$ 大于 $(b-c)^2$ 来使用 $\beta(c-a)^2$ 来联结. 但 $(a-b)^2$ 并不总是大于 $(b-c)^2$(注意到,在上面的分析中,我们总是使用 $a \geqslant b \geqslant c$ 这个条件).

从此以后,我们将用记号 S_a,S_b,S_c 来代替记号 α,β,γ(因为使用老记号 α,β,γ,容易被误解为它们是常数,但实际上,它们是 a,b,c 的函数).

下面是一个有点难度的不等式,我们的方法 SOS 可能要受点磨难.

例 1.1.6 设 a,b,c 是非负实数,证明

$$\frac{a^2+b^2}{a+b} + \frac{b^2+c^2}{b+c} + \frac{c^2+a^2}{c+a} \leqslant \frac{3(a^2+b^2+c^2)}{a+b+c}$$

证明及分析 不等式等价于

$$\sum \left(\frac{a^2+b^2}{a+b} - \frac{a+b}{2} \right) \leqslant \frac{3(a^2+b^2+c^2)}{a+b+c} - \sum a$$

或

$$\sum \frac{(a-b)^2}{2(a+b)} \leqslant \frac{(a-b)^2+(b-c)^2+(c-a)^2}{a+b+c}$$

于是,我们得到

$$S_c = \frac{a+b+c}{a+b} - 2 = 1 - \frac{c}{a+b}$$

(当然,S_a 和 S_b 类似可得),不等式变成

$$S_a(b-c)^2 + S_b(c-a)^2 + S_c(a-b)^2 \geqslant 0$$

这样,我们就完成了第一步:把不等式写成平方和的形式;接下来是第二步:重排变量的次序,以确定 $S_a(b-c)^2$,$S_b(c-a)^2$,$S_c(a-b)^2$ 中的负项. 不失一般性,设 $a \geqslant b \geqslant c$,则

$$S_c = 1 - \frac{c}{a+b} \geqslant S_b = 1 - \frac{b}{c+a} \geqslant 0$$

但 $S_a = 1 - \dfrac{a}{b+c}$,并不总是非负. 于是,我们尝试整合"大的非负项$S_b(c-a)^2$"和"可能的负项 $S_a(b-c)^2$",但到底是怎么回事? 我说这很有趣.

照例,我们由 $(a-c)^2 \geqslant (b-c)^2$ 和 $S_a + S_b \geqslant 0$,来证明 $S_a(b-c)^2 + S_b(c-a)^2 \geqslant 0$. 第一个条件 $(a-c)^2 \geqslant (b-c)^2$,当然成立;现考虑第二个条件 $S_a + S_b \geqslant 0$,其等价于

$$\frac{a}{b+c} + \frac{b}{c+a} \leqslant 2$$

稍等,这个不等式是不成立(选择 a 足够大些,b 和 c 足够小些,如 $a=10, b=c=1$ 就可以验证). 是不是计算有错误(把不等式改写成平方和形式)? 不是. 第一步是非常清楚的,那么问题出在哪里? 是不是 SOS 方法对这个问题不适用? 是的,的确如此,SOS 方法从建立到现在遇到了困难,但是,困难总是激励创新,我们现在的工作就是要找到隐藏在这里的秘密.

冥思苦想之后,你是否意识到 $(a-c)^2$ 比 $(b-c)^2$ 更大些,在上面的估计中,我们使用了不等式 $(a-c)^2 \geqslant (b-c)^2$,在这个情况下,我们找到一个更好的估计,这就是

$$\frac{(a-c)^2}{(b-c)^2} \geqslant \frac{a^2}{b^2} \quad \text{或} (a-c)^2 \geqslant \frac{a^2}{b^2}(b-c)^2$$

因此,我们很容易完成证明,实际上

$$S_a(b-c)^2 + S_b(c-a)^2 \geqslant S_a(b-c)^2 + S_b \cdot \frac{a^2}{b^2}(b-c)^2$$

余下的只需证明 $b^2 S_a + a^2 S_b \geqslant 0$,这等价于

$$a^2 + b^2 \geqslant \frac{a^2 b}{a+c} + \frac{b^2 a}{b+c}$$

这个条件显然是成立的,因为 RHS$\leqslant 2ab \leqslant a^2 + b^2$,证明完成. 等号成立的条件是 $a=b=c, a=b, c=0$ 或其轮换.

译者注 本题的一个非负系数分拆 SOS 形式如下

$$\frac{3(a^2+b^2+c^2)}{a+b+c} - \sum \frac{a^2+b^2}{a+b} = \sum \frac{ab\,(a-b)^2}{(a+c)(b+c)(a+b+c)} \geqslant 0$$

上面的解答并不能说是绝对的好,但我们不能否认,这个方法是简单的、自然的.通常,对任意三变量的不等式,我们尝试把它写成标准形式

$$S_c\,(a-b)^2 + S_b\,(c-a)^2 + S_a\,(b-c)^2 \geqslant 0$$

如果你想使用 SOS 方法,第一步就是把不等式变换成这个标准形式.如果在证明不等式方面,你有足够的经验,我想这第一步是非常容易的,即使你知道的不多,在下一节中,我们将为你解释关于 SOS 方法的标准表示问题.

当然,如果在标准表示中,系数 S_a,S_b,S_c 都是非负的,那么不等式显然成立.无论如何,SOS 方法对于 S_a,S_b,S_c 中出现负数的情况,也是可以使用的.我们将使用详细的简洁的标准来标准化这个方法,并为你在使用上提供更多的方便.

定理 1(SOS 定理)[①]   考虑下列表达式

$$S = f(a,b,c) = S_c\,(a-b)^2 + S_b\,(c-a)^2 + S_a\,(b-c)^2$$

其中,S_a,S_b,S_c 是关于变量 a,b,c 的表达式,则如果下列条件中至少有一个成立,那么不等式 $S \geqslant 0$ 成立.

(1)$S_a \geqslant 0$,$S_b \geqslant 0$,$S_c \geqslant 0$;

(2)$a \geqslant b \geqslant c$ 且 $S_b \geqslant 0$,$S_b + S_a \geqslant 0$,$S_b + S_c \geqslant 0$;

(3)$a \geqslant b \geqslant c$ 且 $S_a \geqslant 0$,$S_c \geqslant 0$,$S_a + 2S_b \geqslant 0$,$S_c + 2S_b \geqslant 0$;

(4)$a \geqslant b \geqslant c$ 且 $S_b \geqslant 0$,$S_c \geqslant 0$,$a^2 S_b + b^2 S_a \geqslant 0$;

(5)$a \geqslant b \geqslant c$ 是某三角形的三条边,且 $S_a \geqslant 0$,$S_b \geqslant 0$,$b^2 S_b + c^2 S_c \geqslant 0$;

(6)$S_a + S_b + S_c \geqslant 0$ 且 $S_a S_b + S_b S_c + S_c S_a \geqslant 0$.

证明   第(1)个条件是显然的.对于(2),注意到

$$(a-c)^2 \geqslant (a-b)^2 + (b-c)^2$$

所以

$$\sum S_a\,(b-c)^2 \geqslant (S_a + S_b)\,(b-c)^2 + (S_b + S_c)\,(a-b)^2 \geqslant 0$$

对于(3),注意到 $(a-c)^2 \leqslant 2\,(a-b)^2 + 2\,(b-c)^2$,所以

$$\sum S_a\,(b-c)^2 \geqslant (S_a + 2S_b)\,(b-c)^2 + (S_c + 2S_b)\,(a-b)^2 \geqslant 0$$

对于(4).注意到 $\dfrac{a-c}{b-c} \geqslant \dfrac{a}{b}$,所以

$$\sum S_a\,(b-c)^2 \geqslant S_a\,(b-c)^2 + S_b\,(c-a)^2$$

$$\geqslant S_a\,(b-c)^2 + \frac{a^2\,(b-c)^2}{b^2} S_b$$

---

①   事实上,同样的结论,Tran Tuan Anh(来自越南的一个学生)也发现了.

$$= \frac{b^2 S_a + a^2 S_b}{b^2} \cdot (b-c)^2 \geqslant 0$$

(5)的证明,类似于(4).注意到,如果a,b,c是某三角形的三条边,且$a \geqslant b \geqslant c$,则容易证明$\frac{a-c}{a-b} \geqslant \frac{b}{c}$.

对于(6),注意到$S_a + S_b + S_c \geqslant 0$,因此可以假设,$S_a + S_b \geqslant 0$,则

$$\sum S_a (b-c)^2 = (S_a + S_b)(b-c)^2 + 2S_b(b-c)(a-b) + (S_b + S_c)(a-b)^2$$

这是关于$a-b,b-c$的二次型,其判别式

$$\Delta = S_b^2 - (S_a + S_b)(S_b + S_c) = -(S_a S_b + S_b S_c + S_c S_a) \leqslant 0$$

至此,定理的各个部分全部证完.

注1 一般地,对于对称不等式,我们可以假设$a \geqslant b \geqslant c$或者$c \geqslant b \geqslant a$,而不失一般性.对于循环不等式,我们需要考虑$a \geqslant b \geqslant c$和$c \geqslant b \geqslant a$两种情况,来验证SOS定理中的条件.

注2 我们也可以把表达式S写成如下的标准形式

$$\frac{S}{a^2 b^2 c^2} = \sum \frac{S_a}{a^2} \left(\frac{1}{b} - \frac{1}{c}\right)^2$$

对新变量$\frac{1}{a}, \frac{1}{b}, \frac{1}{c}$,我们可以应用SOS定理的6个标准,进行结构改变成为或许是更强的其他标准.

注3 使用SOS方法的同时,抉择一种方式.

上面提到的三个步骤:第一步是把不等式表示成SOS形式;第二步是重排变量的次序以确定负的系数;最后一步是从SOS方法的六个标准中,选择一个合适的标准以完成证明.在这些步骤中,前两步是非常机械的(关于第一步,在下一节中,我们将给出相关的定理),这最后一步需要动动脑筋.然而,如果你非常熟悉SOS,那么SOS方法是非常容易的.

为什么我说它变得非常容易呢?因为它实际上是一个机械化方法.例如,假设$a \geqslant b \geqslant c$之后,如果得到$S_b \geqslant 0$,那么条件(2)和(4)是可用的.如果$S_b \leqslant 0$,那么条件(3)是可用的.对于某些困难的问题,尤其是循环不等式,我们不得不全面考虑这些条件.

什么样的问题,SOS方法是可以使用的呢?实际上它的应用是非常广泛的(对于大部分的三变量不等式).第一件事情,你要检查当$a=b=c$时,等号是否成立(如果这个情况不能使等号成立,那么SOS方法是不可用的),如果对于这个情况等号成立,那么我们就需要尝试给出使用SOS方法的一个明确的方式.

作为SOS方法的一个简单的例子,我们考虑IMO 2005的一个不等式.某些难以置信的证法,将在下一章中进行陈述.在此,我们首先给出一个SOS证

法,我认为这是一个非常自然的方法.

例 1.1.7(Hoo Jo Lee, IMO 2005)　设正实数 x,y,z 满足 $xyz \geqslant 1$,证明

$$\frac{x^5-x^2}{x^5+y^2+z^2}+\frac{y^5-y^2}{y^5+z^2+x^2}+\frac{z^5-z^2}{z^5+x^2+y^2} \geqslant 0$$

证明　注意到,$y^2+z^2 \geqslant 2yz$,则

$$\frac{x^5-x^2}{x^5+y^2+z^2} \geqslant \frac{x^5-x^2 \cdot xyz}{x^5+(y^2+z^2)\cdot xyz}=\frac{x^4-x^2yz}{x^4+yz(y^2+z^2)}$$

$$\geqslant \frac{2x^4-x^2(y^2+z^2)}{2x^4+(y^2+z^2)^2}$$

设 $a=x^2,b=y^2,c=z^2$,则只需证明

$$\sum \frac{2c^2-a(b+c)}{2c^2+(a+b)^2} \geqslant 0$$

$$\Leftrightarrow \sum \frac{c(c-a)+c(c-b)}{2c^2+(a+b)^2} \geqslant 0$$

$$\Leftrightarrow \sum (a-b)\left[\frac{a}{2a^2+(b+c)^2}-\frac{b}{2b^2+(c+a)^2}\right] \geqslant 0$$

$$\Leftrightarrow \sum \frac{c^2+c(a+b)+a^2-ab+b^2}{[2a^2+(b+c)^2][2b^2+(c+a)^2]} \cdot (a-b)^2 \geqslant 0$$

这最后的不等式是显然成立的,等号成立的条件是 $x=y=z=1$.

作为最基本、最典型的 SOS 型不等式,我们来考虑著名的 Iran 96 不等式,之后,你可以尝试其他的证法,并回答你感兴趣的问题:"有更好的证法吗?"

例 1.1.8(Iran TST 1996)　设 x,y,z 是非负实数,证明

$$\frac{1}{(x+y)^2}+\frac{1}{(y+z)^2}+\frac{1}{(z+x)^2} \geqslant \frac{9}{4(xy+yz+zx)}$$

证明　设 $a=y+z,b=z+x,c=x+y$,则不等式变成

$$(2ab+2bc+2ca-a^2-b^2-c^2)\left(\frac{1}{a^2}+\frac{1}{b^2}+\frac{1}{c^2}\right) \geqslant 9$$

$$\Leftrightarrow \sum \left(\frac{2a}{b}+\frac{2b}{a}-4\right) \geqslant \sum \left(\frac{a^2}{c^2}+\frac{b^2}{c^2}-\frac{2ab}{c^2}\right) \Leftrightarrow \sum \left(\frac{2}{ab}-\frac{1}{c^2}\right)(b-c)^2 \geqslant 0$$

因此,我们有 $S_a=\frac{2}{bc}-\frac{1}{a^2}$,$S_b$,$S_c$ 类似可得. 假设 $a \geqslant b \geqslant c$,则显然有

$S_a \geqslant 0$,且 $S_a \geqslant S_b \geqslant S_c$,使用 SOS 定理的条件(5),我们只需证明

$$b^2 S_b+c^2 S_c \geqslant 0$$

即 $b^3+c^3 \geqslant abc$,这是显然成立的,因为

$$b^3+c^3 \geqslant bc(b+c) \geqslant abc$$

等号成立的条件是 $a=b=c$ 和 $a=b,c=0$ 及其轮换. 证毕.

Iran 96 不等式可能还有其他的证法,这些证法多半是直接展开,并使用

Schur 不等式和 Muirhead 不等式.

你不能否认,像这样证明不等式的方法,从美学的角度看是可怕的,因为执行复杂表达式展开是很容易产生错误的. 另外,Schur 不等式和 Muirhead 不等式只适用于等号成立条件是 $a=b=c$ 或 $a=b,c=0$ 的不等式问题.

平方分析法(或 SOS 方法)出现在某些不等式问题的证明中,正如你所看到的,它是非常自然的,本书尝试使 SOS 方法成为一个标准化的方法. 在给出 SOS 方法更多的应用之前,我们来讨论和标准表示相关的一些问题.

1.2　标准表示

首次使用 SOS 方法的人们的共同烦恼是标准的表示. 在这一节,我们将阐明两个主要问题:一是,一个表达式何时有一个标准表示;二是,如果有的话,如何计算出来.实际上,只有第二个问题是务实的,可以在这里回答,然而,我想第一个问题也是很重要的,因为每一个分式不等式,如果有一个合适的标准 SOS 的表示,那么就坚定了我们的信心.

为了阐明这两个问题,我们将考虑扩展的多项式类,其中的单项式可能包含指数形式. 不管怎样,我们认为这两个问题只需考虑非负的变量情况即可. 首先,我们给出一些定义.

定义 1　一个分式 $F(a,b,c)$ 称为对称的,当且仅当对所有的 (a,b,c) 的排列 (x,y,z) 都有 $F(a,b,c)=F(x,y,z)$. 如果对任意实数 x,总有 $F(x,x,x)=0$,则称 $F(a,b,c)$ 为标准对称分式.

定义 2　一个分式 $F(a,b,c)$ 称为半对称的,当且仅当对所有的实数 a,b,c 都有 $F(a,b,c)=F(a,c,b)$. 如果对所有的正实数 x,y,总有 $F(x,y,y)=0$,则称 $F(a,b,c)$ 为标准半对称分式.

定理 2(SOS 标准表示)　设 $F(a,b,c)$ 是一个标准对称多项式,则存在一个标准半对称多项式 $G(a,b,c)$,使得

$$F(a,b,c)=G(a,b,c)(b-c)^2+G(b,c,a)(c-a)^2+G(c,a,b)(a-b)^2$$

推论 1　假设 $M(a,b,c)$ 和 $N(a,b,c)$ 是两个对称多项式,且满足对所有正实数 $x,\dfrac{M(x,x,x)}{N(x,x,x)}$ 等于一个常数 t,则存在一个半对称多项式 $G(a,b,c)$,满足

$$F(a,b,c)=\frac{M(a,b,c)}{N(a,b,c)}+\frac{M(b,c,a)}{N(b,c,a)}+\frac{M(c,a,b)}{N(c,a,b)}-3t$$

$$=G(a,b,c)(b-c)^2+G(b,c,a)(c-a)^2+G(c,a,b)(a-b)^2$$

推论 2(基本表示)　设 α,β,γ 是和为 $3k$ 的有理数,则存在一个标准表示

$$f_k(a,b,c) = \sum a^{\alpha'} b^{\beta'} c^{\gamma'} - 6a^k b^k c^k$$

其中的和是对所有 α, β, γ 的排列 α', β', γ' 进行的.

证明　注意到,这两个推论1和2,可以证明定理2. 但推论2本身就可以证明定理2,这就是我们只就推论2进行证明的原因. 下面我们给出要用到的一个引理.

引理　对每一个有理数 k,下面两个多项式存在 SOS 标准表示

$$f_1 = (a^k - b^k)(a - b)$$

$$f_2 = a^k + b^k + c^k - 3\sqrt[3]{a^k b^k c^k}$$

用归纳法很容易证明 f_1 存在 SOS 标准表示. 事实上,首先对 $k \in \mathbf{Z}$ 和 $k = \dfrac{1}{n}(n \in \mathbf{Z})$ 来证明. 注意到

$$f_2 = \frac{1}{2}(a^{\frac{k}{3}} + b^{\frac{k}{3}} + c^{\frac{k}{3}}) \left[(a^{\frac{k}{3}} - b^{\frac{k}{3}})^2 + (b^{\frac{k}{3}} - c^{\frac{k}{3}})^2 + (c^{\frac{k}{3}} - a^{\frac{k}{3}})^2 \right]$$

因为 f_1 已经是一个 SOS 标准表示,因此可见,f_2 也存在一个 SOS 标准表示,从而,引理得证.

回到多项式 $f_k(a,b,c)$,我们将其写成如下形式

$$f_k(a,b,c) = -a^{\alpha}(b^{\beta} - c^{\beta})(b^{\gamma} - c^{\gamma}) - b^{\alpha}(a^{\beta} - c^{\beta})(a^{\gamma} - c^{\gamma}) -$$
$$c^{\alpha}(a^{\beta} - b^{\beta})(a^{\gamma} - b^{\gamma}) + a^{\alpha}(b^{\varphi} + c^{\varphi}) +$$
$$b^{\alpha}(c^{\varphi} + a^{\varphi}) + c^{\alpha}(a^{\varphi} + b^{\varphi}) - 6a^k b^k c^k$$

其中 $\varphi = \beta + \gamma$,根据引理,这个表达式的第一行部分总有一个 SOS 标准表示,表达式的第二行部分,可以写成如下形式

$$-(a^{\alpha} - b^{\alpha})(a^{\varphi} - b^{\varphi}) - (b^{\alpha} - c^{\alpha})(b^{\varphi} - c^{\varphi}) -$$
$$(c^{\alpha} - a^{\alpha})(c^{\varphi} - a^{\varphi}) + a^{3k} + b^{3k} + c^{3k} - 6a^k b^k c^k$$

根据引理,上面的表达式也有一个 SOS 标准表示. 定理证毕.

上面的证明,回答了我们在本节开始部分提出的两个问题. 事实上,对第一个问题,我们证明了所有扩展分式具有 SOS 标准表示;对第二个问题,我们证明了,为了把一个扩展分式表示成 SOS 形式,可以把它分成引理中提到的两个基本表示,这样,分法可以应用于任意分式形式.

如果你想获得更多的 SOS 标准表示,我希望下面提供的表示能给你更多的帮助,你可以自己发现更多的这样的恒等式

$$\frac{a}{b} + \frac{b}{a} - 2 = \frac{(a-b)^2}{ab}$$

$$a^2 + b^2 - 2ab = (a-b)^2$$

$$a^3 + b^3 - ab(a+b) = (a+b)(a-b)^2$$

$$a^2 + b^2 + c^2 - (ab + bc + ca) = \frac{1}{2}\sum(a-b)^2$$

$$a^2 + b^2 + c^2 - \frac{1}{3}(a+b+c)^2 = \frac{1}{3}\sum (a-b)^2$$

$$\frac{1}{3}(a+b+c)^2 - (ab+bc+ca) = \frac{1}{6}\sum (a-b)^2$$

$$(a+b)(b+c)(c+a) - 8abc = \sum a(b-c)^2$$

$$ab(a+b) + bc(b+c) + ca(c+a) - 6abc = \sum a(b-c)^2$$

$$a^3 + b^3 + c^3 - 3abc = \frac{1}{2}(a+b+c)\sum (a-b)^2$$

$$(a+b+c)^3 - 27abc = \frac{1}{2}\sum (a+b+7c)(a-b)^2$$

$$a^3 + b^3 + c^3 + 3abc - \sum ab(a+b) = \frac{1}{2}\sum (a+b-c)(a-b)^2$$

$$2\sum a^3 - \sum ab(a+b) = \sum (a+b)(a-b)^2$$

$$\frac{a}{b} + \frac{b}{c} + \frac{c}{a} - 3 = \frac{1}{6}\sum (\frac{3}{ab} + \frac{1}{bc} - \frac{1}{ac})(a-b)^2$$

$$= \frac{1}{2(a+b+c)}\sum \frac{(2a+c)(a-b)^2}{ab}\text{(译者)}$$

$$\frac{a}{b+c} + \frac{b}{c+a} + \frac{c}{a+b} - \frac{3}{2} = \frac{1}{2}\sum \frac{(a-b)^2}{(b+c)(c+a)}$$

$$\frac{a+b}{c} + \frac{b+c}{a} + \frac{c+a}{b} - 6 = \sum \frac{(a-b)^2}{ab}$$

$$\frac{a^2}{b} + \frac{b^2}{c} + \frac{c^2}{a} - a - b - c = \sum \frac{(a-b)^2}{b}$$

$$(a-b)(b-c)(c-a) = \frac{1}{3}[(a-b)^3 + (b-c)^3 + (c-a)^3]$$

$$\sum a^3(b+c) - 2\sum a^2 b^2 = \sum ab(a-b)^2$$

$$\sum a^2 b^2 - abc(a+b+c) = \frac{1}{2}\sum a^2(b-c)^2$$

$$a^4 + b^4 + c^4 - abc(a+b+c) = \frac{1}{2}\sum (a^2 + b^2 + c^2 + 2ab)(a-b)^2$$

$$= \frac{1}{2}\sum (ab+bc+ca+b^2+a^2)(a-b)^2\text{(译者)}$$

$$\sum a^4 + abc\sum a - \sum a^3(b+c) = \frac{1}{2}\sum (a^2 + b^2 - c^2)(a-b)^2$$

$$= \frac{1}{2}\sum (a+b-c)^2(a-b)^2\text{(译者)}$$

$$\sum a^4 + abc\sum a - 2\sum a^2 b^2 = \frac{1}{2}\sum [a^2 + b^2 + 2c(a+b) - 3c^2](a-b)^2$$

$$= \frac{1}{2}(a+b+c)\sum (a+b-c)(a-b)^2 \text{（译者）}$$

$$\sum a^3 b^3 - 3a^2 b^2 c^2 = \frac{1}{2}(ab+bc+ca)\sum c^2 (a-b)^2$$

$$\sum a^4 (b^2+c^2) - 2abc\sum a^3 = \sum a^4 (b-c)^2$$

$$\sum a^3 b^3 - abc\sum a^3 = \sum (a^2 b^2 - c^4)(a-b)^2$$

$$\sum a^5 (b+c) - \sum a^4 (b^2+c^2) = \sum ab(a^2+ab+b^2)(a-b)^2$$

$$2\sum a^6 - \sum a^5 (b+c) = \sum (a^4 + a^3 b + a^2 b^2 + ab^3 + b^4)(a-b)^2$$

$$\sum a^{k+2} - \sum a^{k+1} + \sum a^k bc = \frac{1}{2}\sum (a^k + b^k - c^k)(a-b)^2$$

$$\sqrt{2(a^2+b^2)} - (a+b) = \frac{(a-b)^2}{a+b+\sqrt{2(a^2+b^2)}}$$

$$\sqrt[3]{4(a^3+b^3)} - (a+b) = \frac{3(a+b)(a-b)^2}{(a+b)^2 + (a+b)\sqrt[3]{4(a^3+b^3)} + \sqrt[3]{16(a^3+b^3)^2}}$$

$$\sqrt{3(a^2+b^2+c^2)} - (a+b+c) = \frac{\sum (a-b)^2}{a+b+c+\sqrt{3(a^2+b^2+c^2)}}$$

$$\sqrt{3(ab+bc+ca)} - (a+b+c) = -\frac{1}{2}\cdot\frac{\sum (a-b)^2}{a+b+c+\sqrt{3(ab+bc+ca)}}$$

$$a^2+b^2+c^2+d^2 - (ab+bc+ca+da) = \frac{1}{2}\sum (a-b)^2$$

$$(a+b+c+d)^2 - 4(ab+bc+cd+da) = (a+c-b-d)^2$$

$$\sqrt{ab+bc+cd+da} - \frac{1}{2}(a+b+c+d)$$

$$= \frac{1}{2}\cdot\frac{(a+c-b-d)^2}{a+b+c+d+2\sqrt{ab+bc+cd+da}}$$

以下恒等式是对于序列 $a_1, a_2, \cdots, a_n$ 进行的，约定 $a_{n+1}=a_1, a_{n+2}=a_2, \cdots$

$$\sum_{i=1}^{n} a_i^2 - \sum_{i=1}^{n} a_i a_{i+1} = \frac{1}{2}\sum_{i=1}^{n} (a_i - a_{i+1})^2$$

$$n\sum_{i=1}^{n} a_i^2 - \left(\sum_{i=1}^{n} a_i\right)^2 = \sum_{i<j} (a_i - a_j)^2$$

$$\sum_{i=1}^{n} \frac{1}{a_i} - \frac{n^2}{\sum\limits_{i=1}^{n} a_i} = \frac{1}{n}\sum_{i<j} \frac{(a_i - a_j)^2}{a_i a_j}$$

$$\sqrt{n\sum_{i=1}^{n} a_i^2} - \sum_{i=1}^{n} a_i = \frac{\sum\limits_{i<j} (a_i - a_j)^2}{\sum\limits_{i=1}^{n} a_i + \sqrt{n\sum\limits_{i=1}^{n} a_i^2}}$$

$$(n-2)\sum_{i<j}a_ia_j(a_i+a_j)-6\sum_{i<j<k}a_ia_ja_k=\sum_{i<j<k}a_i(a_j-a_k)^2$$

正常情况下,你不必机械地去记忆这些恒等式.要记住的是,你不必用心去学习所有这些恒等式,不要让它们压倒.你马上就可以明白 SOS 并用 SOS 去成功证明某些不等式,任意一个不等式表示为 SOS 形式,对你一定会变得非常容易.

AM - GM 不等式和 Schur 不等式是两个典型的例子.

例 1.2.1 求出下列表达式的 SOS 标准表示:

(1) $\dfrac{a}{b}+\dfrac{b}{c}+\dfrac{c}{a}-3$;

(2) $a^4+b^4+c^4+abc(a+b+c)-a^3(b+c)-b^3(c+a)-c^3(a+b)$.

解 (1) 考虑下列恒等式

$$\sum a^3-\sum a^2c=\frac{1}{3}\sum(2a+c)(c-a)^2$$

$$\sum a^3-3abc=\frac{1}{2}\sum a\cdot\sum(a-b)^2$$

于是

$$6\sum a^2c-18abc=\sum(3b+c-a)(c-a)^2$$

$$\Rightarrow-3+\sum\frac{a}{b}=\sum\frac{(3b+c-a)(c-a)^2}{6abc}$$

(2) 注意到

$$\sum a^4+abc\sum a-\sum a^3(b+c)$$

$$=\frac{1}{2}\sum(a^4+b^4-2a^2b^2)+\frac{1}{2}\sum a^2(2bc-b^2-c^2)-\sum ab(a^2+b^2-2ab)$$

$$=\frac{1}{2}\sum(a^2+b^2+2ab-c^2-2ab)(a-b)^2=\frac{1}{2}\sum(a^2+b^2-c^2)(a-b)^2$$

其实,我们有一个一般方法,求表达式的 SOS 标准形式,例如 Schur 不等式,请看下面的例子.

例 1.2.2 求出下列表达式的 SOS 表示

$$f(a,b,c)=m(a-b)(a-c)+n(b-c)(b-a)+p(c-a)(c-b)$$

解 我们有

$$f(a,b,c)=\frac{1}{2}\sum m[(a-b)^2+(a-c)^2+(b-c)^2]$$

$$=\frac{1}{2}\sum(m+n-p)(a-b)^2$$

即

$$m(a-b)(a-c)+n(b-c)(b-a)+p(c-a)(c-b)$$

$$= \frac{1}{2}(m+n-p)(a-b)^2 + \frac{1}{2}(n+p-m)(b-c)^2 +$$

$$\frac{1}{2}(p+m-n)(c-a)^2$$

有时,你可能要利用出现在表达式中的因式 $a-b, b-c, c-a$,并用一个聪明的方法得到 SOS 形式,下面就是这方面的一些例子.

例 1.2.3 求出下列表达式的 SOS 标准表示

$$\frac{1}{2a^2+bc} + \frac{1}{2b^2+ca} + \frac{1}{2c^2+ab} - \frac{3}{ab+bc+ca}$$

解 注意到

$$\frac{ab+bc+ca}{2a^2+bc} - 1 = \frac{a(b-a)+a(c-a)}{2a^2+bc}$$

于是

$$-3 + \sum \frac{ab+bc+ca}{2a^2+bc} = \sum \frac{a(b-a)+a(c-a)}{2a^2+bc}$$

$$= \sum \left(\frac{b}{2b^2+ca} - \frac{a}{2a^2+bc}\right)(a-b)$$

$$= \sum \frac{(2ab-ac-bc)(a-b)^2}{(2b^2+ca)(2a^2+bc)}$$

例 1.2.4 求出下列表达式的 SOS 标准表示

$$\frac{ab}{a^2+b^2+kc^2} + \frac{bc}{b^2+c^2+ka^2} + \frac{ca}{c^2+a^2+kb^2} - \frac{3}{k+2}$$

解 设 $s=k-1, M=a^2+b^2+c^2$,则

$$2(a^2+b^2+kc^2) - 2(k+2)ab = (k+2)(a-b)^2 + k(c^2-a^2) + k(c^2-b^2)$$

因此,我们可以对表达式进行分组

$$\frac{ab}{a^2+b^2+kc^2} + \frac{bc}{b^2+c^2+ka^2} + \frac{ca}{c^2+a^2+kb^2} - \frac{3}{k+2}$$

$$= -\frac{1}{2(s+3)} \sum \frac{(k+2)(a-b)^2 + k(c^2-a^2+c^2-b^2)}{M+sc^2}$$

$$= -\frac{1}{2(s+3)} \sum \frac{(k+2)(a-b)^2}{M+sc^2} - \sum \frac{k(c^2-b^2)}{2(s+3)}\left(\frac{1}{M+sc^2} - \frac{1}{M+sb^2}\right)$$

$$= -\frac{1}{2(s+3)} \sum \frac{(k+2)(a-b)^2}{M+sc^2} + \sum \frac{ks(b^2-c^2)^2}{2(k+3)(M+sb^2)(M+sc^2)}$$

这样,得到表达式的 SOS 标准形式,如下

$$\sum \left[-\frac{k+2}{M+sc^2} + \frac{ks(a+b)^2}{(M+sa^2)(M+sb^2)}\right](a-b)^2$$

一个自然的问题是一个表达式有多少种 SOS 标准表示,可以肯定地回答,不止一个. 使用下列恒等式,我们可以构建无限多个表示

$$(a-c)(b-c)(a-b)^2 + (b-a)(c-a)(b-c)^2 + (c-b)(a-b)(c-a)^2 = 0$$

实际上,设 $A = \sum S_a (b-c)^2$,则对任意实数 k,我们也有

$$A = \sum \left[S_a + k(a-b)(a-c) \right] (b-c)^2$$

希望这些典型的例子,能帮助你克服在处理一个表达式表示成 SOS 形式中遇到的每一个困难,我们将对前面的某些问题,使用 SOS 方法证明.

1.3 对称不等式与 SOS 方法

在上面,我们已经提过,对称不等式的证明,我们可以重排变量的次序. 在许多问题中,我们一而再再而三地使用这个有益的方法,与 SOS 定理的六个条件结合,我们可以自然地、简单地和有效地解决大量的三变量的不等式问题.

例 1.3.1(Vasile Cirtoaje, Mathlinks)   设 a,b,c 是非负实数,证明

$$\frac{2a^2 - bc}{b^2 - bc + c^2} + \frac{2b^2 - ca}{c^2 - ca + a^2} + \frac{2c^2 - ab}{a^2 - ab + b^2} \geq 3$$

证明   不等式表示为 SOS 形式,如下

$$\sum \left(\frac{2a^2 - bc}{b^2 - bc + c^2} - 1 \right) = \sum \frac{2a^2 - b^2 - c^2}{b^2 - bc + c^2}$$

$$= \sum \left(\frac{1}{b^2 - bc + c^2} - \frac{1}{a^2 - ac + c^2} \right) (a^2 - b^2)$$

$$= \sum \frac{(a + b - c)(a + b)}{(a^2 - ac + c^2)(b^2 - bc + c^2)} (a - b)^2$$

$$= \frac{\sum (a + b - c)(a + b)(a^2 - ab + b^2)(a - b)^2}{(a^2 - ac + c^2)(b^2 - bc + c^2)(a^2 - ab + b^2)} \geq 0$$

$$\Leftrightarrow \sum S_c (a - b)^2 \geq 0$$

其中,对应的三个系数分别为

$$S_a = (b + c - a)(b + c)(b^2 - bc + c^2)$$

$$S_b = (c + a - b)(c + a)(c^2 - ca + a^2)$$

$$S_c = (a + b - c)(a + b)(a^2 - ab + b^2)$$

不失一般性,设 $a \geq b \geq c$,显然 $S_c \geq S_b \geq S_a$. 此外

$$S_a + S_b \geq (b + c - a)(b + c)(b^2 - bc + c^2) + (c + a - b)(c + b)(c^2 - cb + b^2)$$

$$= 2c(b + c)(b^2 - bc + c^2) \geq 0$$

因此,由 SOS 定理的条件(2)可知,不等式成立. 等号成立的条件是 $a = b = c$ 或 $a = b, c = 0$ 及其轮换.

例 1.3.2(Pham Kim Hung, Mathlinks)   设 a,b,c 是非负实数,证明

15

$$\frac{b+c-2a}{a^2+bc}+\frac{c+a-2b}{b^2+ca}+\frac{a+b-2c}{c^2+ab}\geqslant 0$$

证明 不等式的左边变成 SOS 形式,如下

$$\sum\frac{b+c-2a}{a^2+bc}=\sum\frac{(b-a)+(c-a)}{a^2+bc}$$

$$=\sum\left(\frac{1}{a^2+bc}-\frac{1}{b^2+ca}\right)(b-a)$$

$$=\sum\frac{(b-a)^2(a+b-c)}{(a^2+bc)(b^2+ca)}$$

$$=\frac{\sum(c^2+ab)(a+b-c)(b-a)^2}{(a^2+bc)(b^2+ca)(c^2+ab)}$$

设

$$S_a=(a^2+bc)(b+c-a)$$

$$S_b=(b^2+ca)(a+c-b)$$

$$S_c=(c^2+ab)(a+b-c)$$

我们来证明

$$S_a(b-c)^2+S_b(c-a)^2+S_c(a-b)^2\geqslant 0$$

不失一般性,设 $a\geqslant b\geqslant c$,显然 S_b 和 S_c 都是非负的.另外

$$b^2S_a+a^2S_b=a^2(a+c-b)(b^2+ca)+b^2(b+c-a)(a^2+bc)$$

$$\geqslant c(a-b)^2(a^2+ab+b^2)\geqslant 0$$

因此,由 SOS 定理的条件(4)可知,原不等式成立.等号成立的条件是 $a=b=c$ 或 $a=b,c=0$ 及其轮换.

例 1.3.3 设 a,b,c 是正实数,证明

$$\frac{a^2-ab+b^2}{a+b}+\frac{b^2-bc+c^2}{b+c}+\frac{c^2-ca+a^2}{c+a}\geqslant\frac{3(a^3+b^3+c^3)}{2(a^2+b^2+c^2)}$$

证明 不等式变形如下

$$\sum\left(\frac{a^2-ab+b^2}{a+b}-\frac{a+b}{4}\right)\geqslant\frac{3(a^3+b^3+c^3)}{2(a^2+b^2+c^2)}-\frac{a+b+c}{2}$$

$$\Leftrightarrow\sum\left[\frac{3}{4(a+b)}-\frac{a+b}{2(a^2+b^2+c^2)}\right](a-b)^2\geqslant 0$$

设 $S_c=\frac{3}{a+b}-\frac{2(a+b)}{a^2+b^2+c^2}$,类似可得 S_a,S_b. 我们来证明

$$\sum S_a(b-c)^2\geqslant 0$$

不失一般性,设 $a\geqslant b\geqslant c$,显然,$S_a\geqslant S_b\geqslant 0$,且

$$S_b+S_c=\frac{3}{a+c}+\frac{3}{a+b}-\frac{2(2a+b+c)}{a^2+b^2+c^2}$$

$$\geqslant \frac{12}{2a+b+c} - \frac{4(2a+b+c)}{2a^2+(b+c)^2}$$

$$= \frac{8(a-b-c)^2}{(2a+b+c)[2a^2+(b+c)^2]} \geqslant 0$$

由 SOS 定理的条件(2)可知,原不等式成立. 等号成立的条件是 $a=b=c$ 或 $b=c=\dfrac{a}{2}$ 及其轮换.

例 1. 3. 4(Vasile Cirtoaje，Mathlinks) 设正实数 a,b,c 满足 $a+b+c=3$,证明

$$3(a^4+b^4+c^4)+(a^2+b^2+c^2)+6 \geqslant 6(a^3+b^3+c^3)$$

证明 注意到,不等式等价于

$$\sum (a-1)^2(3a^2-2) \geqslant 0$$

$$\Leftrightarrow \sum (2a-b-c)^2(3a^2-2) \geqslant 0$$

$$\Leftrightarrow \sum (a-b)^2(3a^2+3b^2-4)+2\sum(a-b)(a-c)(3a^2-2) \geqslant 0$$

$$\Leftrightarrow \sum (6a^2+6b^2-3c^2-4)(a-b)^2 \geqslant 0$$

我们有

$$S_a = 6b^2+6c^2-3a^2-4$$

S_b 和 S_c 类似. 不失一般性,设 $a \geqslant b \geqslant c$,则 $S_c \geqslant 0$,且 $S_b \geqslant S_a$. 另外,由 Cauchy-Schwarz 不等式,我们有

$$(4c^2+a^2+b^2)(1+4+4) \geqslant 4(a+b+c)^2 = 36$$

$$\Rightarrow 4c^2+a^2+b^2 \geqslant 4$$

$$\Rightarrow S_a+S_b = 8c^2+2a^2+2b^2-4 \geqslant 0$$

由 SOS 定理的条件(2)可知,原不等式成立,等号成立的条件是 $a=b=c=1$ 或 $a=b=\dfrac{4}{3},c=\dfrac{1}{3}$ 及其轮换.

注 本题的一个类似结果如下:

设 a,b,c 是非负实数,且满足 $ab+bc+ca=1$,证明

$$4(a^4+b^4+c^4)+21 \geqslant 10(a^2+b^2+c^2)+37abc(a+b+c)$$

该不等式的 SOS 表示如下

$$S_a = 2b^2+2c^2-6bc+\frac{5}{2}a^2$$

$$S_b = 2c^2+2a^2-6ca+\frac{5}{2}b^2$$

$$S_c = 2a^2+2b^2-6ab+\frac{5}{2}c^2$$

由 SOS 定理的条件(2)可知,原不等式成立. 等号成立的条件是 $a=b=c=$

$\dfrac{1}{\sqrt{3}}$ 或 $(a,b,c) \sim \left(\dfrac{3}{4}, \dfrac{1}{2}, \dfrac{1}{2}\right)$.

例 1.3.5(Pham Kim Hung, Mathlinks)　设 a,b,c 是非负实数,证明

$$\frac{ab}{(a+b)^2} + \frac{bc}{(b+c)^2} + \frac{ca}{(c+a)^2} + \frac{3(a^2+b^2+c^2)}{(a+b+c)^2} \geqslant \frac{7}{4}$$

证明　把不等式转换成 SOS 形式如下

$$\sum\left[\frac{ab}{(a+b)^2} - \frac{1}{4}\right] + 3\left[\frac{a^2+b^2+c^2}{(a+b+c)^2} - \frac{1}{3}\right]$$

$$= \sum\left[\frac{-1}{4(a+b)^2} + \frac{1}{(a+b+c)^2}\right](a-b)^2$$

设

$$S_c = \frac{-1}{4(a+b)^2} + \frac{1}{(a+b+c)^2}$$

$$S_b = \frac{-1}{4(c+a)^2} + \frac{1}{(a+b+c)^2}$$

$$S_a = \frac{-1}{4(b+c)^2} + \frac{1}{(a+b+c)^2}$$

如果 $a \geqslant b \geqslant c$,则 $S_c \geqslant 0, S_b \geqslant 0$.另外

$$a^2 S_b + b^2 S_a = \frac{4(a^2+b^2)}{(a+b+c)^2} - \frac{a^2}{(a+c)^2} - \frac{b^2}{(b+c)^2}$$

$$= \frac{1}{(a+b+c)^2}\left[4a^2 + 4b^2 - a^2\left(\frac{a+b+c}{a+c}\right)^2 - b^2\left(\frac{a+b+c}{b+c}\right)^2\right]$$

$$\geqslant \frac{1}{(a+b+c)^2}\left[4a^2 + 4b^2 - a^2\left(\frac{a+b}{a}\right)^2 - b^2\left(\frac{a+b}{b}\right)^2\right]$$

$$= \frac{2(a-b)^2}{(a+b+c)^2} \geqslant 0$$

由 SOS 定理的条件(4) 可知,原不等式成立.

例 1.3.6　设 a,b,c 是非负实数,证明

$$a^3 + b^3 + c^3 + 3abc \geqslant ab\sqrt{2a^2+2b^2} + bc\sqrt{2b^2+2c^2} + ca\sqrt{2c^2+2a^2}$$

证明　不等式改写成如下形式

$$\sum a^3 - 3abc - \sum ab(a+b) + 6abc \geqslant \sum ab(\sqrt{2a^2+2b^2} - a - b)$$

$$\Leftrightarrow \frac{1}{2}\sum(a+b-c)(a-b)^2 \geqslant \sum \frac{ab(a-b)^2}{a+b+\sqrt{2a^2+2b^2}}$$

注意到,$\sqrt{2a^2+2b^2} \geqslant a+b$,只需证明

$$\sum(a+b-c)(a-b)^2 \geqslant \sum \frac{ab(a-b)^2}{a+b} \Leftrightarrow \sum S_a(b-c)^2 \geqslant 0$$

其中

$$S_c = a + b - c - \frac{ab}{a+b}$$

$$S_b = c + a - b - \frac{ca}{c+a}$$

$$S_a = b + c - a - \frac{bc}{b+c}$$

不失一般性,设 $a \geqslant b \geqslant c$,则

$$S_c = a + b - c - \frac{ab}{a+b} = (a-c) + \left(b - \frac{ab}{a+b}\right) \geqslant 0$$

$$S_b = c + a - b - \frac{ca}{c+a} = \left(c - \frac{ca}{c+a}\right) + (a-b) \geqslant 0$$

另外,我们还有

$$S_a + S_b = 2c - \frac{ca}{c+a} - \frac{bc}{b+c} = \frac{c^2}{c+a} + \frac{c^2}{b+c} \geqslant 0$$

由 SOS 定理的条件(2)可知,原不等式成立. 等号成立的条件是 $a = b = c$ 或 $a = b, c = 0$ 及其轮换.

例 1.3.7 设 a, b, c 是非负实数,证明

$$\frac{2a^2 + bc}{b^2 + c^2} + \frac{2b^2 + ca}{c^2 + a^2} + \frac{2c^2 + ab}{a^2 + b^2} \geqslant \frac{9}{2}$$

证明 我们有

$$\begin{aligned}
\sum \frac{2a^2 + bc}{b^2 + c^2} - \frac{9}{2} &= \sum \left(\frac{2a^2 + bc}{b^2 + c^2} - \frac{3}{2}\right) \\
&= \sum \frac{2(2a^2 - b^2 - c^2) - (b-c)^2}{2(b^2 + c^2)} \\
&= \sum \left(\frac{1}{b^2 + c^2} - \frac{1}{c^2 + a^2}\right)(a^2 - b^2) - \sum \frac{(b-c)^2}{2(b^2 + c^2)} \\
&= \sum \left[\frac{(a+b)^2}{(c^2 + a^2)(b^2 + c^2)} - \frac{1}{2(a^2 + b^2)}\right](a-b)^2 \\
&= \frac{1}{2(a^2 + b^2)(b^2 + c^2)(c^2 + a^2)} \cdot \\
&\quad \sum \left[2(a+b)^2(a^2 + b^2) - (c^2 + a^2)(b^2 + c^2)\right](a-b)^2
\end{aligned}$$

由此可得

$$S_c = 2(a+b)^2(a^2 + b^2) - (c^2 + a^2)(b^2 + c^2)$$

S_a, S_b 类似可得. 不失一般性,设 $a \geqslant b \geqslant c$,则 $S_c \geqslant S_b \geqslant S_a$,因此,只需证明

$$S_a + S_b \geqslant 0$$

事实上

$$\begin{aligned}
S_a + S_b = &\ 2(b+c)^2(b^2 + c^2) - (a^2 + b^2)(c^2 + a^2) + \\
&\ 2(c+a)^2(c^2 + a^2) - (b^2 + c^2)(a^2 + b^2)
\end{aligned}$$

19

$$= 2 (b+c)^2 (b^2 + c^2) + 2 (c+a)^2 (c^2 + a^2) - (a^2 + b^2)(a^2 + b^2 + 2c^2)$$
$$\geqslant 2b^2 (b+c)^2 + 2a^2 (c+a)^2 - (a^2 + b^2)^2$$
$$= 2(a^4 + b^4) - (a^2 + b^2)^2 \geqslant 0$$

所以,原不等式成立. 等号成立的条件是 $a = b = c$ 或 $(a,b,c) \sim (1,1,0)$.

注 使用同样的方法,我们可以证明下列不等式:

设 a,b,c 是非负实数,证明

$$\frac{2c^2 + 5ab}{(a+b)^2} + \frac{2a^2 + 5bc}{(b+c)^2} + \frac{2b^2 + 5ca}{(c+a)^2} \geqslant \frac{21}{4}$$

另外,Vasile Cirtoaje 提出了下列一般形式的不等式,也可用同样的方法证明.

设 a,b,c 是非负实数,实常数 p,q 满足 $p \geqslant -2$,$q \leqslant 2p+1$,证明

$$\frac{a^2 + qbc}{b^2 + pbc + c^2} + \frac{b^2 + qca}{c^2 + pca + a^2} + \frac{c^2 + qab}{a^2 + pab + b^2} \geqslant \frac{3(q+1)}{p+2}$$

例 1.3.8(Pham Kim Hung, Mathlinks) 设 a,b,c 是非负实数,证明

$$\frac{ab}{a^2 + b^2 + 3c^2} + \frac{bc}{b^2 + c^2 + 3a^2} + \frac{ca}{c^2 + a^2 + 3b^2} \leqslant \frac{3}{5}$$

证明 不失一般性,设 $a \geqslant b \geqslant c$,且 $\sum a^2 = 1$. 考虑到例 1.2.4,我们把不等式写成如下形式

$$S_a (b-c)^2 + S_b (c-a)^2 + S_c (a-b)^2 \geqslant 0$$

其中 $S_c = 5(1 + 2a^2)(1 + 2b^2) - 6 (a+b)^2 (1 + 2c^2)$,类似得 S_a,S_b. 显然 $S_c \geqslant 0$.

令 $x = \sqrt{\dfrac{a^2 + b^2}{2}}$,则

$$(a+c)^2 (1 + 2b^2) + (b+c)^2 (1 + 2a^2) \leqslant 2 (x+c)^2 (1 + 2x^2)$$

因此可得

$$S_a + S_b \geqslant 10(1 + 2c^2)(1 + 2x^2) - 6 (x+c)^2 (1 + 2x^2)$$
$$= 2 (1 + 2x^2)^2 (2x - 3c)^2 \geqslant 0$$

类似可证,$S_b + S_c \geqslant 0$. 所以,只需证明 $S_b \geqslant 0$,即

$$5(1 + 2a^2)(1 + 2c^2) \geqslant 6 (a+c)^2 (1 + 2b^2)$$

考虑到假设条件 $a^2 + b^2 + c^2 = 1$,上面的不等式变成

$$5(3a^2 + b^2 + c^2)(3c^2 + a^2 + b^2) \geqslant 6 (a+c)^2 (3b^2 + a^2 + c^2)$$

或者

$$\frac{2(a^2 - b^2)}{3b^2 + a^2 + c^2} \geqslant \frac{6 (a+c)^2 - 5(3c^2 + a^2 + b^2)}{5(3c^2 + a^2 + b^2)}$$

这个不等式是成立的,因为

$$6 (a+c)^2 - 5(3c^2 + a^2 + b^2) \leqslant 2 (a^2 - b^2)$$

$$5(3c^2 + a^2 + b^2) \geqslant 3b^2 + a^2 + c^2$$

于是,我们有

$$\sum S_a (b-c)^2 \geqslant (S_b + S_a)(b-c)^2 + (S_b + S_c)(a-b)^2 \geqslant 0$$

原不等式成立. 等号成立的条件是 $a = b = c$ 和 $b = c = \dfrac{2a}{3}$ 及其轮换.

例 1.3.9 设 a,b,c 是正实数,且满足 $a+b+c=1$,证明

$$\sqrt[3]{\frac{a^3+b^3}{2}} + \sqrt[3]{\frac{b^3+c^3}{2}} + \sqrt[3]{\frac{c^3+a^3}{2}} \leqslant \frac{3(a^2+b^2+c^2)}{a+b+c}$$

证明 首先,我们来证明不等式

$$\sqrt[3]{\frac{a^3+b^3}{2}} \leqslant \frac{a^2+b^2}{a+b}$$

事实上,上面的不等式等价于

$$(a+b)^3(a^3+b^3) \leqslant 2(a^2+b^2)^3 \Leftrightarrow (a-b)^4(a^2+ab+b^2) \geqslant 0$$

所以,只需证明

$$\sum \frac{a^2+b^2}{a+b} \leqslant \frac{3(a^2+b^2+c^2)}{a+b+c} \Leftrightarrow \sum \frac{a^2+b^2}{a+b} \leqslant \sum a + \frac{\sum (a-b)^2}{\sum a}$$

由于

$$\sum \frac{a^2+b^2}{a+b} - \sum a - \frac{\sum (a-b)^2}{\sum a} = \sum \left(\frac{a^2+b^2}{a+b} - \frac{a+b}{2} \right) - \frac{\sum (a-b)^2}{\sum a}$$

$$= \frac{1}{2(a+b+c)} \sum \left(\frac{a+b+c}{a+b} - 2 \right)(b-c)^2$$

令

$$S_a = 1 - \frac{a}{b+c}, \quad S_b = 1 - \frac{b}{c+a}, \quad S_c = 1 - \frac{c}{a+b}$$

只需要证明

$$S_a (b-c)^2 + S_b (c-a)^2 + S_c (a-b)^2 \geqslant 0$$

不失一般性,设 $a \geqslant b \geqslant c$,则 $S_b, S_c \geqslant 0$,另外

$$a^2 S_b + b^2 S_a = \frac{a^2(c+a-b)}{c+a} + \frac{b^2(b+c-a)}{b+c}$$

$$= (a-b)\left(\frac{a^2}{c+a} - \frac{b^2}{b+c} \right) + \frac{a^2 c}{c+a} + \frac{b^2 c}{b+c}$$

$$= \frac{c(a-b)^2(ab+bc+ca)}{(c+a)(b+c)} + \frac{a^2 c}{c+a} + \frac{b^2 c}{b+c} \geqslant 0$$

由 SOS 定理的条件(4)可知,原不等式成立. 等号成立的条件是 $a = b = c = \dfrac{1}{3}$.

下面,我们来讨论有关使用 SOS 方法,找到给定不等式当中最好的常数的

问题.注意到,目前大多数不等式等号成立的条件出现在某些变量等于其他变量的情况,所以,为了找到最好的常数,我们常常让这些变量相等.回到 SOS 的标准表示

$$S_a\,(b-c)^2 + S_b\,(c-a)^2 + S_c\,(a-b)^2 \geqslant 0 \qquad\qquad (*)$$

令 $b=c$,上面的表达式变成

$$(S_b + S_c)\,(a-b)^2 \geqslant 0$$

这等价于 $S_b + S_c \geqslant 0$.注意到,若 $b=c$,则 $S_b = S_c$(因为 S_a,S_b,S_c 是半对称的),所以,$S_b \geqslant 0$.这就是说,如果不等式($*$)对所有非负实数 a,b,c 成立,则当 $b=c$ 时,必有 $S_b \geqslant 0$.这就是我们找到最好的常数的一个通用方法(令 $b=c$,并检查是否有 $S_b \geqslant 0$).

上面的推理论证,逐字地说明白,可能是困难的.但是,你可以尝试求解下面提供的例子,找到一些必要的条件.

例 1.3.10(Vasile Cirtoaje,Algebraic Inequalities) 求出最好的正常数 k,满足下列不等式

$$\frac{a}{b+c} + \frac{b}{c+a} + \frac{c}{a+b} + \frac{k(ab+bc+ca)}{a^2+b^2+c^2} \geqslant k + \frac{3}{2}$$

对所有正实数 a,b 和 c 成立.

解 不等式变形如下

$$-\frac{3}{2} + \sum \frac{a}{b+c} \geqslant k - \frac{k(ab+bc+ca)}{a^2+b^2+c^2}$$

$$\Leftrightarrow \frac{1}{2}\sum \frac{(a-b)^2}{(a+c)(b+c)} \geqslant \frac{k}{2}\sum \frac{(a-b)^2}{a^2+b^2+c^2}$$

$$\Leftrightarrow \sum \left[\frac{a^2+b^2+c^2}{(a+c)(b+c)} - k\right](a-b)^2 \geqslant 0$$

(1)必要条件.为找到最好的常数 k,我们令 $b=c$,则有 $S_b\,|_{b=c} \geqslant 0$,即

$$k \leqslant \frac{a^2+b^2+c^2}{(a+c)(b+c)} = \frac{a^2+2b^2}{2b(a+b)}$$

容易求出

$$\min_{a,b\geqslant 0} f(a,b) = \min_{a,b\geqslant 0} \frac{a^2+2b^2}{2b(a+b)} = \frac{\sqrt{3}-1}{2}$$

所以 $k \leqslant \dfrac{\sqrt{3}-1}{2}$.下面,我们将证明它是一个最好的常数.

(2)充分条件.为证明 $k = \dfrac{\sqrt{3}-1}{2}$ 是最好的常数,我们将使用 SOS 定理的条件(2).不失一般性,设 $a \geqslant b \geqslant c$,设

$$S_a = \frac{a^2+b^2+c^2}{(a+c)(a+b)} - k$$

$$S_b = \frac{a^2 + b^2 + c^2}{(b+a)(b+c)} - k$$

$$S_c = \frac{a^2 + b^2 + c^2}{(c+a)(c+b)} - k$$

显然，$S_c \geqslant S_b \geqslant S_a$. 设 $t = \frac{a+b}{2}$，则

$$S_b + S_a = \frac{(a^2 + b^2 + c^2)(a+b+2c)}{(a+b)(b+c)(c+a)} - 2k$$

$$\geqslant \frac{(2t^2 + c^2)(2t + 2c)}{2t\,(t+c)^2} - 2k = \frac{2t^2 + c^2}{t(t+c)} - 2k \geqslant 0$$

由于依据 k 的定义，我们已经有 $k = \min\limits_{t,c \geqslant 0} \dfrac{t^2 + 2c^2}{2c(t+c)}$，所以，$k$ 的最好可能的值

是 $\dfrac{\sqrt{3}-1}{2}$.

如果 $k < \dfrac{\sqrt{3}-1}{2}$，等号成立的条件仅在 $a = b = c$；如果 $k = \dfrac{\sqrt{3}-1}{2}$，那么等

号成立的条件是 $a = b = c$ 和 $a = b = \dfrac{\sqrt{3}+1}{2}c$ 及其轮换.

例 1.3.11(Pham Kim Hung, Mathlinks) 求出最好的正常数 k，满足下列不等式

$$\frac{a}{b+c} + \frac{b}{c+a} + \frac{c}{a+b} + \frac{k(ab+bc+ca)}{(a+b+c)^2} \geqslant \frac{k}{3} + \frac{3}{2}$$

对所有正实数 a, b 和 c 成立.

解 把上面的不等式表示为 SOS 形式

$$\frac{a}{b+c} + \frac{b}{c+a} + \frac{c}{a+b} + \frac{k(ab+bc+ca)}{(a+b+c)^2} - \frac{k}{3} - \frac{3}{2}$$

$$= \frac{1}{2} \sum \frac{(a-b)^2}{(c+a)(c+b)} - \sum \frac{k\,(a-b)^2}{6\,(a+b+c)^2}$$

$$= \frac{1}{6} \sum \left[\frac{3}{(c+a)(c+b)} - \frac{k}{(a+b+c)^2} \right](a-b)^2$$

令 $b = c$，则要使不等式成立，k 必须满足

$$\frac{3}{2b(b+a)} \geqslant \frac{k}{(a+2b)^2} \Leftrightarrow k \leqslant \frac{3\,(a+2b)^2}{2b(b+a)}$$

令 $a = 0$，则 $k = 6$. 为证明 $k = 6$ 是最好的常数，我们来证明下面的不等式

$$\frac{a}{b+c} + \frac{b}{c+a} + \frac{c}{a+b} + \frac{6(ab+bc+ca)}{(a+b+c)^2} \geqslant \frac{7}{2}$$

$$\Leftrightarrow \sum \left[\frac{1}{(c+a)(c+b)} - \frac{2}{(a+b+c)^2} \right](a-b)^2 \geqslant 0$$

不失一般性，设 $a \geqslant b \geqslant c$，令

$$S_c = \frac{1}{(c+a)(c+b)} - \frac{2}{(a+b+c)^2}$$

$$S_b = \frac{1}{(b+a)(b+c)} - \frac{2}{(a+b+c)^2}$$

$$S_a = \frac{1}{(a+b)(a+c)} - \frac{2}{(a+b+c)^2}$$

很明显,$S_c, S_b \geqslant 0$,另外

$$\begin{aligned}
a^2 S_b + b^2 S_a &= \frac{a^2}{(b+a)(b+c)} + \frac{b^2}{(a+b)(a+c)} - \frac{2(a^2+b^2)}{(a+b+c)^2} \\
&\geqslant \frac{a^2}{(a+b)(b+c)} + \frac{b^2}{(a+b)(c+a)} - \frac{2(a^2+b^2)}{(a+b)(a+b+2c)} \\
&= \frac{(a-b)^2(a^2+b^2+ab+ca+bc)}{(a+b)(b+c)(c+a)(a+b+2c)} \geqslant 0
\end{aligned}$$

根据 SOS 定理的条件(4)可知,原不等式成立.

例 1.3.12(Vasile Cirtoaje, Algebraic Inequalities) 设 a,b,c 是三个非负实数,且 $p \geqslant 3+\sqrt{7}$ 是正常数,证明

$$\frac{1}{pa^2+bc} + \frac{1}{pb^2+ca} + \frac{1}{pc^2+ab} \geqslant \frac{9}{(1+p)(ab+bc+ca)}$$

证明 不失一般性,设 $a \geqslant b \geqslant c$,则

$$\begin{aligned}
\frac{(p+1)(ab+bc+ca)}{pa^2+bc} - 3 &= \frac{3pa(b+c-2a)+(p-2)[2bc-a(b+c)]}{2(pa^2+bc)} \\
&= \frac{[3pa+(p-2)c](b-a)+[3pa+(p-2)b](c-a)}{2(pa^2+bc)}
\end{aligned}$$

于是,我们得到标准的 SOS 形式如下

$$\sum \left[\frac{3pa+(p-2)c}{pa^2+bc} - \frac{3pb+(p-2)c}{pb^2+ca} \right](b-a) \geqslant 0$$

$$\Leftrightarrow \sum \frac{2p^2ab+p(p-5)c(a+b)-(p-2)c^2}{(pa^2+bc)(pb^2+ca)} \cdot (a-b)^2 \geqslant 0$$

因为 $p \geqslant 3+\sqrt{7}$,于是,$p(p-5) \geqslant p-2$,$2p^2 \geqslant p(p-2)$,所以
$$2p^2ab+p(p-5)c(a+b)-(p-2)c^2 \geqslant (p-2)c(a+b-c)+2p(p-2)ab$$
因此,只需证明(我们忽略了六项中的两项)

$$\frac{pab(a-b)^2}{(pa^2+bc)(pb^2+ca)} + \sum \frac{c(a+b-c)(a-b)^2}{(pa^2+bc)(pb^2+ca)} \geqslant 0 \qquad (*)$$

注意到

$$\sum \frac{c(a+b-c)(a-b)^2}{(pa^2+bc)(pb^2+ca)}$$

$$\geqslant \frac{a(b-a)(b-c)^2}{(pb^2+ca)(pc^2+ab)} + \frac{b(a-b)(c-a)^2}{(pa^2+bc)(pc^2+ab)}$$

$$\geqslant \frac{a(b-a)(b-c)^2}{(pb^2+ca)(pc^2+ab)} + \frac{b(a-b)(b-c)^2a^2}{(pa^2+bc)(pc^2+ab)b^2}$$

$$\geqslant -\frac{a(a-b)^2(b-c)^2(pab-ca-bc)}{b(pa^2+bc)(pb^2+ca)(pc^2+ab)}$$

$$\geqslant -\frac{ab(a-b)^2(pab)}{(pa^2+bc)(pb^2+ca)(pc^2+ab)}$$

$$\geqslant -\frac{pab(a-b)^2}{(pa^2+bc)(pb^2+ca)}$$

于是,不等式(*)成立. 从而原不等式成立. 当 $p > 3+\sqrt{7}$ 时,等号成立的条件是 $a=b=c$;当 $p=3+\sqrt{7}$ 时,等号成立的条件是 $a=b,c=0$ 及其轮换.

正如你所知,SOS 方法在证明三变量不等式方面是非常强大的. 对于 n 个变量的不等式,这个方法仍然有效. 另外,注意到,n 个变量的不等式$(n\geqslant 4)$,系数不再仅仅是 S_a,S_b,S_c,而是 $\frac{n(n-1)}{2}$ 个系数$(S_{ij},1\leqslant i<j\leqslant n)$,方法变得有点复杂,但我们仍然可以像三变量不等式的使用方式来进行,请看下面的例子.

例 1. 3. 13(Pham Kim Hung, Mathlinks) 设 $a_1,a_2,\cdots,a_n$ 是和为 n 的正实数,证明

$$\frac{1}{a_1}+\frac{1}{a_2}+\cdots+\frac{1}{a_n}+\frac{2\sqrt{2}n}{a_1^2+a_2^2+\cdots+a_n^2} \geqslant n+2\sqrt{2}$$

证明 注意到

$$\sum_{i=1}^n \frac{1}{a_i}-n = \sum_{i=1}^n \frac{1}{a_i}-\frac{n^2}{\sum_{i=1}^n a_i} = \frac{1}{n}\sum_{i<j} \frac{(a_i-a_j)^2}{a_ia_j}$$

于是,不等式可以变为

$$\frac{1}{n}\sum_{i<j} \frac{(a_i-a_j)^2}{a_ia_j} \geqslant 2\sqrt{2}-\frac{2\sqrt{2}n}{a_1^2+a_2^2+\cdots+a_n^2}$$

$$\Leftrightarrow \frac{1}{n}\sum_{i<j} \frac{(a_i-a_j)^2}{a_ia_j} \geqslant \sum_{i<j} \frac{2\sqrt{2}(a_i-a_j)^2}{n(a_1^2+a_2^2+\cdots+a_n^2)}$$

$$\Leftrightarrow \sum_{i<j}S_{ij}(a_i-a_j)^2 \geqslant 0$$

其中 $S_{ij}(1\leqslant i<j\leqslant n)$,由下式确定

$$S_{ij} = \frac{1}{a_ia_j}-\frac{2\sqrt{2}}{a_1^2+a_2^2+\cdots+a_n^2}$$

把表达式 $\sum_{i<j} S_{ij}(a_i - a_j)^2$ 以三变量的形式,分成较小的表达式,易证下列不等式强于原不等式

$$S_a(b-c)^2 + S_b(c-a)^2 + S_c(a-b)^2 \geqslant 0$$

其中

$$S_a = \frac{1}{bc} - \frac{2\sqrt{2}}{a^2+b^2+c^2}, S_b = \frac{1}{ca} - \frac{2\sqrt{2}}{a^2+b^2+c^2}, S_c = \frac{1}{ab} - \frac{2\sqrt{2}}{a^2+b^2+c^2}$$

不失一般性,设 $a \geqslant b \geqslant c$,则 $S_a \geqslant S_b \geqslant S_c$,而且

$$S_b + S_c = \frac{1}{ab} + \frac{1}{ac} - \frac{4\sqrt{2}}{a^2+b^2+c^2}$$

$$\geqslant \frac{4}{a(b+c)} - \frac{8\sqrt{2}}{2a^2+(b+c)^2}$$

$$= \frac{4(b+c-\sqrt{2}a)^2}{a(b+c)[2a^2+(b+c)^2]} \geqslant 0$$

于是,原不等式得证.

注意,如果 $n=3$,则等号成立的条件是

$$(a,b,c) \sim \left(3 - \frac{3}{2}\sqrt{2}, 3 - \frac{3}{2}\sqrt{2}, 3\sqrt{2} - 3\right)$$

以及平凡的情况 $a = b = c = 1$.

例 1.3.14 设 a,b,c,d 是非负实数,证明

$$a^4 + b^4 + c^4 + d^4 + 2abcd \geqslant a^2b^2 + a^2c^2 + a^2d^2 + b^2c^2 + b^2d^2 + c^2d^2$$

证明 不失一般性,设 $a \geqslant b \geqslant c \geqslant d$,则我们有

$$3\sum a^4 + 6abcd - 3\sum_{\text{sym}} a^2b^2$$

$$= \sum_{\text{sym}}(a^2 - b^2)^2 - (ab-cd)^2 - (bd-da)^2 - (ac-bd)^2$$

$$= \sum_{\text{sym}}(a^2 - b^2)^2 - \frac{1}{4}\sum[(a+c)(b-d) + (a-c)(b+d)]^2$$

$$= \frac{1}{4}\sum_{\text{sym}}[4(a+b)^2 - (c+d)^2](a-b)^2$$

设

$$S_{ab} = 4(a+b)^2 - (c+d)^2$$
$$S_{ac} = 4(a+c)^2 - (b+d)^2$$
$$S_{ad} = 4(a+d)^2 - (b+c)^2$$
$$S_{bc} = 4(b+c)^2 - (a+d)^2$$
$$S_{bd} = 4(b+d)^2 - (a+c)^2$$
$$S_{cd} = 4(c+d)^2 - (a+b)^2$$

当然,$S_{ab}, S_{ca} \geqslant 0$,另外

$$S_{ac}+S_{bc}=4\ (a+c)^2-(b+d)^2+4\ (b+c)^2-(a+d)^2\geqslant 0$$

于是,根据 SOS 定理的条件(2),有

$$S_{ad}\ (b-c)^2+S_{ac}\ (c-a)^2+S_{bc}\ (b-c)^2\geqslant 0$$

如果 $2b\geqslant a+c$,则

$$\begin{aligned}S_{ad}+S_{bd}+S_{cd}&=4\ (a+d)^2+4\ (b+d)^2+4\ (c+d)^2-\\&\quad (a+b)^2-(b+c)^2-(c+a)^2\\&\geqslant 4(a^2+b^2+c^2)-(a+b)^2-(b+c)^2-(c+a)^2\\&=(a-b)^2+(b-c)^2+(c-a)^2\geqslant 0\end{aligned}$$

从而

$$S_{ad}\ (a-d)^2+S_{bd}\ (b-d)^2+S_{cd}\ (c-d)^2\geqslant (S_{ad}+S_{bd}+S_{cd})\ (c-d)^2\geqslant 0$$

如果 $2b\leqslant a+c$,则

$$\begin{aligned}S_{ad}+S_{cd}&=4\ (a+d)^2-(b+c)^2+4\ (c+d)^2-(a+b)^2\\&\geqslant 4(a^2+c^2)-\left(c+\frac{a+c}{2}\right)^2-\left(a+\frac{a+c}{2}\right)^2\\&=\frac{3}{2}\ (a-c)^2\geqslant 0\end{aligned}$$

另外,$S_{ad}+S_{bd}\geqslant S_{ad}+S_{cd}\geqslant 0$,所以,我们有

$$S_{ad}\ (a-d)^2+S_{bd}\ (b-d)^2+S_{cd}\ (c-d)^2$$
$$\geqslant (S_{ad}+S_{bd})\ (b-d)^2+(S_{ad}+S_{cd})\ (c-d)^2\geqslant 0$$

综上所述,不等式得证,等号成立的条件是 $a=b=c=d$ 或 $a=b=c,d=0$ 及其轮换.

1.4　循环不等式和 SOS 方法

SOS 方法不仅对对称不等式有用,而且对循环不等式同样有效. 因此,为证明一个循环不等式,我们应依据变量的次序分离出较小的部分.下面介绍的 AM - GM 不等式的例子,可以传达第一个意思.

例 1.4.1　证明:对所有非负实数 a,b,c,有

$$\frac{a}{b}+\frac{b}{c}+\frac{c}{a}\geqslant 3$$

证明　我们知道,上面的不等式等价于

$$(3c+a-b)\ (a-b)^2+(3a+b-c)\ (b-c)^2+(3b+c-a)\ (c-a)^2\geqslant 0$$

或

$$3a\ (b-c)^2+3b\ (c-a)^2+3c\ (a-b)^2+(a-b)^3+(b-c)^3+(c-a)^3\geqslant 0$$

考虑第一种情况 $a\geqslant b\geqslant c$,则 $S_a,S_c\geqslant 0$. 如果 $S_b\geqslant 0$(或者 $3b+c\geqslant a$),

不等式显然成立. 否则, $a \geqslant 3b$, 则 $\frac{a}{b} \geqslant 3$, 不等式也显然成立.

考虑第二种情况 $a \leqslant b \leqslant c$, 则 $S_a, S_b \geqslant 0$, 此外, $S_b + S_c = 4b + 2c \geqslant 0$, 于是, 由 SOS 定理之条件 (3) 可知, 不等式成立.

译者注　本题的一个正系数 SOS 表示

$$\sum \frac{a}{b} - 3 = \frac{1}{2} \sum \frac{(2a + c)(a - b)^2}{ab(a + b + c)} \geqslant 0$$

上面的不等式中, 我们不必检查 $c \leqslant b \leqslant a$ 的情况. 使用下列估计式

$$\frac{a}{b} + \frac{b}{c} + \frac{c}{a} - \frac{b}{a} - \frac{c}{b} - \frac{a}{c} = \frac{(a - b)(b - c)(c - a)}{abc}$$

所以, 如果 $a \leqslant b \leqslant c$, 则 $\sum \frac{a}{b} \geqslant \sum \frac{c}{a}$, 这就是说, $c \leqslant b \leqslant a$ 的情况, 可以由 $a \geqslant b \geqslant c$ 的情况推出. 这就是我们对循环不等式应用 SOS 方法的一个公共方式.

现在, 我们来考虑, 由 SOS 方法解决复杂的不等式问题.

例 1.4.2　设 a, b, c 是正实数, 证明

$$\frac{a^2}{b} + \frac{b^2}{c} + \frac{c^2}{a} \geqslant \frac{3(a^3 + b^3 + c^3)}{a^2 + b^2 + c^2}$$

证明　不等式改写成如下形式

$$\sum \left(\frac{a^2}{b} + b - 2a \right) \geqslant \frac{3(a^3 + b^3 + c^3)}{a^2 + b^2 + c^2} - (a + b + c)$$

$$\Leftrightarrow \sum \frac{(a - b)^2}{b} \geqslant \sum \frac{(a + b)(a - b)^2}{a^2 + b^2 + c^2}$$

$$\Leftrightarrow \sum \left(\frac{a^2 + b^2 + c^2}{b} - a - b \right) (a - b)^2$$

$$= \sum \left(\frac{a^2 + c^2}{b} - a \right) (a - b)^2$$

$$= \sum S_a (b - c)^2 \geqslant 0$$

其中

$$S_c = \frac{a^2 + c^2}{b} - a$$

$$S_a = \frac{a^2 + b^2}{c} - b$$

$$S_b = \frac{b^2 + c^2}{a} - c$$

我们考虑下列两种情况.

(1) $a \geqslant b \geqslant c$. 显然, $S_a, S_c \geqslant 0$. 另外

$$S_a + 2S_b = \frac{a^2 + b^2}{c} + \frac{2b^2 + 2c^2}{a} - b - 2c$$

$$= \left(\frac{b^2}{c} - c\right) + \left(\frac{a^2}{b} + \frac{2b^2}{a} - b - c\right) \geqslant 0$$

$$S_c + 2S_b = \frac{a^2 + c^2}{b} + \frac{2b^2 + 2c^2}{a} - a - 2c$$

$$= \left(\frac{a^2}{b} + \frac{b^2}{a} - a - b\right) + \left(\frac{c^2}{b} + b - 2c\right) \geqslant 0$$

因此,由 SOS 定理的条件(3)可知,不等式是成立的.

(2)$a \leqslant b \leqslant c$. 显然 $S_b, S_c \geqslant 0$,另外

$$S_b + S_a = \frac{a^2 + b^2}{c} + \frac{a^2 + c^2}{b} - a - b \geqslant \frac{b^2}{c} + \frac{c^2}{b} - b - c \geqslant 0$$

于是,由 SOS 定理之条件(2)可知,不等式成立.

综上所述,原不等式是成立的.

例 1.4.3 设 a, b, c 是正实数,证明

$$\frac{a^2}{b} + \frac{b^2}{c} + \frac{c^2}{a} + a + b + c \geqslant \frac{6(a^2 + b^2 + c^2)}{a + b + c}$$

证明 显然,我们有

$$\sum \frac{a^2}{b} + \sum a - \frac{6(a^2 + b^2 + c^2)}{a + b + c}$$

$$= \sum \left(\frac{a^2}{b} + b - 2a\right) - 2\sum \frac{(a-b)^2}{a+b+c}$$

$$= \sum \left(\frac{1}{b} - \frac{2}{a+b+c}\right)(a-b)^2$$

依据 SOS 定理之条件(6)可知,只需证明

$$\sum \left(\frac{1}{b} - \frac{2}{a+b+c}\right)\left(\frac{1}{c} - \frac{2}{a+b+c}\right) \geqslant 0$$

$$\Leftrightarrow (a+b+c)\sum \frac{1}{bc} + \frac{12}{a+b+c} \geqslant \sum \frac{4}{a}$$

$$\Leftrightarrow \sum \frac{a}{bc} + \frac{12}{a+b+c} \geqslant \sum \frac{2}{a}$$

这最后的不等式直接由 Schur 不等式可得. 实际上

$$\sum a^2 + \frac{9abc}{a+b+c} \geqslant 2\sum ab$$

等号成立的条件是 $a = b = c$.

例 1.4.4(Pham Kim Hung, Mathlinks) 设 a, b, c 是某三角形的三边长,证明

$$\frac{a}{b} + \frac{b}{c} + \frac{c}{a} \geqslant \frac{2a}{b+c} + \frac{2b}{c+a} + \frac{2c}{a+b}$$

证明 注意到
$$\frac{a}{b}+\frac{b}{c}+\frac{c}{a}-3=\sum\frac{(3b+c-a)(c-a)^2}{6abc}$$
因此,不等式可以变换成
$$S_a(b-c)^2+S_b(c-a)^2+S_c(a-b)^2\geqslant 0$$
其中
$$S_a=\frac{3a+b-c}{6abc}-\frac{1}{(a+b)(a+c)}$$
$$S_b=\frac{3b+c-a}{6abc}-\frac{1}{(b+a)(c+c)}$$
$$S_c=\frac{3c+a-b}{6abc}-\frac{1}{(c+a)(c+b)}$$

考虑下列两个情况:

(1) 如果 $a\geqslant b\geqslant c$,则
$$S_a\geqslant\frac{1}{2bc}-\frac{1}{(a+b)(a+c)}>0$$
$$S_b+S_c=\frac{2c+b}{3abc}-\frac{2a+b+c}{(a+b)(b+c)(c+a)}\geqslant\frac{2c+b}{3abc}-\frac{3}{(a+c)(a+b)}>0$$
这是由于 $(2c+b)(a+c)(a+b)\geqslant 8\sqrt{2a^2b^2c^2}>9abc$.

最后,我们来证明 $S_b\geqslant 0$. 事实上,这个不等式等价于
$$\frac{3b+c}{6bc}\geqslant\frac{a}{bc}+\frac{a}{(a+b)(b+c)}$$
因为上述不等的 RHS 是 a 的严格增加函数,所以,只需证明
$$\frac{3b+c}{6bc}\geqslant\frac{b+c}{bc}+\frac{1}{2b+c}\Leftrightarrow\frac{1}{3c}\geqslant\frac{1}{2b+c}$$
这是显然成立. 因此,由 SOS 定理之条件(2)可知,原不等式成立.

(2) 如果 $a\leqslant b\leqslant c$,则
$$S_c\geqslant\frac{1}{2ab}-\frac{1}{(c+a)(c+b)}>0$$
$$S_b\geqslant\frac{1}{2ac}-\frac{1}{(b+a)(b+c)}>0$$
因为,$c\leqslant a+b\leqslant 2b$,则 $2b+a\geqslant\frac{3}{2}c$. 因此
$$S_a+S_b=\frac{2b+a}{3abc}-\frac{2c+a+b}{(a+b)(b+c)(c+a)}>\frac{1}{2bc}-\frac{3}{(c+a)(c+b)}>0$$
由 SOS 定理之条件(2)可知,不等式成立.

注 当 a,b,c 不是三角形的三条边时,这个不等式是不成立的. 例如 $a=12,b=2,c=1$,可以验证,不等式是错的.

例 1. 4. 5(Vo Quoc Ba Can，CPR)　设 a,b,c 是正实数，证明

$$(a+b+c)^2\left(\frac{a}{b}+\frac{b}{c}+\frac{c}{a}\right) \geqslant 9(a^2+b^2+c^2)$$

证明　不等式变形如下

$$\left(\sum a^2+2\sum ab\right)\sum \frac{a}{b} \geqslant 9\sum a^2$$

$$\Leftrightarrow 3\sum ab+\sum \frac{a^3}{b}+\sum \frac{a^2b}{c}+2\sum \frac{ab^2}{c} \geqslant 7\sum a^2$$

$$\Leftrightarrow \sum \left(\frac{a^3}{b}+ab-2a^2\right)+\sum \left(\frac{a^2b}{c}+bc-2ab\right)+2\sum \left(\frac{ab^2}{c}+ac-2ab\right)$$

$$\geqslant 5\sum a^2-5\sum ab$$

$$\Leftrightarrow \sum \left(\frac{a}{b}+\frac{c}{a}+\frac{2c}{b}-\frac{5}{2}\right)(a-b)^2 \geqslant 0$$

因此，我们得到系数表达式如下

$$S_a=\frac{b}{c}+\frac{a}{b}+\frac{2a}{c}-\frac{5}{2}$$

$$S_b=\frac{c}{a}+\frac{b}{c}+\frac{2b}{a}-\frac{5}{2}$$

$$S_c=\frac{a}{b}+\frac{c}{a}+\frac{2c}{b}-\frac{5}{2}$$

考虑下面两种情况：

(1) 如果 $a \geqslant b \geqslant c$，则由 AM - GM 不等式，有

$$S_a=\frac{b}{c}+\frac{a}{b}+\frac{2a}{c}-\frac{5}{2} \geqslant 1+1+2-\frac{5}{2}=\frac{3}{2}>0$$

$$S_b+S_c=\frac{c}{a}+\frac{b}{c}+\frac{2b}{a}-\frac{5}{2}+\frac{a}{b}+\frac{c}{a}+\frac{2c}{b}-\frac{5}{2}$$

$$=\left(\frac{a}{2b}+\frac{2b}{a}\right)+\left(\frac{b}{2c}+\frac{2c}{b}\right)+\left(\frac{2c}{a}+\frac{b}{2c}\right)+\frac{a}{2b}-5$$

$$\geqslant 2+2+2\sqrt{\frac{b}{a}}+\frac{a}{2b}-5=2\sqrt{\frac{b}{a}}+\frac{a}{2b}-1$$

$$=\sqrt{\frac{b}{a}}+\sqrt{\frac{b}{a}}+\frac{a}{2b}-1$$

$$\geqslant 3\sqrt[3]{\frac{1}{2}}-1>0$$

$$2S_b+S_c=\frac{2c}{a}+\frac{2b}{c}+\frac{4b}{a}-5+\frac{a}{b}+\frac{c}{a}+\frac{2c}{b}-\frac{5}{2}$$

$$=\left(\frac{a}{b}+\frac{4b}{a}\right)+\left(\frac{2c}{b}+\frac{2b}{c}\right)+\frac{3c}{a}-\frac{15}{2}$$

$$\geqslant 4 + 4 + \frac{3c}{a} - \frac{15}{2} = \frac{3c}{a} + \frac{1}{2} > 0$$

如果 $S_b \geqslant 0$，由于 $\sum S_a(b-c)^2 \geqslant (S_b + S_c)(b-c) \geqslant 0$，不等式显然成立. 因此，可以设 $S_b \leqslant 0$，则 $S_c \geqslant 0$，由 SOS 定理之条件（3）可知，原不等式成立.

（2）如果 $a \leqslant b \leqslant c$，显然有 $S_b, S_c \geqslant 0$. 另外

$$S_a + S_b = \frac{b}{c} + \frac{a}{b} + \frac{2a}{c} - \frac{5}{2} + \frac{c}{a} + \frac{b}{c} + \frac{2b}{a} - \frac{5}{2}$$

$$= \left[\frac{2(a+b)}{c} + \frac{c}{a} \right] + \left(\frac{a}{b} + \frac{2b}{a} \right) - 5$$

$$\geqslant 2\sqrt{2\left(1 + \frac{b}{a}\right)} + 2\sqrt{2} - 5 \geqslant 4 + 2\sqrt{2} - 5 = 2\sqrt{2} - 1 > 0$$

因此，由 SOS 定理之条件（2）可知，原不等式成立.

综上所述，原不等式成立.

例 1.4.6 设 a, b, c 是正实数，且满足 $a + b + c = 1$，证明

$$\frac{a^2 + 5b}{b+c} + \frac{b^2 + 5c}{c+a} + \frac{c^2 + 5a}{a+b} \geqslant 8$$

证明 注意到

$$\sum \frac{2a^2}{b+c} = 1 + \sum \frac{(a-b)^2}{(a+c)(b+c)}$$

$$\sum \frac{2a}{a+b} = 3 - \frac{\sum (a-b)^3}{3(a+b)(b+c)(c+a)}$$

则不等式变形为

$$\sum \frac{(a-b)^2}{(a+c)(b+c)} \geqslant \frac{5 \sum (a-b)^3}{3(a+b)(b+c)(c+a)} \Leftrightarrow \sum (4b-a)(a-b)^2 \geqslant 0$$

因此，我们有

$$S_a = 4c - b$$

$$S_b = 4a - c$$

$$S_c = 4b - a$$

如果 $a \geqslant b \geqslant c$，则 $S_b \geqslant 0, S_b + S_c \geqslant 0, S_b + S_a \geqslant 0$，根据 SOS 定理之条件（2）可知，不等式成立. 另外，我们假设 $a \leqslant b \leqslant c$，则 $S_b \leqslant 0, S_a, S_c \geqslant 0$，利用下列不等式（SOS 定理之条件（3）的变体）

$$(a-c)^2 \leqslant 3(c-b)^2 + \frac{3}{2}(b-a)^2$$

我们有

$$\sum S_a(b-c)^2 \geqslant (S_a + 3S_b)(b-c)^2 + \left(S_c + \frac{3}{2}S_b\right)(b-a)^2$$

$$= (c - b + 12a)(c-b)^2 + \frac{1}{2}(-3c + 10a + 8b)(b-a)^2$$

当 $3c \leqslant 10a + 8b$ 时,不等式显然成立. 否则,我们有 $c - b \geqslant \dfrac{1}{\sqrt{3}}(c - a)$,于是

$$\sum S_a (b - c)^2 \geqslant (S_a + 3S_b)(b - c)^2 = (c - b + 12a)(b - c)^2 \geqslant 0$$

从而,原不等式成立. 等号成立的条件是 $a = b = c$.

例 1.4.7 设非负实数 a, b, c 满足 $a + b + c = 3$,证明

$$\frac{a^2 + b}{a + b} + \frac{b^2 + c}{b + c} + \frac{c^2 + a}{c + a} \geqslant 3$$

证明 根据下列恒等式

$$\sum \frac{2a^2}{a + b} = \sum a + \sum \frac{(a - b)^2}{2(a + b)}$$

$$\sum \frac{2b}{a + b} = 3 + \frac{\sum (a - b)^3}{3(a + b)(b + c)(c + a)}$$

则不等式表示为 SOS 形式如下

$$\sum a + \sum \frac{(a - b)^2}{2(a + b)} + 3 + \sum \frac{(a - b)^3}{3(a + b)(b + c)(c + a)} \geqslant 6$$

或

$$S_a (b - c)^2 + S_b (c - a)^2 + S_c (a - b)^2 \geqslant 0$$

其中

$$S_a = 3a + a^2 + 2b - 2c$$
$$S_b = 3b + b^2 + 2c - 2a$$
$$S_c = 3c + c^2 + 2a - 2b$$

注意到,如果 $a \geqslant b \geqslant c$,则

$$\sum \frac{a^2 + b}{a + b} - \sum \frac{a + b^2}{a + b} = \frac{(a - b)(a - c)(c - b)}{(a + b)(b + c)(c + a)} \leqslant 0$$

所以,我们仅需要考虑,原不等式在 $a \geqslant b \geqslant c$ 的情况下成立即可. 此时,我们有 $S_a, S_c \geqslant 0$,此外

$$S_a + 3S_b = 3a + a^2 + 2(b - c) + 9b + 3b^2 + 6(c - a)$$
$$\geqslant a^2 + 3b^2 + 9b - 3a = -a(b + c) + 2b^2 + 3b(a + b + c) > 0$$

(1) 如果 $a \leqslant 2$,则

$$2S_c + 3S_b = 6c + 2c^2 + 5b + 4b^2 - 2a \geqslant 0$$

于是

$$\sum S_a (b - c)^2 \geqslant (S_a + 3S_b)(b - c)^2 + (S_c + \frac{3}{2}S_b)(a - b)^2 \geqslant 0$$

(2) 如果 $a \geqslant 2$,则 $c \leqslant b \leqslant 1$,另外

$$\frac{c}{b + c} + \frac{a}{a + c} \geqslant \frac{c}{c + a} + \frac{a}{a + c} = 1$$

33

$$\frac{a^2+b}{a+b}+\frac{b}{b+c}\geqslant\frac{4+b}{2+b}+\frac{b}{2}=\frac{2}{2+b}+\frac{2+b}{2}\geqslant 2$$

$$\Rightarrow\frac{a^2+b}{a+b}+\frac{b^2+c}{b+c}+\frac{c^2+a}{c+a}\geqslant 3$$

综上所述,原不等式得证.等号成立的条件是 $a=b=c$.

注　注意到,对所有实数,我们有

$$\frac{a^2+b}{a+b}\geqslant\frac{a+b}{1+b}$$

所以,下列不等式强于本题的不等式.

设 a,b,c 是非负实数,且 $a+b+c=3$,证明

$$\frac{a+b}{b+1}+\frac{b+c}{c+1}+\frac{c+a}{a+1}\geqslant 3$$

这个问题的详细解答,请查看第 6 章的开放文档.

例 1.4.8(Pham Kim Hung, Vasile Cirtoaje, Mathlinks)　设 a,b,c 是正实数,证明

$$\sqrt{\frac{a}{8b+c}}+\sqrt{\frac{b}{8c+a}}+\sqrt{\frac{c}{8a+b}}\geqslant 1$$

证明　设 $a=x^2,b=y^2,c=z^2$,则不等式变成

$$\frac{x}{\sqrt{8y^2+z^2}}+\frac{y}{\sqrt{8z^2+x^2}}+\frac{z}{\sqrt{8x^2+y^2}}\geqslant 1$$

应用 Cauchy-Schwarz 不等式,我们有

$$\sum\frac{x}{\sqrt{8y^2+z^2}}\cdot\sum x\sqrt{8y^2+z^2}\geqslant\left(\sum x\right)^2$$

所以,只需证明

$$\left(\sum x\right)^2\geqslant\sum x\sqrt{8y^2+z^2}$$

设 $F=(x+y+z)^2-\sum x\sqrt{8y^2+z^2}$,我们把 F 表示成 SOS 形式如下

$$F=(x+y+z)^2-3\sum xy-\sum x\left(\sqrt{8y^2+z^2}-\frac{8y+z}{3}\right)$$

$$=\frac{1}{2}\sum(x-y)^2-\frac{8}{3}\sum\frac{x(y-z)^2}{3\sqrt{8y^2+z^2}+8y+z}$$

$$\geqslant\frac{1}{2}\sum(x-y)^2-\frac{4}{3}\sum\frac{x(y-z)^2}{8y+z}$$

因此,我们得到系数

$$S_x=3-\frac{8x}{8y+z}$$

$$S_y=3-\frac{8y}{8z+x}$$

$$S_z = 3 - \frac{8z}{8x + y}$$

（1）当 $x \leqslant y \leqslant z$ 时，如果 $z \geqslant 3y$，则

$$\sum \frac{x}{\sqrt{8y^2 + z^2}} \geqslant \frac{z}{8x^2 + y^2} \geqslant 1$$

不等式成立. 如果 $z \leqslant 3y$，则 $S_x, S_y \geqslant 0$，由此，如果 $x \geqslant \frac{3}{40}y$，则由 SOS 定理之

条件（4）可知，不等式成立，实际上

$$z^2 S_y + y^2 S_z = z^2\left(3 - \frac{8y}{8z + x}\right) + y^2\left(3 - \frac{8z}{8x + y}\right)$$

$$\geqslant z^2\left(3 - \frac{y}{z}\right) + y^2\left(3 - \frac{8z}{\frac{3}{5}y + y}\right) = 3(y - z)^2 \geqslant 0$$

如果 $x \leqslant \frac{3}{40}y$，则

$$\sum \frac{x}{\sqrt{8y^2 + z^2}} \geqslant \frac{y}{\sqrt{8z^2 + x^2}} + \frac{z}{\sqrt{8x^2 + y^2}}$$

$$\geqslant \frac{y}{\sqrt{8 \cdot (3y)^2 + \left(\frac{3}{40}y\right)^2}} + \frac{y}{\sqrt{8 \cdot \left(\frac{3}{40}y\right)^2 + y^2}}$$

$$\approx 1.096\ 078\ 503 \geqslant 1$$

（2）当 $x \geqslant y \geqslant z$ 时，如果 $x \geqslant 3y$，则

$$\sum \frac{x}{\sqrt{8y^2 + z^2}} \geqslant \frac{x}{\sqrt{8y^2 + z^2}} \geqslant 1$$

不等式成立.

如果 $x \leqslant 3y$，则 $S_x, S_z \geqslant 0$. 如果 $8z \geqslant y$，则 $S_z + 2S_y = 9 - \frac{8z}{8x + y} - \frac{16y}{8z + y}$

是关于 y 的增函数，所以

$$S_z + 2S_y = 9 - \frac{8z}{8x + y} - \frac{16y}{8z + y}$$

$$\geqslant 9 - \frac{8z}{8x + 8z} - \frac{16 \cdot 8z}{8z + 8z}$$

$$\geqslant 9 - \frac{8z}{16z} - 8 = \frac{1}{2} > 0$$

另外

$$S_x + 2S_y = 9 - \frac{8x}{8y + z} - \frac{16y}{8z + x}$$

$$\geqslant 9 - \frac{8x}{8y} - \frac{16y}{y + x}$$

$$= \frac{(x-y)^2(7y-x)}{8y(y+x)} \geqslant 0$$

根据 SOS 定理之条件(3)可知,原不等式成立.

最后,我们仅需证明 $8z \leqslant y$ 的情况.此时,我们有

$$\sum \frac{x}{\sqrt{8y^2+z^2}} \geqslant \frac{x}{\sqrt{8y^2+z^2}} + \frac{y}{\sqrt{8z^2+x^2}}$$

$$\geqslant \frac{x}{\sqrt{8y^2+\left(\frac{y}{8}\right)^2}} + \frac{y}{\sqrt{8\left(\frac{x}{8}\right)^2+x^2}}$$

$$= \frac{8x}{\sqrt{513}\,y} + \frac{2\sqrt{2}\,y}{3x} \geqslant 8\sqrt{\frac{\sqrt{2}}{3\sqrt{513}}}$$

$$\approx 1.154\ 137\ 407 > 1$$

对每一种情况,我们证明了不等式.等号成立的条件是 $a=b=c$.

例 1.4.9(Pham Kim Hung,Mathlinks) 设 a,b,c 是某三角形的三边长,证明

$$(ab+bc+ca)(a^2+b^2+c^2) \leqslant 3(a^3b+cb^3+ac^3)$$

证明 我们有

$$3\sum a^3 b - (ab+bc+ca)\sum a^2$$

$$= 2\sum a^3 b - \sum ab^3 - \sum a^2 bc$$

$$= \frac{1}{2}\left(\sum a^3 b + \sum ab^3 - 2\sum a^2 bc\right) + \frac{3}{2}\left(\sum a^3 b - \sum ab^3\right)$$

$$= \frac{1}{2}\sum (ab+c^2)(a-b)^2 + \frac{3}{2}(a+b+c)(a-b)(b-c)(a-c)$$

$$= \frac{1}{2}\sum (c^2+b^2-a^2+cb-ca+ab)(a-b)^2$$

$$= \frac{1}{2}\sum (b^2-a^2+2cb)(a-b)^2$$

由于 a,b,c 是某三角形的三边长,所以,可以设 $a=y+z,b=z+x,c=x+y$,则不等式变成

$$\sum (3x^2+4xz+2xy-y^2)(x-y)^2 \geqslant 0$$

只需证明不等式在 $a \leqslant b \leqslant c$ 或者 $x \geqslant y \geqslant z$ 的情况下成立即可.

记

$$S_x = 3y^2+4xy+2yz-z^2$$

$$S_y = 3z^2+4yz+2zx-x^2$$

$$S_z = 3x^2+4zx+2xy-y^2$$

则,易证 $S_x,S_z \geqslant 0$. 如果 $(\sqrt{3}-1)x \geqslant \sqrt{3}\,y$,则

$$\sum S_x\,(y-z)^2 \geqslant S_y\,(x-z)^2 + S_z\,(x-y)^2 \geqslant \frac{1}{3}(3S_y+S_z)\,(x-z)^2 \geqslant 0$$

因为 $\qquad\qquad 3S_y+S_z \geqslant -3x^2+3x^2+2xy-y^2 \geqslant 0$

如果 $\sqrt{3}\,y \geqslant (\sqrt{3}-1)x$,则

$$S_x+2S_y \geqslant 3y^2+4xy-2x^2 \geqslant 0$$
$$S_z+2S_y \geqslant 3x^2-2y^2 \geqslant 0$$

根据 SOS 定理之条件(3)可知,原不等式成立. 等号成立的条件是 $a=b=c$.

注 这个不等式,当 a,b,c 不是某三角形的三边长时,是不成立的. 事实上,只要取 $a=2,b=0,c=1$,即可验证不等式是错的.

例 1.4.10 设 a,b,c 是正实数,证明

$$\frac{a^3}{2a^2+b^2}+\frac{b^3}{2b^2+c^2}+\frac{c^3}{2c^2+a^2} \geqslant \frac{a+b+c}{3}$$

证明 我们有

$$\frac{3a^3}{2a^2+b^2}-a=\frac{a(a-b)(a+b)}{2a^2+b^2}$$

$$\Rightarrow \frac{3a^3}{2a^2+b^2}-a-\frac{2(a-b)}{3}$$

$$=(a-b)\left[\frac{a(a+b)}{2a^2+b^2}-\frac{2}{3}\right]=\frac{(2b-a)\,(a-b)^2}{3(2a^2+b^2)}$$

则,不等式可以写成 $S_a\,(b-c)^2 + S_b\,(c-a)^2 + S_c\,(a-b)^2 \geqslant 0$ 的形式,其中

$$S_a=\frac{2c-b}{2b^2+c^2}$$

$$S_b=\frac{2a-c}{2c^2+a^2}$$

$$S_c=\frac{2b-a}{2a^2+b^2}$$

考虑下面两种情况:

(1) $a \geqslant b \geqslant c$ 的情况. 因为

$$\frac{4b}{2a^2+b^2}-\frac{c}{2c^2+a^2} \geqslant 0$$

$$\frac{-2a}{2a^2+b^2}+\frac{2a}{2c^2+a^2} \geqslant 0$$

所以,$2S_c+S_b \geqslant 0$. 类似地,由

$$\frac{(4c-2b)b^2}{2b^2+c^2}+\frac{(2a-c)a^2}{2c^2+a^2}=\left(\frac{2a^3}{2c^2+a^2}-\frac{2b^3}{2b^2+c^2}\right)+c\left(\frac{4b^2}{2b^2+c^2}-\frac{a^2}{2c^2+a^2}\right) \geqslant 0$$

我们得到 $2b^2S_a + a^2S_b \geqslant 0$. 因此

$$2\sum S_a(b-c)^2 = [2S_a(b-c)^2 + S_b(c-a)^2] + [S_b(c-a)^2 + 2S_c(a-b)^2]$$

$$= \frac{1}{(b-c)^2}\left[2S_a + S_b\left(\frac{a-c}{b-c}\right)^2\right] + (S_b + 2S_c)(a-b)^2$$

$$\geqslant \frac{1}{(b-c)^2}\left[2S_a + S_b\left(\frac{a}{b}\right)^2\right] = \frac{b^2}{(b-c)^2}(2b^2S_a + a^2S_b) \geqslant 0$$

(2) $a \leqslant b \leqslant c$ 的情况. 考虑两个小情况:

① $2b \geqslant a + c$ 的情况. 我们来证明

$$S_c + 4S_b = \frac{2b-a}{2a^2+b^2} + \frac{4(2a-c)}{2c^2+a^2} \geqslant 0 \tag{1}$$

不等式(1)左边的表达式是 c 的增函数, 所以, 只需检查(1)在 $c=b$ 的情况下成立即可, 即

$$\frac{2b-a}{2a^2+b^2} + \frac{4(2a-b)}{2b^2+a^2} \geqslant 0 \Leftrightarrow \frac{3a[(a-b)^2 + b^2 + 4a^2]}{(2a^2+b^2)(2b^2+a^2)} \geqslant 0$$

这是显然成立的. 由于 $(b-a)^2 \geqslant \frac{1}{4}(c-a)^2$, 所以

$$\sum S_a(b-c)^2 \geqslant \frac{1}{4}S_c(a-b)^2 + S_b(c-a)^2 \geqslant 0$$

② $2b \leqslant a + c$ 的情况. 我们来证明

$$S_c + 3S_b = \frac{2b-a^2}{2a^2+b^2} + \frac{6a-3c}{2c^2+a^2} \geqslant 0 \tag{2}$$

不等式(2)左边的表达式是 c 的增函数, 所以, 只需证明(2)在 $c=2b-a$ 的情况下成立即可. 即

$$\frac{2b-a}{2a^2+b^2} + \frac{9a-6b}{8b^2+3a^2-8ab} \geqslant 0 \Leftrightarrow 10b^3 - 15ab^2 + 2a^2b + 15a^3 \geqslant 0$$

这可由 AM - GM 不等式得到, 实际上

$$10b^3 - 15ab^2 + 2a^2b + 15a^3 = 5b^3 + 5b^3 + 15a^3 - 15ab^2 + 2a^2b$$

$$\geqslant 3\sqrt[3]{5b^3 \cdot 5b^3 \cdot 15a^3} - 15ab^2 + 2a^2b$$

$$= (15\sqrt[3]{3} - 1)ab^2 + 2a^2b \geqslant 0$$

另外, 不等式 $S_a + \frac{3}{2}S_b \geqslant 0$, 等价于

$$\frac{2c-b}{2b^2+c^2} + \frac{3}{2} \cdot \frac{2a-c}{2c^2+a^2} \geqslant 0 \tag{3}$$

不等式(3)左边的表达式是 a 的增函数, 所以, 只需证明(3)在 $a=b$ 的情况下成立即可, 即

$$\frac{2c-b}{2b^2+c^2} + \frac{3}{2} \cdot \frac{2b-c}{2c^2+b^2} \geqslant 0 \Leftrightarrow \frac{3c^3 + 2c(c^2-b^2) + 2bc^2 + 10b^3}{2(2b^2+c^2)(2c^2+b^2)} \geqslant 0$$

这是显然成立的. 根据式(2)和式(3),以及

$$S_a, S_c \geqslant 0, (c-a)^2 \leqslant 3(b-a)^2 + \frac{3}{2}(c-b)^2$$

我们即得结论

$$\sum S_a(b-c)^2 \geqslant (S_c + 3S_b)(a-b)^2 + (S_a + \frac{3}{2}S_b)(b-c)^2 \geqslant 0$$

等号成立的条件是 $a=b=c$.

1.5 练 习

1.(Pham Kim Hung, Mathlinks) 设 a,b,c 是非负实数,证明

$$\frac{a}{b+c} + \frac{b}{c+a} + \frac{c}{a+b} + \frac{abc}{2(a^3+b^3+c^3)} \geqslant \frac{5}{3}$$

2.(Pham Kim Hung, Mathlinks) 设 a,b,c 是非负实数,证明

$$\frac{a^3+b^3+c^3}{abc} + \frac{54abc}{(a+b+c)^3} \geqslant 5$$

3.(Pham Kim Hung, Mathlinks) 对于正实数 a,b,c,求满足下列不等式

$$\frac{8abc}{(a+b)(b+c)(c+a)} + \frac{k(a^2+b^2+c^2)}{(a+b+c)^2} \geqslant 1 + \frac{k}{3}$$

的最小正常数 k.

4.(Pham Kim Hung, Mathlinks) 设 a,b,c 是非负实数,证明

$$\frac{abc(a+b+c)}{a^4+b^4+c^4} + \frac{12(a^3+b^3+c^3)}{(a+b+c)(a^2+b^2+c^2)} \geqslant 5$$

5.(Pham Kim Hung, Mathlinks) 设 a,b,c 是非负实数,证明

$$\frac{a^4+b^4+c^4}{ab+bc+ca} + \frac{3abc}{a+b+c} \geqslant \frac{2}{3}(a^2+b^2+c^2)$$

6.(Pham Kim Hung, Mathlinks) 设 a,b,c 是非负实数,证明

$$\frac{21(a^3+b^3+c^3)}{a^2+b^2+c^2} + \frac{12(a^2b^2+b^2c^2+c^2a^2)}{a^3+b^3+c^3} \geqslant 11(a+b+c)$$

7.(Tran Nam Dung, Vietnam TST 2006) 设 a,b,c 是某三角形的三边长,证明

$$6\left(\frac{a}{b+c} + \frac{b}{c+a} + \frac{c}{a+b}\right) \leqslant (a+b+c)\left(\frac{1}{a} + \frac{1}{b} + \frac{1}{c}\right)$$

8.设 a,b,c 是正实数,证明

$$\frac{a^2}{b} + \frac{b^2}{c} + \frac{c^2}{a} \geqslant \sqrt[4]{27(a^4+b^4+c^4)}$$

9.(Pham Kim Hung, Mathlinks) 设 a,b,c,d 是非负实数,且满足 $a^2 +$

$b^2 + c^2 + d^2 = 4$,证明

$$a^3 + b^3 + c^3 + d^3 + abc + bcd + cda + dab \geqslant 8$$

10. (Vasile Cirtoaje, Mathlinks) 设 a, b, c 是非负实数,证明

$$\frac{b+c}{2a^2+bc} + \frac{c+a}{2b^2+ca} + \frac{a+b}{2c^2+ab} \geqslant \frac{6}{a+b+c}$$

11. (Pham Kim Hung, Mathlinks) 设 a, b, c 是正实数,且满足 $a^2 + b^2 + c^2 = 3$,证明

$$\frac{a^2\sqrt{b+c}}{\sqrt{a^2+bc}} + \frac{b^2\sqrt{c+a}}{\sqrt{b^2+ca}} + \frac{c^2\sqrt{a+b}}{\sqrt{c^2+ab}} \leqslant 3$$

12. (Le Trung Kien, CPR) 设 a, b, c 是正实数,证明

$$a + b + c + \frac{(b-c)^2}{a} + \frac{(c-a)^2}{b} + \frac{(a-b)^2}{c}$$
$$\geqslant \frac{3a^3}{a^2+ab+b^2} + \frac{3b^3}{b^2+bc+c^2} + \frac{3c^3}{c^2+ca+a^2}$$

13. (Pham Hun Duc, Mathlinks) 设 a, b, c 是非负实数,证明

$$\frac{1}{a^2+bc} + \frac{1}{b^2+bc} + \frac{1}{c^2+bc}$$
$$\leqslant \frac{a+b+c}{ab+bc+ca}\left(\frac{1}{a+b} + \frac{1}{b+c} + \frac{1}{c+a}\right)$$

14. (Darij Grinberg, Peter Scholze, Mathlinks) 设 a, b, c 是正实数,证明

$$\frac{(b+c)^2}{a^2+bc} + \frac{(c+a)^2}{b^2+ca} + \frac{(a+b)^2}{c^2+ab} \geqslant 6$$

15. 设 a, b, c 是某三角形的三边长,证明

$$\frac{3(a^4+b^4+c^4)}{(a^2+b^2+c^2)^2} + \frac{ab+bc+ca}{a^2+b^2+c^2} \geqslant 2$$

16. (Nguyen Viet Anh, Mathlinks) 设 a, b, c 是任意非负实数,证明

$$\frac{a^3}{2a^2-ab+2b^2} + \frac{b^3}{2b^2-bc+2c^2} + \frac{c^3}{2c^2-ca+2a^2} \geqslant \frac{a+b+c}{3}$$

17. (Pham Kim Hung, Mathlinks) 求最好的实常数 k(最大值),使得对任意非负实数 a, b, c,下列不等式

$$\frac{a^3+b^3+c^3}{(a+b)(b+c)(c+a)} + \frac{k(ab+bc+ca)}{(a+b+c)^2} \geqslant \frac{3}{8} + \frac{k}{3}$$

成立.

18. 设 a, b, c 是非负实数,证明

$$\frac{a^4}{a^3+b^3} + \frac{b^4}{b^3+c^3} + \frac{c^4}{c^3+a^3} \geqslant \frac{a+b+c}{2}$$

19. (Pham Kim Hung, Mathlinks) 设 a, b, c 是正实数,证明

$$(a+b+c)\left(\frac{1}{a}+\frac{1}{b}+\frac{1}{c}\right) \geqslant 5 + \frac{4(a^2+b^2+c^2)}{ab+bc+ca}$$

20. (Vasile Cirtoaje，Mathlinks) 设 a,b,c 是非负实数,证明

$$(a^2-bc)\sqrt{a^2+2bc}+(b^2-ca)\sqrt{b^2+2ca}+(c^2-ab)\sqrt{c^2+2ab} \geqslant 0$$

21. (Pham Kim Hung，Mathlinks) 设 a,b,c 是非负实数,且满足 $ab+bc+ca=1$,对于 $k \geqslant 2+\sqrt{3}$,证明

$$\frac{1+ab}{kc^2+ab}+\frac{1+bc}{ka^2+bc}+\frac{1+ca}{kb^2+ca} \geqslant \frac{12}{k+1}$$

22. (Pham Kim Hung，Mathlinks) 给定三个任意正实数 a,b,c,证明

$$\left(a+\frac{b^2}{c}\right)^2+\left(b+\frac{c^2}{a}\right)^2+\left(c+\frac{a^2}{b}\right)^2 \geqslant \frac{12(a^3+b^3+c^3)}{a+b+c}$$

整合变量法

2.1　起　步

虽然大多数人可能非常熟悉整合变量法,但是,关于这个方法的详细情况,有些人可能并不知道.首先,我要说的是,这个方法的确是一个优美而强壮的方法,所以,在本节将要介绍这个整合变量法是如何操作的,如何有效地应用的,即使是对初学者,也是容易掌握的.

第一件事情是要弄清楚这个方法的主要思想,我们用下面两个著名的不等式来描述这个思想.

例 2.1.1　设 a,b,c 是正实数,证明
$$a+b+c \geqslant 3\sqrt[3]{abc}$$

证明及分析　我们都知道,这是一个三变量著名的 AM-GM 不等式,而且我也知道许多的证明方法.这也是介绍整合变量方法的一个典型的非常简单的例子.第一步,我们假设 $abc=1$,把不等式规范化,这样,不等式就变成
$$f(a,b,c)=a+b+c \geqslant 3, \text{ 如果 } abc=1$$

我们尝试整合变量.特别地,我们来整合变量 a 和 b(我们使用几何平均等于一个变量 t,这就是整合变量法的主要思想).在条件 $abc=1$ 下,令 $t=\sqrt{ab}$,并注意到
$$a+b \geqslant 2\sqrt{ab}=2t$$

我们有(因为 $t^2c=1$)

$$a+b+c \geqslant 2t+c = 2t + \frac{1}{t^2}$$

余下的证明非常简单.因为

$$2t + \frac{1}{t^2} - 3 = \frac{(2t+1)(t-1)^2}{t^2} \geqslant 0$$

所以

$$a+b+c \geqslant 2t + \frac{1}{t^2} \geqslant 3$$

上述不等式对描述整合变量法或许太简单了,我知道,你此刻感到非常惊讶!请你稍等一会,随我去看看另外一个稍微困难的不等式.

例 2.1.2　设 a,b,c 是非负实数,且满足 $a+b+c=3$,证明

$$a^2+b^2+c^2+abc \geqslant 4$$

证明及分析　对这个不等式,虽然我们已有许多不同的证法(例如,你可以使用第一卷中介绍的初等对称多项式),请你开动脑筋想想整合变量法.在这个问题中,如何使用整合变量法?

在 $a+b+c=3$ 条件下,我们尝试整合变量 a 和 b,产生新的变量 $t = \frac{a+b}{2}$,我们知道,变换 $(a,b) \rightarrow (t,t)$ 是最好的选择.因为新的三元组 (t,t,c),仍然保持题设条件 $t+t+c = a+b+c = 3$,设

$$f(a,b,c) = a^2+b^2+c^2+abc$$

通常,我们考察函数 $f(a,b,c)$ 和 $f(t,t,c)$ 之间的差,并希望

$$f(a,b,c) \geqslant f(t,t,c)$$

但事情会怎么样呢

$$f(a,b,c) - f(t,t,c) = \frac{(a-b)^2}{2} - \frac{c(a-b)^2}{4} = \left(\frac{1}{2} - \frac{c}{4}\right)(a-b)^2$$

差 $f(a,b,c) - f(t,t,c)$ 是非负的,当且仅当 $\frac{1}{2} \geqslant \frac{c}{4} \Leftrightarrow c \leqslant 2$.但这并不总是成立(由于 $a+b+c=3$ 的限制,不能保证 $c \leqslant 2$).

难道整合变量法失效了吗? 不,不是的.如果 $c \geqslant 2$,则不等式显然成立,因为

$$f(a,b,c) = a^2+b^2+c^2+abc \geqslant c^2 \geqslant 4$$

否则,如果 $c \leqslant 2$,则

$$f(a,b,c) \geqslant f(t,t,c)$$

即

$$2t^2 + c^2 + t^2c \geqslant 4$$

由于 $a+b+c=3 \Rightarrow c = 3-2t$,所以,我们只需证明

$$2t^2 + (3-2t)^2 + t^2(3-2t) \geqslant 4 \Leftrightarrow (t-1)^2(5-2t) \geqslant 0$$

这是显然成立的,因为 $t \leqslant \dfrac{3}{2}$.

在上面的证法中,我们使用了一个重要的技巧,考虑到 $c \geqslant 2$ 的情况,没有使用整合变量法,但这只是一个小的想法.在特定的意义上,使用整合变量法,是由两步组成的,一步是 $f(a,b,c) \geqslant f(t,t,c)$,另一步是 $f(t,t,c) \geqslant 4$.如果完成了这两个步骤,那么不等式就得到了证明.

接下来,我们将讨论,在使用整合变量法的同时,重排变量的次序.这个情况常常发生在不等式 $f(a,b,c) \geqslant f(t,t,c)$ 不是绝对成立的时候,请看下面的例子.

例 2.1.3(MOSP,2001) 设 a,b,c 是满足 $abc = 1$ 的正实数,证明
$$(a+b)(b+c)(c+a) \geqslant 4(a+b+c-1)$$

证明及分析 依照惯例,设
$$f(a,b,c) = (a+b)(b+c)(c+a) - 4(a+b+c-1)$$
$$= ab(a+b) + bc(b+c) + ca(c+a) - 4(a+b+c) + 6$$

我们来证明 $f(a,b,c) \geqslant 0$.特别地,整合变量 b 和 c,并令 $t = \sqrt{bc}$(我们也可以整合变量 a 和 b,a 和 c,变量的名称并不重要).考虑 $f(a,b,c)$ 和 $f(a,t,t)$ 之间的差,我们容易推出
$$f(a,b,c) - f(a,t,t) = (\sqrt{b} - \sqrt{c})^2 [(a+b)(a+c) + 2\sqrt{a} - 4]$$
可惜的是,不等式 $f(a,b,c) \geqslant f(a,t,t)$ 并不成立(依据题设条件,我们不能证明 $(a+b)(a+c) + 2\sqrt{a} \geqslant 4$),怎么回事?

在 SOS 方法中,一个关键的问题是重排变量次序.很明显,不失一般性,我们可以假设 $a \geqslant b \geqslant c$,由题设条件得到(因为 $a \geqslant 1$)
$$(a+b)(a+c) + 2\sqrt{a} \geqslant 4a\sqrt{bc} + 2\sqrt{a} = 6\sqrt{a} > 4$$
由这一步,可以使用整合变量法.实际上,不等式转化为证明
$$f(a,t,t) = 2at(a+t) + 2t^3 - 4a - 8t + 6 \geqslant 0$$
由题设条件 $abc = 1$,有 $a = \dfrac{1}{t^2}$,则不等式等价于
$$\frac{(t-1)^2 [(t^2-1)^2 + t^4 + 4t^3 + 1]}{t^3} \geqslant 0$$

这显然成立.证毕.

在这个证法中,重排变量次序这一步在整合变量法的推理过程中确实是一个妙的想法.要记住的是,估计式 $f(a,b,c) \geqslant f(a,t,t)$ 并不总是成立,但适当的变量次序可以使不等式成立,这个技巧在整合变量方法中,使用非常广泛.

在应用整合变量方法证明不等式方面,希望上面的例子,可以给你传递首

次的感受. 接下来, 我们来讨论这个方法在证明超过三个变量的不等式证明方面的问题, 以四元不等式为例, 来阐述这个方法的应用.

例 2.1.4(Pham Kim Hung, Mathlinks) 设 a,b,c,d 是正实数, 且满足 $abcd=1$, 证明

$$a^2+b^2+c^2+d^2-4 \geqslant 2(a-1)(b-1)(c-1)(d-1)$$

证明及分析 由 AM-GM 不等式, 我们有

$$a^2+b^2+c^2+d^2 \geqslant 4$$

所以, 我们只需证明不等式在 $(a-1)(b-1)(c-1)(d-1) \geqslant 0$ 的条件下成立即可. 由于 $abcd=1$, 所以, 只需考虑 $a \geqslant b \geqslant 1 \geqslant c \geqslant d$ 的情况, 此时, 尝试整合变量 a 和 b, c 和 d. 事实上, 在 $abcd=1$ 的条件下, 最好的选择是整合 a 和 b 变成 $\sqrt{ab}$, c 和 d 变成 $\sqrt{cd}$. 因为

$$(a-1)(b-1) \leqslant (\sqrt{ab}-1)^2$$

$$(c-1)(d-1) \leqslant (\sqrt{cd}-1)^2$$

因此(我们把 a,b 变成 $\sqrt{ab}$, c,d 变成 $\sqrt{cd}$)

$$(a-1)(b-1)(c-1)(d-1) \leqslant (\sqrt{ab}-1)^2(\sqrt{cd}-1)^2$$

另外

$$a^2+b^2+c^2+d^2 \geqslant 2(ab+cd)$$

所以, 余下只需证明

$$2(ab+cd)-4 \geqslant 2(\sqrt{ab}-1)^2(\sqrt{cd}-1)^2$$

$$\Leftrightarrow (\sqrt{ab}-\sqrt{cd})^2 \geqslant (\sqrt{ab}-1)^2(\sqrt{cd}-1)^2$$

$$\Leftrightarrow \sqrt{ab}-\sqrt{cd} \geqslant (\sqrt{ab}-1)(\sqrt{cd}-1)$$

$$\Leftrightarrow -2\sqrt{cd} \geqslant -1-\sqrt{abcd}$$

$$\Leftrightarrow cd \leqslant 1$$

这是显然成立的, 因为假设条件 $a \geqslant b \geqslant 1 \geqslant c \geqslant d$. 等号成立的条件是

$$a=b=c=d=1$$

在这个证明中, 我们实施了两个整合变量过程: 一个是整合变量 a 和 b, 另一个是 c 和 d. 这两个过程完成后, 我们得到 $a=b=\sqrt{ab}$, 以及 $c=d=\sqrt{cd}$. 虽然, 不同的问题中, 应用整合变量法会出现不同的形式, 但其本质并没有改变: 这就是利用一个特定的变换, 使得变量相等, 这也是对 n 元不等式应用这个方法的一般思想. 现在, 我们就来讨论这个思想.

一般地说, "整合变量法"是众所周知的较强的方法, 其基本思想来源于这样一个自然的情况, 即大多数不等式达到等号成立的条件是变量相等. 因此, 为证明这样一个不等式(对称的)

$$f(a_1, a_2, \cdots, a_n) \geqslant 0$$

我们可以证明(这仅仅是一个建议,并不是一个权威性的方法)

$$\begin{cases} f(a_1, a_2, \cdots, a_n) \geqslant f\left(\dfrac{a_1 + a_2}{2}, \dfrac{a_1 + a_2}{2}, a_3, \cdots, a_n\right) \\ f(t, t, a_3, \cdots, a_n) \geqslant 0 \quad \left(t = \dfrac{a_1 + a_2}{2}\right) \end{cases}$$

事实上,"整合变量法"这个名称,就显露出这个方法的主要思想:把变量改变为常数或使某些变量相等.下面这一 n 变量的不等式,体现了这一思想.

例 2.1.5(Pham Kim Hung, Mathematics Reflection, 11/2007)　设 a_1, $a_2, \cdots, a_n$ 是满足和等于 0 的实数,证明

$$a_1^2 + a_2^2 + \cdots + a_n^2 + 1 \geqslant \frac{2}{\sqrt{n}}(|a_1| + |a_2| + \cdots + |a_n|)$$

证明及分析　为了处理这个问题,需要把绝对值符号去掉.简单地说,就是把序列 $a_1, a_2, \cdots, a_n$ 分成两个序列,一个是非负实数序列 $x_1, x_2, \cdots, x_k$,另一个是负数序列 $y_1, y_2, \cdots, y_{n-k}$.设 $z_j = -y_j (j \in \{1, 2, \cdots, n-k\})$,因此,只需证明

$$\sum_{i=1}^{k} x_i^2 + \sum_{j=1}^{n-k} z_j^2 + 1 \geqslant \frac{2}{\sqrt{n}} \sum_{i=1}^{k} x_i + \frac{2}{\sqrt{n}} \sum_{j=1}^{n-k} z_j \qquad (\ast)$$

下面我们来使用整合变量法.特别地,将非负项整合到一起,把负项整合到一起.如何进行呢? 依照惯例,我们选择 x 和 z 分别表示两个序列 $\{x_i\}_1^k$, $\{z_j\}_1^{n-k}$ 的算术平均.在变换

$$(x_1, x_2, \cdots, x_k) \rightarrow (x, x, \cdots, x)$$
$$(z_1, z_2, \cdots, z_{n-k}) \rightarrow (z, z, \cdots, z)$$

下,注意到,不等式 $(\ast)$ 的右边是不变的,而左边是可变的(增加趋势).由于

$$\sum_{i=1}^{k} x_i^2 \geqslant k\left(\frac{x_1 + x_2 + \cdots + x_k}{k}\right)^2 = kx^2$$
$$\sum_{j=1}^{n-k} z_j^2 \geqslant (n-k)\left(\frac{z_1 + z_2 + \cdots + z_{n-k}}{n-k}\right)^2 = (n-k)z^2$$

所以,只需证明

$$kx^2 + (n-k)z^2 + 1 \geqslant 2[kx + (n-k)z]$$

由于 $a_1 + a_2 + \cdots + a_n = 0$,则 $kx = (n-k)z$,上面的不等式变成

$$kx^2\left(1 + \frac{k}{n-k}\right) + 1 \geqslant \frac{2kx}{\sqrt{n}}$$

由 AM - GM 不等式,我们有

$$\text{LHS} \geqslant 2x\sqrt{k\left(1 + \frac{k}{n-k}\right)} = \frac{2k\sqrt{n}\,x}{\sqrt{k(n-k)}} \geqslant \frac{4kx}{\sqrt{n}}$$

从而,原不等式成立. 证毕.

如果不使用整合变量法,我们可以直接使用 AM-GM 不等式来证明.事实上

$$\sum_{i=1}^{n} a_i^2 + 1 = \sum_{i=1}^{n}\left(a_i^2 + \frac{1}{n}\right) \geqslant \frac{2}{\sqrt{n}}\sum_{i=1}^{n} \mid a_i \mid$$

(这个不等式对任意实数都是成立的). 但是,根据上面使用整合变量的证法过程,我们得到了一个更强、更困难的不等式(证法相同).

设 $a_1, a_2, \cdots, a_n$ 是满足和等于 0 的实数,证明

$$a_1^2 + a_2^2 + \cdots + a_n^2 + 1 \geqslant k(\mid a_1 \mid + \mid a_2 \mid + \cdots + \mid a_n \mid)$$

其中

$$k = \begin{cases} \dfrac{2}{\sqrt{n}} & (n \text{ 是偶数}) \\[3mm] \dfrac{2\sqrt{n}}{\sqrt{n^2+1}} & (n \text{ 是奇数}) \end{cases}$$

在上面的例子中,我们反复地讨论了整合变量法,就其意义而言,就是使变量相等,不要误解这个方法的思想仅仅限制于这个方式.经验告诉我们,整合变量法可以理解为一个变换的"梯子",每一个变换(或者是梯子的每一步)使得所证的不等式更均匀、和谐.例如,在第一个不等式中,我们使用了中间的梯级

$$(a,b,c) \to (\sqrt{ab}, \sqrt{ab}, c)$$

在例 2.1.1 中,我们使用了一个中间的梯级

$$(a,b,c) \to \left(\frac{a+b}{2}, \frac{a+b}{2}, c\right)$$

在例 2.1.4 中,我们使用了两个中间梯级

$$(a,b,c,d) \to (\sqrt{ab}, \sqrt{ab}, c, d) \to (\sqrt{ab}, \sqrt{ab}, \sqrt{cd}, \sqrt{cd})$$

在例 2.1.5 中,我们使用了两个中间梯级

$$(a_1, a_2, \cdots, a_n)$$
$$\to (x_1, x_2, \cdots, x_k, -z_1, -z_2, \cdots, -z_{n-k})$$
$$\to (x, x, \cdots, x, z, z, \cdots, z)$$

无论何时,你可以进行这样的变换,并建立这样的梯子,然后使用整合变量法.有时,针对每一个问题,选择一个合适的梯子(或变换),这个梯子可能是非常陌生的.不能使变量相等的这样的变换,可能使变量变成零.

例 2.1.6 设 a, b, c 是非负实数,其和为 2,证明

$$ab(a+b) + bc(b+c) + ca(c+a) \leqslant 2$$

证明及分析 依据条件 $a+b+c=2$,我们选择变换

$$(a,b,c) \to (a+c, b, 0)$$

设
$$f(a,b,c)=ab(a+b)+bc(b+c)+ca(c+a)$$
则
$$f(a,b,c)-f(a+c,b,0)=ac(a+c-2b)$$

不失一般性,假设 $b=\max\{a,b,c\}$,则我们有
$$f(a,b,c)\leqslant f(a+c,b,0)$$

最后,由 AM - GM 不等式,有
$$f(a+c,b,0)=(a+c)\cdot b\cdot(a+c+b)=2b(a+c)\leqslant\frac{(b+a+c)^2}{2}=2$$

在这里,梯级 $(a,b,c)\rightarrow(a+c,b,0)$ 是一个较好的选择,但不是唯一的. 我们还可以选择,如 $(a,b,c)\rightarrow(a-c,b-c,0)$(为了进行这样的变换,我们首先要把原不等式齐次化). 这个梯级关联一个特别的方法,称为"整合全部变量法",在下一节中,我们将介绍这方面的情况.

例 2.1.7(Pham Kim Hung, Mathlinks) 设 a,b,c 是非负实数,证明
$$\frac{a^2}{b^2-bc+c^2}+\frac{b^2}{c^2-ca+a^2}+\frac{c^2}{a^2-ab+b^2}\geqslant2$$

证明 在这个问题中,梯子是什么呢? 出乎意料,假设 $a\geqslant b\geqslant c$,我们可以选择梯子 $(a,b,c)\rightarrow(a,b,0)$. 事实上,如果 $a\geqslant b\geqslant c$,则
$$b^2-bc+c^2\leqslant b^2$$
$$a^2-ac+c^2\leqslant a^2$$

因此
$$\frac{a^2}{b^2-bc+c^2}+\frac{b^2}{c^2-ca+a^2}+\frac{c^2}{a^2-ab+b^2}\geqslant\frac{a^2}{b^2}+\frac{b^2}{a^2}\geqslant2$$

这个梯子也可以证明另外一个优美的不等式,即

如果 $a,b,c\geqslant0$,且 $a+b+c=3$,则
$$(a^2-ab+b^2)(b^2-bc+c^2)(c^2-ca+a^2)\leqslant12$$
(这个问题的详细解答,请查阅第一卷第 9 章问题 1).

例 2.1.8(Pham Kim Hung, Vasile Cirtoaje, Mathlinks) 设 $a_1,a_2,\cdots,a_n$ 是非负实数,且满足 $a_1+a_2+\cdots+a_n=1$,证明
$$a_1^4(1-a_1)+a_2^4(1-a_2)+\cdots+a_n^4(1-a_n)\leqslant\frac{1}{12}$$

证明及分析 我们有意使用整合变量法使某些变量等于 0. 那么,这个问题比较合适的变换的梯子是什么呢? 片刻思考之后,你可能很容易找到它. 不妨设 $a_1\leqslant a_2\leqslant\cdots\leqslant a_n$,变换
$$(a_1,a_2,\cdots,a_n)\rightarrow(a_1,a_2+a_3+\cdots+a_n,0,\cdots,0)$$
或许是个好想法. 为了证明这个事实,我们必须证明(当 $a_1\leqslant a_2\leqslant\cdots\leqslant a_n$ 时)
$$a_1^4(a_2+a_3+\cdots+a_n)+\cdots+a_{n-1}^4(a_1+a_2+\cdots+a_{n-1}+a_n)$$
$$\leqslant a_n(a_1+a_2+\cdots+a_{n-1})^4$$

实际上,这个不等式可由下面两个不等式推出.

第一个不等式

$$\left(\sum_{i=1}^{n-1} a_i\right)^4 - \sum_{i=1}^{n-1} a_i^4 \geqslant \sum_{1 \leqslant i < j \leqslant n} (a_i^3 a_j + a_j^3 a_i)$$

这可由展开 $\left(\sum_{i=1}^{n-1} a_i\right)^4$ 直接证明.

第二个不等式

$$\sum_{1 \leqslant i < j \leqslant n} (a_i^4 a_j + a_j^4 a_i) \leqslant 4a_n \sum_{1 \leqslant i < j \leqslant n} (a_i^3 a_j + a_j^3 a_i)$$

这个不等式是显然成立的,因为,$a_n \geqslant a_i, \forall i \in \{1, 2, \cdots, n\}$.

设 $x = a_1 + a_2 + \cdots + a_{n-1}, y = a_n$,我们来证明

$$x^4 y + y^4 x \leqslant \frac{1}{12} \quad \forall x, y \geqslant 0, x + y = 1$$

记 $t = xy$,由 AM-GM 不等式,我们有

$$x^4 y + y^4 x = t(x^3 + y^3) = t(x+y)[(x+y)^2 - 3xy]$$
$$= t(1 - 3t) = \frac{1}{3} \cdot 3t \cdot (1 - 3t) \leqslant \frac{1}{3} \cdot \frac{1}{4} = \frac{1}{12}$$

等号成立的条件是 $(a_1, a_2, \cdots, a_n) \sim \left(\frac{3+\sqrt{3}}{6}, \frac{3-\sqrt{3}}{6}, 0, \cdots, 0\right)$,证毕.

最后,我们来总结一下经典的整合变量法.整合变量最好的方式是什么?对某些问题,有像 $a + b + c = 3$ 或者 $a^2 + b^2 + c^2 = 1$ 或者 $abc = 1$ 等等,这样简单的条件,对另一些问题,可能是像 $ab + bc + ca + 6abc = 9$ 等等的一些复杂的条件.通常,条件表达式为 $f(a, b, c) = 0$ 的一般形式(其中 f 是一个对称函数).如果想整合变量 a 和 b(意思就是尝试使 $a = b$),这就建议你,要找到一个变量 t,使得 $f(t, t, c) = 0$,并且使 a 和 b 都等于 t.例如,例 2.1.3 中,我们以 $t = \sqrt{ab}$ 来整合变量 a 和 b,此时,得到的新的变元组 (t, t, c),并且满足题设条件 $abc = 1$.在接下来的例子中,我们分别使用 $\sqrt{ab}, \sqrt{cd}$ 来替换 a, b 和 c, d.但是,在例 2.1.8 中,我们不能用算术平均或几何平均来替换(或整合)变量,而是让 $a_3, a_4, \cdots, a_n$ 的位置置 0,而 a_2 用 $a_2 + a_3 + \cdots + a_n$ 来替换,这样新的变元组 $(a_1, a_2 + a_3 + \cdots + a_n, 0, \cdots, 0)$ 满足题设条件 $\sum_{i=1}^{n} a_i = 1$.

这里使用整合变量法有两种普遍方式,第一种方式称为"中心整合变量法"(使某些变量彼此相等,如,例 2.1.3, 2.1.4);另一种方式称为"外围整合变量法"(使大多数变量等于 0,或者对其值做某些限制.如,例 2.1.8).为了找到整合变量正确的方法,较好的做法是预期到等号成立的情况.如果你可以检测到当所有变量都相等时成立,那么你就可以使用"中心整合变量法",否则,如果

不等式等号成立的条件是:某些变量等于 0 或某一个常数,那么你就可以使用"外围整合变量法".例如,当你知道不等式当 $a=2$ 和 $b=c=1$ 时等号成立,那么你就可以假设 $a\geqslant b\geqslant c$,并且整合变量 b 和 c(注意,这仅仅是个建议,你不能总是这样做,要视具体问题的具体情况而定).我们已经完成了每一个问题,预期到等号成立的情况是一个极为重要的步骤.

如果一个不等式包含一个限制条件(如 $a+b+c=3$,$abc=1$ 等等),当我们要整合变量时,必须考虑这个条件(它可以帮助我们选择算术平均或几何平均).如果一个不等式是齐次的,不使用任何条件,我们可以添加任何条件将其规范化.在实际问题中,一个精巧的规范化,可以使问题变得简洁,证法简短.

整合变量法的每一个形式都可以理解为梯级的不同类型,整合变量法最好的理解是作为这些梯级的梯子,每一个梯级是一个变换.无论怎样,找到这些合适的变换,你就可以正确地使用整合变量法.

正如前面所描述的,整合变量法是一个非常重要的方法,你将有机会以传统的方式使用这个方法,去面对大量的不等式问题.

在下一节中,我们将讨论一个改进方法的强大的应用.

2.2 典型应用

整合变量法对你来说,已经非常熟悉了.在这一节中,我们将介绍应用这一方法的典型的不等式,对于清晰的证法,我们不想做详细的解释.让我们开始训练吧!

例 2.2.1(Ho Joo Lee,Berkeley Mathematics Circle) 设 a,b,c 是非负实数,且满足 $ab+bc+ca=1$,证明

$$\frac{1}{a+b}+\frac{1}{b+c}+\frac{1}{c+a}\geqslant\frac{5}{2}$$

证法 1 (中心整合变量法)不失一般性,设 $a\geqslant b\geqslant c$,选择实数 $t>0$,满足

$$t^2+2tc=ab+bc+ca=1\Rightarrow(t+c)^2=(a+c)(b+c)=1+c^2$$

我们来证明

$$\frac{1}{a+b}+\frac{1}{b+c}+\frac{1}{c+a}\geqslant\frac{2}{t+c}+\frac{1}{2t}$$

实际上,上面的不等式等价于

$$\left(\frac{1}{\sqrt{a+c}}-\frac{1}{\sqrt{b+c}}\right)^2\geqslant\frac{(\sqrt{a+c}-\sqrt{b+c})^2}{2t(a+b)}$$

$$\Leftrightarrow(a+c)(b+c)\leqslant2t(a+b)$$

由于 $a \geqslant t \geqslant b \geqslant c$,所以,上述不等式是显然成立的.最后,来证明

$$\frac{2}{t+c}+\frac{1}{2t} \geqslant \frac{5}{2}$$

由于 $2tc+t^2=1 \Rightarrow c=\dfrac{1-t^2}{2t}$,所以,只需证明

$$\frac{2}{t+\dfrac{1-t^2}{2t}}+\frac{1}{2t} \geqslant \frac{5}{2} \Leftrightarrow (1-t)(5t^2-4t+1) \geqslant 0$$

由于 $t \leqslant 1$,这是显然成立的,等号成立的条件是 $(a,b,c) \sim (1,1,0)$. 证毕.

证明 2 (外围整合变量法) 设 $a \geqslant b \geqslant c$,记

$$f(a,b,c)=\frac{1}{a+b}+\frac{1}{b+c}+\frac{1}{c+a}$$

我们来证明

$$f(a,b,c) \geqslant f\left(0,a+b,\frac{1}{a+b}\right)$$

注意到

$$c[(a+b)^2+1]+(c-a-b)=2c-ab(a+b) \geqslant 2c-(a+b) \geqslant 0$$

所以

$$f(a,b,c)-f\left(0,a+b,\frac{1}{a+b}\right)$$

$$=\frac{1}{a+c}+\frac{1}{b+c}-(a+b)-\frac{1}{a+b+\dfrac{1}{a+b}}$$

$$=\frac{b(a+c)+ac}{a+c}+\frac{a(b+c)+bc}{b+c}-(a+b)-\frac{a+b}{(a+b)^2+1}$$

$$=\frac{ac}{a+c}+\frac{bc}{b+c}-\frac{a+b}{(a+b)^2+1}$$

$$=\frac{c(ab+1)}{c^2+1}-\frac{a+b}{(a+b)^2+1}$$

$$=\frac{abc}{c^2+1}+\frac{c}{c^2+1}-\frac{a+b}{(a+b)^2+1}$$

$$=\frac{abc}{c^2+1}+\frac{ab(c-a-b)}{(c^2+1)[(a+b)^2+1]} \geqslant 0$$

令 $t=a+b+\dfrac{1}{a+b} \geqslant 2$,则

$$f\left(0,a+b,\frac{1}{a+b}\right)=t+\frac{1}{t}=\frac{5}{2}+\frac{(2t-1)(t-2)}{2t} \geqslant \frac{5}{2}$$

于是,$f(a,b,c) \geqslant \dfrac{5}{2}$,等号成立的条件是 $(a,b,c) \sim (1,1,0)$. 证毕.

51

例 2.2.2(Murray klamkin, Crux) 设非负实数 a,b,c 的和为 2,证明

$$(a^2 + ab + b^2)(b^2 + bc + c^2)(c^2 + ca + a^2) \leqslant 3$$

证明 设 $a \geqslant b \geqslant c$,记

$$f(a,b,c) = (a^2 + ab + b^2)(b^2 + bc + c^2)(c^2 + ca + a^2)$$

令 $t = \dfrac{a+b}{2}, u = \dfrac{a-b}{2}$,则 $a = t+u, b = t-u(t \leqslant 1)$,另外

$$a^2 + ab + b^2 = (t+u)^2 + (t+u)(t-u) + (t-u)^2 = 3t^2 + u^2$$
$$(b^2 + bc + c^2)(c^2 + ca + a^2)$$
$$= [(t-u)^2 + (t-u)c + c^2] \cdot [c^2 + c(t+u) + (t+u)^2]$$
$$= (t^2 + tc + c^2)^2 - u^2(2tc - c^2 + 2t^2 - u^2)$$

我们来证明 $A = f(t,t,c) - f(a,b,c) \geqslant 0$.实际上,注意到

$$A = 3t^2(t^2 + ct + c^2)^2 - (a^2 + ab + b^2)(b^2 + bc + c^2)(c^2 + ca + a^2)$$
$$= 3t^2(t^2 + ct + c^2)^2 - (3t^2 + u^2)[(t^2 + tc + c^2)^2 - u^2(2tc - c^2 + 2t^2 - u^2)]$$
$$\geqslant u^2[(3t^2 + u^2)(2tc - c^2 + 2t^2 - u^2) - (t^2 + tc + c^2)^2]$$
$$= u^2[5t^4 + 4t^3c - 6c^2t^2 - 2c^3t - c^4 - u^2(t-c)^2 - u^4]$$

因为,$t \geqslant \max\{c,u\}$,所以

$$5t^4 + 4t^3c - 6c^2t^2 - 2c^3t - c^4$$
$$= 5t^2(t^2 - c^2) + c(t-c)(4t^2 + 3ct + c^2)$$
$$\geqslant 5t^2(t^2 - c^2) = 5t^2(t-c)(t+c)$$
$$\geqslant 5t^3(t-c) \geqslant 2(t-c)^4$$
$$\geqslant u^2(t-c)^2 + u^4$$

这样,我们就证明了 $A \geqslant 0$.

最后,我们来证明,如果 $2t + c = 2$,则 $3t^2(t^2 + tc + c^2) \leqslant 3$.

将 $c = 2 - 2t$ 代入上述不等式,则只需证明

$$3t^2[t^2 + t(2-2t) + (2-2t)^2] \leqslant 3 \Leftrightarrow 3(1-t)(3t^3 - 3t^2 + t + 1) \geqslant 0$$

这是显然成立的,因为 $t \leqslant 1$.等号成立的条件是 $a = b = 1, c = 0$ 或其轮换.

例 2.2.3(Le Trung Kien, CPR) 设 a,b,c 是非负实数,且满足 $ab + bc + ca + 6abc = 9$,证明

$$a + b + c + 3abc \geqslant 6$$

证明 不失一般性,设 $a \leqslant b \leqslant c$,则 $a \leqslant 1$.考虑正实数 t,满足

$$t^2 + 2ta + 6t^2a = 9$$

显然,$1 \leqslant t \leqslant 3$,且

$$t^2 + 2ta + 6t^2a = ab + bc + ca + 6abc \Rightarrow t^2 - bc = \frac{a(b+c-2t)}{6a+1}$$

由此可见,$t^2 \geqslant bc$(否则,$t^2 \leqslant bc$ 和 $b + c \leqslant 2t$ 互相矛盾),于是

$$b + c \geqslant 2t$$

令
$$f(a,b,c)=a+b+c+3abc$$

因为 $a \leqslant 1$，所以

$$f(a,b,c)-f(a,t,t)=(b+c-2t)-3a(t^2-bc)$$

$$=(b+c-2t)-\frac{3a^2(b+c-2t)}{6a+1}$$

$$=(b+c-2t)\left(1-\frac{3a^2}{6a+1}\right)\geqslant 0$$

$$\Rightarrow f(a,b,c)\geqslant f(a,t,t)=a+2t+3t^2a$$

由于 $a=\dfrac{9-t^2}{2t+6t^2}$，所以

$$f(a,t,t)=\frac{9-t^2}{2t+6t^2}+2t+\frac{3t^2(9-t^2)}{2t+6t^2}\geqslant 6 \Leftrightarrow \frac{3}{2}\cdot\frac{(t+1)(3-t)(t-1)^2}{t(1+3t)}\geqslant 0$$

这是显然成立的,等号成立的条件是 $a=b=c=1$ 和 $a=0,b=c=3$ 及其轮换.

例 2.2.4(Vasile Cirtoaje, Mathlinks) 设 a,b,c 是正实数,证明

$$a^6+b^6+c^6-3a^2b^2c^2\geqslant 18(a^2-bc)(b^2-ca)(c^2-ab)$$

证明 不失一般性,设 $a\geqslant b\geqslant c$,且 $abc=1$.令 $x=a^3,y=b^3,z=c^3$,则不等式变成

$$x^2+y^2+z^2-3\geqslant 18(x+y+z-xy-yz-zx)$$

设 $t=\sqrt{yz}$,由

$$f(x,y,z)=x^2+y^2+z^2-3-18(x+y+z-xy-yz-zx)$$

我们有(因为 $x\geqslant 1$)

$$f(x,y,z)-f(x,t,t)=(\sqrt{y}-\sqrt{z})^2[(\sqrt{y}+\sqrt{z})^2+18(x-1)]\geqslant 0$$

所以,只需证明,$f(x,t,t)\geqslant 0$.实际上

$$f(x,t,t)=x^2+20t^2-3-18x-36t+36tx$$

$$=\frac{1}{t^4}+20t^2-3-\frac{18}{t^2}-36t+\frac{36}{t}\quad\left(因为\ x=\frac{1}{t^2}\right)$$

$$=\frac{(t+1)(5t+1)(2t-1)^2(t-1)^2}{t^4}\geqslant 0$$

等号成立的条件是 $a=b=c$ 或 $(a,b,c)\sim(2,1,1)$,证毕.

例 2.2.5(Pham Kim Hung,Mathlinks) 设 a,b,c,d 是非负实数,且满足 $a+b+c+d=4$,证明

$$a^2+b^2+c^2+d^2+4(a-1)(b-1)(c-1)(d-1)\geqslant 4$$

证明 不失一般性,设 $a\geqslant b\geqslant c\geqslant d$,因为 $a^2+b^2+c^2+d^2\geqslant 4$,所以只需考虑不等式在 $(a-1)(b-1)(c-1)(d-1)\leqslant 0$ 的情况下成立即可.考虑下列两种情况:

(1) 第一种情况 $a \geqslant b \geqslant c \geqslant 1 \geqslant d$.

设 $t = \dfrac{a+b+c}{3}$，则 $d = 4 - 3t$，由 AM - GM 不等式，有

$$-(a-1)(b-1)(c-1)(d-1) = (1-d)(a-1)(b-1)(c-1) \leqslant (1-d)(t-1)^3$$

当然，$a^2 + b^2 + c^2 \geqslant 3t^2$，所以，只需证明

$$3t^2 + d^2 + 4(d-1)(t-1)^3 \geqslant 4$$
$$\Leftrightarrow 3t^2 + (4-3t)^2 + 4(3-3t)(t-1)^3 \geqslant 4$$
$$\Leftrightarrow 12t(2-t)(t-1)^2 \geqslant 0$$

注意到，$t \leqslant \dfrac{4}{3}$，这是显然成立的.

(2) 第二种情况 $a \geqslant 1 \geqslant b \geqslant c \geqslant d$.

设 $r = \dfrac{b+c+d}{3}$，则 $a = 4 - 3r$，由 AM - GM 不等式，有

$$-(a-1)(b-1)(c-1)(d-1)$$
$$= (a-1)(1-d)(1-b)(1-c)$$
$$\leqslant (a-1)(1-r)^3$$

当然，$b^2 + c^2 + d^2 \geqslant 3r^2$，所以，只需证明

$$a^2 + 3r^2 + 4(a-1)(1-r)^3 \geqslant 4$$
$$\Leftrightarrow (4-3r)^2 + 3r^2 + 4(3-3r)(1-r)^3 \geqslant 4$$
$$\Leftrightarrow 12(r^2 - 2r + 2)(r-1)^2 \geqslant 0$$

这显然成立.

综上所述，原不等式成立，等号成立的条件是 $a = b = c = d = 1$ 或 $a = 4, b = c = d = 0$ 或其轮换.

注 使用同样的方法，可以证明下列不等式.

给定非负实数 a, b, c, d，且满足 $a^2 + b^2 + c^2 + d^2 = 4$，证明

$$a + b + c + d - 4 \leqslant 2(a-1)(b-1)(c-1)(d-1)$$

证明：和前面的不等式证明一样，在这里也分成两种情况（三个数不小于 1 或三个数不大于 1）. 易见，只需考虑不等式在 $a = b = c = t$，$d = \sqrt{4 - 3t^2}$ 情况下成立即可. 此时，我们有

$$4 + 2(a-1)(b-1)(c-1)(d-1) - (a+b+c+d)$$
$$= 4 + 2(t-1)^3(\sqrt{4 - 3t^2} - 1) - 3t - \sqrt{4 - 3t^2}$$
$$= 3(t-1)\left(1 - \frac{t+1}{1 + \sqrt{4 - 3t^2}}\right) + 2(t-1)^3 \cdot \frac{3 - 3t^2}{1 + \sqrt{4 - 3t^2}}$$
$$= \frac{12(t-1)^2(t+1)}{(1 + \sqrt{4 - 3t^2})(t + \sqrt{4 - 3t^2})} - \frac{6(t-1)^4(t+1)}{1 + \sqrt{4 - 3t^2}}$$

$$= \frac{6\,(t-1)^2(t+1)\left[2-(t-1)^2(t+\sqrt{4-3t^2}\,)\right]}{(1+\sqrt{4-3t^2}\,)(t+\sqrt{4-3t^2}\,)}$$

另外,由于 $0 < t < 2$,所以

$$(t-1)^2(t+\sqrt{4-3t^2}\,) \leqslant (t-1)^2(t+2) = 2+t(t^2-3) \leqslant 2$$

从而,原不等式成立,等号成立的条件是 $a=b=c=d=1$ 或 $a=2,b=c=d=0$ 及其轮换.

例 2.2.6(Pham Kim Hung, Mathlinks) 设 a,b,c,d 是非负实数,且满足 $a+b+c+d=2$,证明

$$(a^2+b^2+c^2)(b^2+c^2+d^2)(c^2+d^2+a^2)(d^2+a^2+b^2) \leqslant 4$$

证明 (外围整合变量法)不失一般性,设 $a \geqslant b \geqslant c \geqslant d$,记

$$f(a,b,c,d) = (a^2+b^2+c^2)(b^2+c^2+d^2)(c^2+d^2+a^2)(d^2+a^2+b^2)$$

我们有

$$b^2+c^2+d^2 \leqslant \left(b+\frac{c+d}{2}\right)^2$$

$$c^2+d^2+a^2 \leqslant \left(a+\frac{c+d}{2}\right)^2$$

$$a^2+b^2+c^2 \leqslant \left(a+\frac{c+d}{2}\right)^2 + \left(b+\frac{c+d}{2}\right)^2$$

$$a^2+b^2+d^2 \leqslant \left(a+\frac{c+d}{2}\right)^2 + \left(b+\frac{c+d}{2}\right)^2$$

所以

$$f(a,b,c,d) \leqslant f\left(a+\frac{c+d}{2}, b+\frac{c+d}{2}, 0, 0\right)$$

令 $x=a+\dfrac{c+d}{2}, y=b+\dfrac{c+d}{2}$,则 $x+y=2$,且只需证明

$$xy(x^2+y^2) \leqslant 2$$

由 AM - GM 不等式,有

$$xy(x^2+y^2) = \frac{1}{2}(x^2+y^2)(2xy) \leqslant \frac{1}{2}\left(\frac{x^2+y^2+2xy}{2}\right)^2 = \frac{(x+y)^4}{8} = 2$$

不等式得证,等号成立的条件是 $a=b=1, c=d=0$ 及其轮换.

注 类似地,我们可以证明下列不等式.

给定非负实数 $a_1, a_2, \cdots, a_n (n \geqslant 4)$,且其和为 2,证明

$$(a_2^2+a_3^2+\cdots+a_n^2)(a_1^2+a_3^2+\cdots+a_n^2)\cdots(a_1^2+a_2^2+\cdots+a_{n-1}^2) \leqslant \frac{4^n\,(n-2)^{n-2}}{n^n}$$

对于 $n=3$,当 $a_1=a_2=1, a_3=0$ 时,达到最大值 2.

在某些复杂的不等式问题中,整合变量法和导数结合起来使用,将会变得非常有效.尤其是涉及实数指数或最好常数等等问题.我们来分析下面的例子.

例 2.2.7(Pham Kim Hung, Mathlinks) 设 a,b,c 是非负实数,且满足 $a+b+c=3$,对所有正实数 k,证明:

(1)$a^k(b+c)+b^k(c+a)+c^k(a+b) \leqslant \max\left\{6, \dfrac{3^{k+1}}{2^k}\right\}$(如果 $k\leqslant 3$).

(2)$a^k(b+c)+b^k(c+a)+c^k(a+b) \leqslant \max\left\{\dfrac{3^{k+1}}{2^k}, \dfrac{3^{k+1}(\alpha^k+\alpha)}{(\alpha+1)^{k+1}}\right\}$(如果 $k\geqslant$

3),其中 α 是方程 $x^k-kx^{k-1}+kx-1=0$ 大于 1 的实根.

证明 不失一般性,设 $a\geqslant b\geqslant c$,令
$$f(a,b,c)=a^k(b+c)+b^k(c+a)+c^k(a+b)$$
考虑下列三种情况.

(1)第一种情况 $k\geqslant 2$.显然
$$f(a,b,c)-f(a,b+c,0)=a[b^k+c^k-(b+c)^k]+b^kc+c^kb$$
$$\leqslant -ka(b^{k-1}c+c^{k-1}b)+b^kc+c^kb\leqslant 0$$
所以,我们只需考虑,原不等式在 $c=0$ 的情况下成立即可.此时,我们有
$$\frac{a^k(b+c)+b^k(c+a)+c^k(a+b)}{(a+b+c)^{k+1}}=\frac{a^kb+b^ka}{(a+b)^{k+1}}=g(t)$$
其中,$t=\dfrac{a}{b}$,$g(t)=\dfrac{t^k+t}{(t+1)^{k+1}}$.导数 $g'(t)$ 和 $h(t)$ 具有相同的符号
$$h(t)=(kt^{k-1}+1)(t+1)-(k+1)(t^k+t)=-t^k+kt^{k+1}-kt+1$$
注意到
$$h(1)=0 \text{ 且 } h'(t)=-kt^{k-1}+k(k-1)t^{k-2}-k$$

如果 $k>3$,则 $h'(1)=k(k-3)>0$,于是,方程 $h'(t)=0$ 有一个大于 1 的正实根,所以方程 $h(t)=0$ 确有三个正实根.设 α 是大于 1 的根,则
$$\max_{t\geqslant 1} g(t)=g(\alpha)=\frac{\alpha^k+\alpha}{(\alpha+1)^{k+1}}$$

如果 $k\leqslant 3$,由于 $h'(t)\leqslant -2kt^{\frac{k-1}{2}}-k(k-1)t^{k-2}\leqslant 0$,所以,$h(t)$ 是减函数,于是 $h(t)$ 确有一个正实根 $t=1$,所以
$$\max_{t\geqslant 1} g(t)=g(1)=\frac{1}{2^{k+1}}$$

(2)第二种情况 $1<k<2$. 记 $s=\dfrac{a+b}{2}$,$x=\dfrac{a-b}{2}$,则有
$$f(a,b,c)=2c^ks+(s+x)^k(s-x)+(s-x)^k(s+x)+c(s+x)^k+c(s-x)^k$$
$$=q(x)$$
所以(由于 $1<k<2$)
$$q'(x)=(k+1)(s+x)(s-x)[(s+x)^{k-2}-(s-x)^{k-2}]+$$
$$(ck-2s)[(s+x)^{k-1}-(s-x)^{k-1}]\leqslant 0$$

由此我们得到

$$f(a,b,c) \leqslant f(s,s,c) = 2c^k s + 2s^k(s+c)$$
$$= 2s(3-2s)^k + 2s^k(3-s) = p(s)$$

由于
$$p'(s) = 2(3-2s)^k - 4ks(3-2s)^{k-1} + 6ks^{k-1} - 2(k+1)s^k$$
$$p''(s) = -8k(3-2s)^{k-1} + 8k(k-1)s(3-2s)^{k-2} + 6k(k-1)s^{k-2} - 2k(k+1)s^{k-1}$$
则 $p''(1) = 6k(k-1) - 2k(k+1) = 2k(2k-4) < 0$,所以,$\lim\limits_{s \to 1} p'(s) < 0$. 另外,
$p'\left(\dfrac{3}{2}\right) = 3\left(\dfrac{3}{2}\right)^{k-1}(k-1) < 0$,我们推出,方程 $p'(s) = 0$ 在 $\left(1, \dfrac{3}{2}\right)$ 内有一个实根,而且

$$\max_{1 < s < \frac{3}{2}} p(s) = \max\left\{p(1), p\left(\dfrac{3}{2}\right)\right\} = \max\left\{6, \dfrac{3^{k+1}}{2^k}\right\}$$

(3) 第三种情况 $0 \leqslant k \leqslant 1$. 由于 $a(b+c) + b(c+a) + c(a+b) \leqslant 6$,于是
$$a^k(b+c) + b^k(c+a) + c^k(a+b) \leqslant 6 \quad \forall k \in [0,1]$$

综上所述,原不等式成立.

注 在 $k=4$ 时,我们得到一个类似的不等式
$$a^4(b+c) + b^4(c+a) + c^4(a+b) \leqslant \dfrac{1}{12}(a+b+c)^5$$

例 2.2.8(Pham Kim Hung, Mathematics & Youth Magzine) 设 a,b,c 是非负实数,且满足 $a+b+c=1$,k 是正常数 $1 \leqslant k \leqslant 2$,证明
$$\dfrac{ab+bc+ca}{(a^k+b^k+c^k)(a^kb^k+b^kc^k+c^ka^k)} \geqslant 2^{3(k-1)}$$

证明 不失一般性,设 $a \geqslant b \geqslant c$,记 $m = 2^{3(k-1)}$,$t = b+c$ 以及
$$f(a,b,c) = ab + bc + ca - m(a^k+b^k+c^k)(a^kb^k+b^kc^k+c^ka^k)$$

则
$$(a^k+b^k+c^k)(a^kb^k+b^kc^k+c^ka^k) \leqslant [a^k+(b+c)^k]a^k(b+c)^k + a^kb^kc^k$$

于是,我们有(因为 $a+b+c=1$,所以,由 AM - GM 不等式,有 $abc \leqslant \left(\dfrac{a+b+c}{3}\right)^3 = \dfrac{1}{3^3}$)

$$f(a,b,c) - f(a,b+c,0) \geqslant bc - ma^kb^kc^k$$
$$\geqslant bc[1 - m(abc)^{k-1}]$$
$$\geqslant b\left(1 - \dfrac{2^{3(k-1)}}{3^{3(k-1)}}\right) \geqslant 0$$

而且
$$f(a,b+c,0) = at[1 - m(at)^{k-1}(a^k+t^k)]$$

令 $\alpha = 2a$,$\beta = 2t$,则 $0 \leqslant \beta \leqslant \alpha \leqslant 2$,且 $\alpha + \beta = 2$. 对于 $1 \leqslant k \leqslant 2$,易证函数

$$g(k) = \alpha^k + \beta^k + 2(\alpha\beta)^{k-1}$$

是变量 k 的增函数(通过计算导数 $g'(k)$ 和 $g''(k)$),所以

$$g(k) \leqslant g(2) = 4 \quad \forall k \in [1,2]$$

由 AM-GM 不等式,我们有

$$(\alpha\beta)^{k-1}(\alpha^k + \beta^k) \leqslant 2 \Rightarrow (ab)^{k-1}(a^k + b^k) \leqslant \frac{1}{2^{3(k-1)}} = \frac{1}{m}$$

从而,不等式得证. 等号成立的条件是 $a = b = \frac{1}{2}, c = 0$ 及其轮换.

注 用类似的方法,我们可以证明下列不等式.

设 $a, b, c \geqslant 0, a + b + c = 1$,常数 $k \in [0,1]$,则

$$\frac{ab + bc + ca}{(a^k + b^k + c^k)(a^k b^k + b^k c^k + c^k a^k)} \leqslant 2^{3(k-1)}$$

对于 $k \geqslant 2$,根据上面的证明,我们可以得到表达式

$$\frac{ab + bc + ca}{(a^k + b^k + c^k)(a^k b^k + b^k c^k + c^k a^k)}$$

在 $\min\{a, b, c\} = 0$ 时,达到最小值. 对于 $k = 3$,我们得到一个著名的不等式(你可以从第一卷中找到).

设 a, b, c 是非负实数,且满足 $a + b + c = 3$,证明

$$\frac{ab + bc + ca}{a^3 b^3 + b^3 c^3 + c^3 a^3} \geqslant \frac{a^3 + b^3 + c^3}{36}$$

例 2.2.9(Pham Sinh Tan,CPR) 设 a, b, c 是非负实数,k 是大于 1 的正实数,如果 $C_k = \max\left\{\left(\frac{3}{2}\right)^{\frac{1}{k}}, 1 + \frac{(k-1)^{k-1}}{k^k}\right\}$,证明

$$\frac{a}{(a+b)^{\frac{1}{k}}} + \frac{b}{(b+c)^{\frac{1}{k}}} + \frac{c}{(c+a)^{\frac{1}{k}}} \leqslant C_k (a + b + c)^{\frac{k-1}{k}}$$

证明 不失一般性,设 $b = \max\{a, b, c\}$,且 $a + b + c = 1$,记

$$f(a, b, c) = \frac{a}{(a+b)^{\frac{1}{k}}} + \frac{b}{(b+c)^{\frac{1}{k}}} + \frac{c}{(c+a)^{\frac{1}{k}}}$$

令 $x = \frac{b+c}{2}, y = \frac{b-c}{2}$,则 $a = 1 - 2x, \frac{1}{2} \geqslant x \geqslant y \geqslant 0$,则不等式变成

$$f(1 - 2x, x + y, x - y) = \frac{1 - 2x}{(1 - x + y)^{\frac{1}{k}}} + \frac{x + y}{(2x)^{\frac{1}{k}}} + \frac{x - y}{(1 - x - y)^{\frac{1}{k}}}$$

$$= g(y) \geqslant 0$$

现在,我们来计算 $g(y)$ 的三阶导数

$$g'(y) = \frac{1}{(1 - x - y)^{\frac{1}{k}}}\left[\frac{1 - 2x}{k(x + y - 1)} + \frac{1}{k} - 1\right] + \frac{2x - 1}{k(1 - x + y)^{\frac{k+1}{k}}} + \frac{1}{(2x)^{\frac{1}{k}}}$$

$$g''(y) = \frac{(1 - 2x)(k + 1)}{(1 - x + y)^{\frac{1}{k}+2}k^2} + \frac{(1 + 3k)x + (k - 1)y - 2k}{(1 - x - y)^{\frac{1}{k}+2}k^2}$$

$$g'''(y) = \frac{(2k^2+3k+1)(2x-1)}{(1-x+y)^{\frac{1}{k}+3}k^3} + \frac{(k+1)\big[(5k+1)x+(k-1)y-3k\big]}{(1-x-y)^{\frac{1}{k}+3}k^3}$$

注意到 $g'''(y) \leqslant 0$,所以,$g''(y)$ 是减函数. 由于 $x \geqslant y \geqslant 0$,所以

$$g''(x) \leqslant g''(y) \leqslant g''(0) = \frac{k-1}{k^2(x-1)(1-x)^{\frac{1}{k}}} \leqslant 0$$

这表明 $g'(y)$ 也是减函数,所以

$$g'(x) \leqslant g'(y) \leqslant g'(0)$$

另外

$$g'(0) = h(x) = \left[\frac{2}{k(1-x)} - \frac{3}{k} - 1\right] \cdot \frac{1}{(1-x)^{\frac{1}{k}}} + \frac{1}{(2x)^{\frac{1}{k}}}$$

求函数 $h(x)$ 的导数,我们有

$$h'(x) = \frac{(k+3)x+k-1}{k^2(x-1)^2(1-x)^{\frac{1}{k}}} - \frac{1}{kx(2x)^{\frac{1}{k}}}$$

$$h''(x) = \left(\frac{1}{k \cdot 2^{\frac{1}{k}}} + \frac{1}{k^2 \cdot 2^{\frac{1}{k}}}\right) \cdot \frac{1}{x^2 \cdot x^{\frac{1}{k}}} + \frac{(k+1)\big[(k+3)x+3k-1\big]}{k^3(x-1)^3(1-x)^{\frac{1}{k}}}$$

注意到,$h''(x) > 0, \forall x \in \left(0, \frac{1}{2}\right]$,于是方程 $h'(x)=0$ 在 $\left(0, \frac{1}{2}\right]$ 内有唯一

实根,显然,$h'\left(\frac{1}{3}\right)=0$,且 $h'(x)$ 在 $x = \frac{1}{3}$ 左右改变符号. 于是,我们有

$$\min_{0 \leqslant x \leqslant \frac{1}{2}} h(x) = h\left(\frac{1}{3}\right) = 0$$

依据先前的证明,我们发现下列情况仅有一个成立:

(1) $g'(y) > 0, \forall 0 \leqslant y \leqslant x$;

(2) $g'(y) < 0, \forall 0 \leqslant y \leqslant x$;

(3) 当 y 从 0 变到 x 时,$g'(y)$ 的符号从负变为正.

在每一种情况,$g(y)$ 都在边界达到最大值,即

$$\max_{0 \leqslant y \leqslant x} g(y) = \max\{g(0), g(x)\}$$

我们必须证明,$g(0)$ 和 $g(x)$ 都不超过 C_k. 注意到

$$g(x) = 2^{1-\frac{1}{k}} x^{1-\frac{1}{k}} - 2x + 1$$

由于,$g'(x) = 2^{1-\frac{1}{k}}\left(1-\frac{1}{k}\right) \cdot \frac{1}{\sqrt[k]{x}} - 2$ 有一个正根 $x_1 = \frac{1}{2}\left(\frac{k-1}{k}\right)^k$,我们有

$g(x) \leqslant g(x_1)$,另外

$$g(0) = p(x) = (1-x)^{1-\frac{1}{k}} + \frac{x}{\sqrt[k]{2x}}$$

而且函数

$$p'(x) = \left(\frac{1}{k} - 1\right) \cdot \frac{1}{\sqrt[k]{1-x}} + 2^{-\frac{1}{k}}\left(1 - \frac{1}{k}\right) \cdot \frac{1}{\sqrt[k]{x}} = \left(\frac{1}{k} - 1\right) \cdot \left(\frac{1}{\sqrt[k]{1-x}} - \frac{1}{\sqrt[k]{2x}}\right)$$

有一个正根 $x_2 = \dfrac{1}{3}$,于是,我们有 $g(0) = p(x) \leqslant p(x_2)$. 所以

$$\max\{g(0), g(x)\} = \max\{g(x_1), p(x_2)\} = C_k$$

注 对 $k = \dfrac{1}{2}$,我们得到著名的 Jack Garfunkel 不等式.

设 a, b, c 是非负实数,证明

$$\frac{a}{\sqrt{a+b}} + \frac{b}{\sqrt{b+c}} + \frac{c}{\sqrt{c+a}} \leqslant \frac{5}{4}\sqrt{a+b+c}$$

2.3 强整合变量法

下面的引理非常有用,仅需要初等数学的知识就能明白.

引理(一般整合变量引理) 设 $a_1, a_2, \cdots, a_n$ 是任意实数列,进行如下变换:

(1) 选择 $i, j \in \{1, 2, \cdots, n\}$ 两个下标,满足

$$a_i = \min\{a_1, a_2, \cdots, a_n\}, a_j = \max\{a_1, a_2, \cdots, a_n\}$$

(2) 用 $\dfrac{a_i + a_j}{2}$ 来替换 a_i 和 a_j(但不能改变他们的次序).

把这种变换重复进行下去,则每一个数 a_i 都具有相同的极限

$$a = \frac{a_1 + a_2 + \cdots + a_n}{n}$$

往后,我们把这种变换称为 △ 变换.

证明 记 $(a_1^1, a_2^1, \cdots, a_n^1)$ 是第一个序列,经过一个变换之后,产生新的序列,记为 $(a_1^2, a_2^2, \cdots, a_n^2)$,类似地,由序列 $(a_1^k, a_2^k, \cdots, a_n^k)$,产生新的序列,记为 $(a_1^{k+1}, a_2^{k+1}, \cdots, a_n^{k+1})$. 对于 $i \in \{1, 2, \cdots, n\}$,我们来证明

$$\lim_{k \to \infty} a_i^k = a = \frac{a_1 + a_2 + \cdots + a_n}{n}$$

构造两个序列 $m_k = \min\{a_1^k, a_2^k, \cdots, a_n^k\}, M_k = \max\{a_1^k, a_2^k, \cdots, a_n^k\}$,显然,经过 △ 变换之后,$M_k$ 不增加,m_k 不减少. 由于 $m_1 \leqslant m_k \leqslant M_k \leqslant M_1$,所以,必存在

$$m = \lim_{k \to \infty} m_k, M = \lim_{k \to \infty} M_k$$

令 $d_k = M_k - m_k$,我们有下面一个简单的引理.

引理 假设若干 △ 变换之后,序列 $(a_1^1, a_2^1, \cdots, a_n^1)$ 变成 $(a_1^k, a_2^k, \cdots, a_n^k)$ 满足 $m_k = \dfrac{M_1 + m_1}{2} (k \geqslant 2)$,则

$$m_2 = \frac{M_1 + m_1}{2}$$

证明　假设 $M_1 = a_1^1 \geqslant a_2^1 \geqslant \cdots \geqslant a_n^1 = m_1$，用 a_i 替换 a_i^1. 如果 k 是 i 满足 $m_k = \frac{a_1 + a_n}{2}$ 的最小下标，则我们有，$a_i^2 \geqslant m_k = \frac{a_1 + a_n}{2}$，$\forall i = \overline{1,n}$（因为 $\{m_k\}$ 是非减序列）. 注意到，$\frac{a_1 + a_n}{2}$ 是序列 $(a_1^2, a_2^2, \cdots, a_n^2)$ 的一个项，所以，引理得证.

这个性质表明了一个更重要的结果，如果我们令

$$S = \{k \mid \exists l > k, m_k + M_k = 2m_l\}$$
$$P = \{k \mid \exists l > k, m_k + M_k = 2M_l\}$$

则（由该引理）我们有

$$S = \{k \mid m_k + M_k = 2m_{k+1}\}$$
$$P = \{k \mid m_k + M_k = 2M_{k+1}\}$$

如果 S 或 P 有无限多个元素，不妨设 $|S| = \infty$，则对每一个 $k \in S$，都有

$$d_{k+1} = M_{k+1} - m_{k+1} = M_{k+1} - \frac{m_k + M_k}{2} \leqslant \frac{M_k - m_k}{2} = \frac{1}{2}d_k$$

因此可见，序列 $\{d_r\}_1^{+\infty}$ 是一个递减序列，且 $|S| = \infty$，所以，$\lim\limits_{r \to \infty} d_r = 0$，这就是说，$M = m$，引理得证. 否则，必有 $|S|$，$|P| < +\infty$. 事实上，我们可以假设 $|S| = |P| = 0$，而不影响问题的结论. 在这种情况下，$\frac{a_1 + a_n}{2}$ 不能是序列 $(a_1^k, a_2^k, \cdots, a_n^k)$ 的最小数或最大数. 所以，我们可以考虑对 $n-1$ 个数时的结论，因为我们可以排除 $\frac{a_1 + a_n}{2}$，由简单的归纳法，即证明了引理.

由引理，我们得到本节的一个重要的定理.

定理 3（SMV 定理）　设函数 $f: \mathbf{R}^n \to \mathbf{R}$ 是连续的、对称的、有下界的函数，满足

$$f(a_1, a_2, \cdots, a_n) \geqslant f(b_1, b_2, \cdots, b_n)$$

其中 $(b_1, b_2, \cdots, b_n)$ 是由序列 $(a_1, a_2, \cdots, a_n)$ 经过 $\triangle$ 变换之后得到的序列，则

$$f(a_1, a_2, \cdots, a_n) \geqslant f(a, a, \cdots, a)$$

其中 $a = \frac{a_1 + a_2 + \cdots + a_n}{n}$.

这个定理对于证明四元不等式特别有用，而且它可以直接证明下面这个经典不等式.

定理 4（经典整合变量定理）　设函数 $f: \mathbf{R}^n \to \mathbf{R}$ 是连续的、对称的、有下界的函数，满足

$$f(a_1, a_2, \cdots, a_n) \geqslant f\left(\frac{a_1 + a_2}{2}, \frac{a_1 + a_2}{2}, a_3, \cdots, a_n\right)$$

则
$$f(a_1,a_2,\cdots,a_n) \geqslant f(a,a,\cdots,a)$$

其中 $a=\dfrac{a_1+a_2+\cdots+a_n}{n}$.

从前面我们介绍的内容来看,为什么这个定理在我们使用的经典方法中越来越突出? 实际上,你可以尝试求解下面的例子,从中找到答案.这些例子大部分涉及的是四元不等式,你可以想象到,如果没有 SMV 定理的帮助,证明这些不等式有多么困难.

例 2.3.1(IMO shortlist 1997) 设 a,b,c,d 是非负实数,且满足 $a+b+c+d=1$,证明

$$abc+bcd+cda+dab \leqslant \frac{1}{27}+\frac{176}{27}abcd$$

证明及分析 不难得到等号成立的条件是 $a=b=c=d=\dfrac{1}{4}$ 或 $a=b=c=\dfrac{1}{3},d=0$(或其轮换).在这个不等式中,如何使用整合变量法? 依照惯例,设 $a \leqslant b \leqslant c \leqslant d$,记

$$f(a,b,c,d)=abc+bcd+cda+dab-\frac{176}{27}abcd$$

我们可以证明

$$f(a,b,c,d) \geqslant f\left(a,b,\frac{c+d}{2},\frac{c+d}{2}\right)$$

这就是说,我们可以整合变量 c 和 d,使 $c=d$.可是问题又来了,如何处理其他两个变量 a 和 b 呢? 这的确是个麻烦.

SMV 定理对目前的情况来说是一个关键,使用这个定理,我们不整合变量 c 和 d,而整合变量 b 和 d.于是

$$f(a,b,c,d)=ac(b+d)+bd\left(a+c-\frac{176}{27}ac\right)$$

另外,注意到,$a+c \leqslant \dfrac{1}{2}(a+b+c+d)=\dfrac{1}{2}$,所以

$$\frac{1}{a}+\frac{1}{c} \geqslant \frac{4}{a+c} \geqslant 8 \geqslant \frac{176}{27}$$

$$\Rightarrow a+c \geqslant \frac{176}{27}ac$$

$$\Rightarrow f(a,b,c,d) \leqslant f\left(a,\frac{b+d}{2},c,\frac{b+d}{2}\right)$$

看来整合变量 b 和 d 是可行的.根据 SMV 定理,只需证明不等式在 $b=c=d$ 的情况下成立即可.下面我们来解释这个论断.

记 $t=\dfrac{b+c+d}{3}$,固定变量 a,对序列 (b,c,d) 及 $g(b,c,d)=f(a,b,c,d)$,做 $\triangle$ 变换. 对连续的、对称的函数 $g(b,c,d)$(a 是常数) 应用 SMV 定理,我们有

$$g(b,c,d)\leqslant g(t,t,t)\Rightarrow f(a,b,c,d)\leqslant f(a,t,t,t)$$

问题变得非常简单了! 只需证明,在 $a+3t=1$ 的条件下,有

$$3at^2+t^3\leqslant\frac{1}{27}+\frac{176}{27}at^3$$

把 a 用 $1-3t$ 替换,则上面的不等式变成

$$(1-3t)(4t-1)^2(11t+1)\geqslant 0$$

这是显然成立的,等号成立的条件是 $a=b=c=d=\dfrac{1}{4}$ 或 $a=b=c=\dfrac{1}{3}$,$d=0$(或其轮换).

通常,如果我们要证明四变量 a,b,c,d 的对称不等式,即 $f(a,b,c,d)\geqslant 0$,可以将变量进行一个排序:$a\geqslant b\geqslant c\geqslant d$. 通过适当的计算,我们可以证明 $f(a,b,c,d)\geqslant f(a,t,c,t)$,其中 $t=\dfrac{b+d}{2}$. 那么由 SMV 定理可知,只需证明原不等式在 $b=c=d$ 的情况下成立即可;类似地,如果我们可以证明 $f(a,b,c,d)\geqslant f(r,b,r,d)$,其中 $r=\dfrac{a+c}{2}$,那么由 SMV 定理可知,只需证明原不等式在 $a=b=c$ 的情况下成立即可;我知道,SMV 定理的用法并不困难,你也非常熟悉整合变量法,所以,在下面典型的应用例子中,没有给出详细的分析,或许你也希望如此.

例 2. 3. 2(Turkevici's Inequality)   设 a,b,c,d 是非负实数,证明

$$a^4+b^4+c^4+d^4+2abcd\geqslant a^2b^2+b^2c^2+c^2d^2+d^2a^2+a^2c^2+b^2d^2$$

证明   不失一般性,设 $a\geqslant b\geqslant c\geqslant d$,记

$$f(a,b,c,d)=\sum a^4+2abcd-\sum_{\text{sym}}a^2b^2$$

$$=\sum a^4+2abcd-a^2c^2-b^2d^2-(a^2+c^2)(b^2+d^2)$$

则有

$$f(a,b,c,d)-f(\sqrt{ac},b,\sqrt{ac},d)=(a^2-c^2)^2-(b^2+d^2)(a-c)^2\geqslant 0$$

依据 SMV 定理以及对序列 (a,b,c) 进行 $\triangle$ 变换,我们有

$$f(a,b,c,d)\geqslant f(\sqrt[3]{abc},\sqrt[3]{abc},\sqrt[3]{abc},d)$$

余下的只需证明不等式在 $a=b=c=t$ 的条件下成立即可. 即

$$3t^4+d^4+2t^3d\geqslant 3t^4+3t^2d^2\Leftrightarrow d^4+2t^3d\geqslant 3t^2d^2$$

由 AM-GM 不等式可知,最后的不等式是成立的,等号成立的条件是 $a=b=c=d$ 和 $a=b=c$,$d=0$ 及其轮换.

例 2.3.3(Pham Kim Hung, Mathlinks) 设 x,y,z,t 是满足 $x+y+z+t=4$ 的非负实数,证明

$$(1+3x)(1+3y)(1+3z)(1+3t) \leqslant 125+131xyzt$$

证明 考虑下列表达式

$$f(x,y,z,t)=(1+3x)(1+3y)(1+3z)(1+3t)-131xyzt$$

不失一般性,设 $x \geqslant y \geqslant z \geqslant t$,则

$$f(x,y,z,t)-f\left(\frac{x+z}{2},y,\frac{x+z}{2},t\right)=-\frac{1}{4}\left[9(1+3y)(1+3t)-131yt\right](x-z)^2$$

注意到,$y+t \leqslant 2$,于是,$yt \leqslant 1$. 所以

$$9+27(y+t) \geqslant 54\sqrt{yt} \geqslant 54yt \geqslant 50yt \Rightarrow 9(1+3y)(1+3t) \geqslant 131yt$$

因此,我们有

$$f(x,y,z,t) \leqslant f\left(\frac{x+z}{2},y,\frac{x+z}{2},t\right)$$

由 SMV 定理可知,只需证明原不等式在 $x=y=z=a \geqslant 1 \geqslant t=4-3z$ 的条件下成立即可. 此时,不等式变成

$$(1+3a)^3[1+3(4-3a)] \leqslant 125+131a^3(4-3a)$$

$$\Leftrightarrow 150a^4-416a^3+270a^2+108a-112 \leqslant 0$$

$$\Leftrightarrow (a-1)^2(3a-4)(50a+28) \leqslant 0$$

这是显然成立的,等号成立的条件是 $x=y=z=t=1$ 和 $x=y=z=\frac{4}{3},t=0$ 或其轮换.

例 2.3.4(Pham Kim Hung,Mathlinks) 设 a,b,c,d 是非负实数,且满足 $a^2+b^2+c^2+d^2=3$,证明

$$ab+bc+cd+da+ac+bd \leqslant a+b+c+d+2abcd$$

证明 不失一般性,设 $a \geqslant b \geqslant c \geqslant d$,则 $b^2+d^2 \leqslant 2,bd \leqslant 1$. 记 $t=\sqrt{\frac{a^2+c^2}{2}}$ 以及

$$f(a,b,c,d)=a+b+c+d+2abcd-(ab+bc+cd+da+ac+bd)$$

我们有

$$f(a,b,c,d)-f(t,b,t,d)$$

$$=a+c-\sqrt{2(a^2+c^2)}+2bd\left(ac-\frac{a^2+c^2}{2}\right)-$$

$$(b+d)[a+c-\sqrt{2(a^2+c^2)}]-\left(ac-\frac{a^2+c^2}{2}\right)$$

$$=(1-2bd)\left(\frac{a^2+c^2}{2}-ac\right)+(b+d-1)[\sqrt{2(a^2+c^2)}-(a+c)]$$

$$= \frac{1}{2}(1 - 2bd)(a-c)^2 + (b+d-1) \cdot \frac{(a-c)^2}{\sqrt{2(a^2+c^2)} + (a+c)}$$

$$= \left[\frac{1}{2} - bd + \frac{b+d-1}{\sqrt{2(a^2+c^2)} + (a+c)} \right](a-c)^2 \geqslant 0$$

由 SMV 定理可知,只需证明,原不等式在 $a=b=c=x,d=\sqrt{3-3x^2}$ 的条件下成立即可,即

$$f(a,b,c,d) = f(x,x,x,\sqrt{3-3x^2})$$

$$= 3x + \sqrt{3-3x^2} + 2x^3\sqrt{3-3x^2} - 3x^2 - 3\sqrt{3-3x^2}\,x$$

$$= (1-x)[3x - (2x^2+2x-1)\sqrt{3-3x^2}] \geqslant 0$$

余下的只需证明

$$3x \geqslant (2x^2+2x-1)\sqrt{3-3x^2}$$

由于 $3 \geqslant 2x^2+2x-1, x \geqslant \sqrt{3-3x^2}$,所以,不等式显然是成立的. 等号成立的条件是 $a=b=c=1,d=0$ 或其轮换.

例 2.3.5(Pham Kim Hung, Mathlinks) 设 a,b,c,d 是非负实数,且满足 $a^2+b^2+c^2+d^2=4$,证明

$$ab + bc + cd + da + ac + bd \leqslant 1 + a + b + c + d + abcd$$

证明 不失一般性,设 $a \geqslant b \geqslant c \geqslant d$,记

$$f(a,b,c,d) = 1 + a + b + c + d + abcd - (ab + bc + cd + da + ac + bd)$$

令 $t = \sqrt{\dfrac{a^2+c^2}{2}}$,则

$$f(a,b,c,d) - f(t,b,t,d) = \frac{1}{2}(1-bd)(a-c)^2 + \frac{(b+d-1)(a-c)^2}{\sqrt{2(a^2+c^2)} + (a+c)} \geqslant 0$$

因为

$$(1-bd) + (b+d-1)$$

$$= b+d-bd \geqslant 2\sqrt{bd} - bd$$

$$\geqslant 2bd - bd \geqslant 0$$

所以,只需证明,当 $1 \leqslant x \leqslant \sqrt{\dfrac{4}{3}}$ 时,下列不等式成立

$$3x^2 + 3x\sqrt{4-3x^2} \leqslant 1 + 3x + \sqrt{4-3x^2} + x^3\sqrt{4-3x^2} \tag{1}$$

由 AM - GM 不等式,有

$$x^3\sqrt{4-3x^2} + 2\sqrt{4-3x^2} \geqslant 3x\sqrt{4-3x^2} \tag{2}$$

而且

$$1 + 3x - 3x^2 - \sqrt{4 - 3x^2}$$

$$= 3x(1-x) + \frac{3(x-1)(x+1)}{1+\sqrt{4-3x^2}}$$

$$= 3x(1-x)\left[\frac{x+1}{1+\sqrt{4-3x^2}} - 1\right] \tag{3}$$

$$= \frac{12x(x-1)(x^2-1)}{(1+\sqrt{4-3x^2})(x+\sqrt{4-3x^2})} \geqslant 0$$

由式(2),(3) 相加,即得式(1),等号成立的条件是 $a=b=c=d=1$.

例 2.3.6(Michael Rozenberg,Marhlinks) 设 a,b,c,d 是正实数,且 $abcd=1$,证明

$$a^4 + b^4 + c^4 + d^4 + 20 \geqslant 6(abc + bcd + cda + dab)$$

证明 不失一般性,设 $a \geqslant b \geqslant c \geqslant d$,记 $t = \sqrt{ac}$ 以及

$$f(a,b,c,d) = a^4 + b^4 + c^4 + d^4 + 20 - 6(abc + bcd + cda + dab)$$

我们有

$$f(a,b,c,d) - f(t,b,t,d) = (a^2 - c^2)^2 - 6bd\,(\sqrt{a} - \sqrt{c})^2 \geqslant 0$$

因为 $(a+c)^2\,(\sqrt{a}+\sqrt{c})^2 \geqslant 16 \geqslant 16bd$. 依据 SMV 定理,只需证明在 $a = b = c = x \geqslant 1, d = x^{-3} \leqslant 1$ 的条件下,原不等式成立即可. 此时,不等式变成

$$3x^4 + \frac{1}{x^{12}} + 20 \geqslant 6\left(\frac{3}{x} + x^3\right)$$

或者

$$(x^4 - 1)^2(3x^8 + 2x^4 + 1) \geqslant 6\,(x-1)^2 x^{11}(x^2 + 2x + 3)$$

或者

$$(x^3 + x^2 + x + 1)^2(3x^8 + 2x^4 + 1) \geqslant 6x^{11}(x^2 + 2x + 3)$$

最后的不等式是成立的,因为

$$\text{LHS} \geqslant (x^6 + 2x^5 + 3x^4 + 4x^3 + 3x^2)(3x^8 + 2x^4 + 1)$$

$$\geqslant 3x^{14} + 6x^{13} + 9x^{12} + 12x^{11} + 11x^{10}$$

$$\geqslant 6x^{13} + 12x^{12} + 18x^{11} = 6x^{11}(x^2 + 2x + 3) = \text{RHS}$$

等号成立的条件是 $a=b=c=d=1$.

例 2.3.7(Pham Kim Hung, Mathlinks) 设 a,b,c,d 是正实数,且其和为 4,k 是一个正的实常数,求下列表达式

$$(abc)^k + (bcd)^k + (cda)^k + (dab)^k$$

的最大值.

解 不失一般性,设 $a \geqslant b \geqslant c \geqslant d$,考虑下列几种情况.

(1) 第一种情况(这是最重要的情况)$1 \leqslant k \leqslant 3$.

设 $t = \frac{a+c}{2}, u = \frac{a-c}{2}$,则

$$a = t + u, c = t - u$$

$$(abc)^k + (bcd)^k + (cda)^k + (dab)^k = (b^k + d^k)(ac)^k + (bd)^k(a^k + c^k)$$

令 $s = b^{-k} + d^{-k}$，考察函数

$$f(u) = s(ac)^k + a^k + c^k = s(t^2 - u^2)^k + (t + u)^k + (t - u)^k$$

不难计算

$$f'(u) = ku(t^2 - u^2)^{k-1} \left[-2s + \frac{(t-u)^{-k+1} - (t+u)^{-k+1}}{2u} \right]$$

由于 $a \geqslant b \geqslant c \geqslant d$，可见 $d \leqslant t - u$. 另一方面，因为 $k \leqslant 3$，且 $\delta(x) = x^{-k+1}$ 是 x 的减函数，由 Lagrange 中值定理可知，存在一个实数 $\alpha \in [t - u, t + u]$，满足

$$\delta(t + u) - \delta(t - u) = 2u\delta'(\alpha)$$

注意到，$\alpha \in [t - u, t + u]$，所以，我们有

$$\delta'(\alpha) = (-k + 1)\alpha^{-k} \geqslant (-k + 1)(t - u)^{-k}$$

所以

$$\delta(t + u) - \delta(t - u) \leqslant 2(k - 1)u(t - u)^k$$

$$\Rightarrow \frac{(t-u)^{-k+1} - (t+u)^{-k+1}}{2u} \leqslant \frac{k-1}{(t-u)^k} \leqslant \frac{2}{d^k} \leqslant 2s$$

因此 $f(u) \leqslant f(0)$，这就是说，如果设

$$F(a, b, c, d) = (abc)^k + (bcd)^k + (cda)^k + (dab)^k$$

则

$$F(a, b, c, d) \geqslant F\left(\frac{a+c}{2}, b, \frac{a+c}{2}, d\right)$$

根据 SMV 定理，只需求在 $a = b = c = t \geqslant d = 4 - 3t$ 的情况下，原表达式的最大值即可. 此时，有

$$\sum (abc)^k = t^{3k} + 3t^{2k}(4 - 3t)^k = g(t)$$

$g(t)$ 的一阶导数是

$$g'(t) = 3kt^{3k-1} + 6kt^{2k-1}(4 - 3t)^k - 9kt^{2k}(4 - 3t)^{k-1}$$

所以，$g'(t) = 0 \Leftrightarrow t^k + 2(4 - 3t)^k = 3t(4 - 3t)^k$. 因此可见，$g'(t)$ 的符号和下列函数的符号是一样的

$$P(t) = \left(\frac{t}{4 - 3t}\right)^k + 2 - \frac{3t}{4 - 3t}$$

令 $r = r(t) = t(4 - 3t)^{-1}$，显然，$r(t)$ 在 $t \in \left[1, \frac{4}{3}\right)$ 上是严格增函数. 另外，因为方程 $r^k + 2 = 3r$ 没有多于 2 个的正实根，且 $g'(1) = 0$，所以，我们得到方程 $g'(t) = 0$ 也没有多于 2 个的正实根，这表明

$$g(t) \leqslant \max\left\{g(1), g\left(\frac{4}{3}\right)\right\} = \max\left\{4, \left(\frac{4}{3}\right)^{3k}\right\}$$

(2) 第二种情况 $k \leqslant 1$. 根据(1)已证明的结果(取 $k=1$),我们有
$$abc + bcd + cda + dab \leqslant 4$$
如果 k 是一个小于 1 的正实数,则下列不等式成立
$$(abc)^k + (bcd)^k + (cda)^k + (dab)^k \leqslant 4$$

(3) 第三种情况 $k \geqslant 3$.

注意到,$(c+d)^k - c^k - d^k \geqslant kc^{k-1} \geqslant 2c^k, 2(ab)^k \geqslant (a^k+b^k)d^k$,所以
$$(ab)^k[(c+d)^k - c^k - d^k] \geqslant (a^k + b^k)c^k d^k$$
$$\Rightarrow (abc)^k + (bcd)^k + (cda)^k + (dab)^k \leqslant (ab)^k (c+d)^k$$

最后,由 AM-GM 不等式,有
$$(ab)^k (c+d)^k \leqslant \left(\frac{a+b+c+d}{3}\right)^{3k} = \left(\frac{4}{3}\right)^{3k}$$

(4) 结论.

对于每一个正实数 k,下列不等式成立
$$(abc)^k + (bcd)^k + (cda)^k + (dab)^k \leqslant \max\left\{4, \left(\frac{4}{3}\right)^{3k}\right\}$$

例 2.3.8(Pham Kim Hung,Soarer,Mathlinks) 设 a,b,c,d 是正实数且 $abcd = 1$,证明
$$\frac{1}{3+a} + \frac{1}{3+b} + \frac{1}{3+c} + \frac{1}{3+d} \geqslant \frac{1}{1+S-a} + \frac{1}{1+S-b} + \frac{1}{1+S-c} + \frac{1}{1+S-d}$$
其中 $S = a+b+c+d$.

证明 不失一般性,设 $a \leqslant b \leqslant c \leqslant d$,记
$$s = b+d, t = \frac{a+c}{2}$$
$$f(a,b,c,d) = \sum \frac{1}{3+a} - \sum \frac{1}{1+a+b+c}$$

则我们有
$$f(a,b,c,d) - f(t,b,t,d)$$
$$= \frac{1}{3+a} + \frac{1}{3+b} - \frac{2}{3+t} + \frac{2}{1+s+t} - \frac{1}{1+s+a} - \frac{1}{1+s+c}$$
$$= \frac{2(t^2 - ac)}{(3+a)(3+c)(3+t)} - \frac{2(t^2 - ac)}{(1+s+t)(1+s+a)(1+s+c)}$$

另外,由于 $a \leqslant b \leqslant c \leqslant d$,可见 $b+d \geqslant \frac{1}{2}(a+b+c+d) \geqslant 2$,所以
$$(3+a)(3+c)(3+t) \leqslant (1+s+t)(1+s+a)(1+s+c)$$
于是,我们有
$$f(a,b,c,d) \geqslant f\left(\frac{a+c}{2}, b, \frac{a+c}{2}, d\right)$$

根据 SMV 定理,有

$$f(a,b,c,d) \geqslant f(x,x,x,y) \quad x = \frac{a+b+c}{3}, y = d$$

所以,只需证明

$$f(x,x,x,y) = \frac{3}{3+x} + \frac{1}{1+y} - \frac{1}{1+3x} + \frac{3}{1+2x+y} \geqslant 0$$

去分母,得到等价的不等式

$$3x^3 + 5x^2y + 22x^2 + 4xy^2 + 6xy \geqslant 25x + 3y + 12 \qquad (*)$$

我们来证明,在 $x \leqslant y, x^3y \geqslant 1$ 的条件下,不等式 $(*)$ 成立. 记

$$g(x) = 3x^3 + 5x^2y + 22x^2 + 4xy^2 + 6xy - 25x - 3y - 12$$

注意到,$y^2 \geqslant xy \geqslant 1$,则

$$\begin{aligned}
g'(x) &= 9x^2 + 44x + 10xy + 4y^2 + 6y - 25 \\
&= (9x^2 + 4y^2) + (44x + 6y) + 10xy - 25 \\
&\geqslant 2\sqrt{ax^2 \cdot 4y^2} + 2\sqrt{44x \cdot 6y} + 10xy - 25 \\
&\geqslant 12 + 4\sqrt{66} + 10 - 25 \\
&= 4\sqrt{66} - 3 > 0
\end{aligned}$$

所以,$g(x)$ 是 x 的增函数. 由此,为证明 $g(x) \geqslant 0$,只需证明 $g\left(\frac{1}{\sqrt[3]{y}}\right) \geqslant 0$,换句话说,我们只需证明不等式 $(*)$ 在 $x \leqslant y, x^3y = 1$ 的条件下成立即可. 此时,不等式变成(用 $\frac{1}{x^3}$ 替换 y)

$$3x^3 + \frac{5}{x} + 22x^2 + \frac{4}{x^5} + \frac{6}{x^2} \geqslant 25x + \frac{3}{x^2} + 12$$

由 AM – GM 不等式,有 $\frac{4}{x^5} + \frac{4}{x} \geqslant \frac{8}{x^3}$,余下的只需证明

$$3x^3 + \frac{1}{x} + 22x^2 + \frac{5}{x^3} + \frac{6}{x^2} \geqslant 25x + 12$$

$$\Leftrightarrow \frac{1}{x^3}(x-1)^2(3x^4 + 28x^3 + 28x^2 + 16x + 5) \geqslant 0$$

这是显然成立的,从而原不等式成立. 等号成立的条件是 $a = b = c = d = 1$.

例 2.3.9(Pham Kim Hung,Mathlinks) 设 $a_1, a_2, \cdots, a_n$ 是正实数,满足 $a_1a_2\cdots a_n = 1 (n \geqslant 4$ 是自然数),证明

$$\frac{1}{a_1} + \frac{1}{a_2} + \cdots \frac{1}{a_n} + \frac{3n}{a_1 + a_2 + \cdots + a_n} \geqslant n + 3$$

证明 不失一般性,设 $a_1 \geqslant a_2 \geqslant \cdots \geqslant a_n$,记

$$f(a_1, a_2, \cdots, a_n) = \frac{1}{a_1} + \frac{1}{a_2} + \cdots \frac{1}{a_n} + \frac{3n}{a_1 + a_2 + \cdots + a_n}$$

则

$$f(a_1,a_2,\cdots,a_n) - f(a_1,\sqrt{a_2 a_n},\sqrt{a_2 a_n},a_3,\cdots,a_n)$$

$$= \left(\frac{1}{\sqrt{a_2}} - \frac{1}{\sqrt{a_n}}\right)^2 - \frac{3n\left(\sqrt{a_2} - \sqrt{a_n}\right)^2}{(a_1+a_2+\cdots+a_n)(a_1+2\sqrt{a_2 a_n}+a_3+\cdots+a_{n-1})}$$

我们来证明

$$(a_1+a_2+\cdots+a_n)(a_1+2\sqrt{a_2 a_n}+a_3+\cdots+a_{n-1}) \geqslant 3na_2 a_n \quad (*)$$

因为 $a_1 \geqslant a_2 \geqslant \cdots \geqslant a_n$，如果 $n \geqslant 4$，则

$$(a_1+a_2+\cdots+a_n)(a_1+2\sqrt{a_2 a_n}+a_3+\cdots+a_{n-1})$$

$$\geqslant [2a_2+(n-2)a_n][a_2+2\sqrt{a_2 a_n}+(n-3)a_n]$$

$$\geqslant 2\sqrt{2(n-2)}(2+2\sqrt{n-3})a_2 a_n \geqslant 3na_2 a_n$$

注意到，式 $(*)$ 对于 $n=3$ 也成立，因为 $a_2 \geqslant a_3$，所以

$$(a_2+2\sqrt{a_2 a_3}+a_3)(2a_2+a_3) \geqslant 9a_2 a_3$$

这样，我们就证明了不等式 $(*)$ 成立. 从而有

$$f(a_1,a_2,\cdots,a_n) \geqslant f(a_1,\sqrt{a_2 a_n},\sqrt{a_2 a_n},a_3,\cdots,a_n)$$

根据 SMV 定理，令 $b = \sqrt[n-1]{a_2 a_3 \cdots a_n}$，则有

$$f(a_1,a_2,\cdots,a_n) \geqslant f(a_1,b,b,\cdots,b)$$

余下的只需证明 $g(b) \geqslant n+4$，其中

$$g(b) = b^n + \frac{n}{b} + \frac{3(n+1)}{nb+b^{-n}} = b^n + \frac{n}{b} + \frac{3(n+1)b^n}{nb^{n+1}+1}$$

注意到，$g'(b) = nb^{n-1} - \frac{n}{b^2} + \frac{3n(n+1)(b^{n-1}-b^{2n})}{(nb^{n+1}+1)^2}$，因此，我们有

$$g'(b) = 0 \Leftrightarrow (b^{n+1}-1)[(nb^{n+1}+1)^2 - 3(n+1)b^{n+1}] = 0$$

另外，由 AM - GM 不等式有，$(nb^{n+1}+1)^2 \geqslant 4nb^{n+1} \geqslant 3(n+1)b^{n+1}$，所以

$$g'(b) \leqslant 0 \quad \forall b \leqslant 1$$

由于 $g'(1) = 0$，我们得到

$$g(b) \geqslant g(1) = n+4$$

因此，原不等式成立，等号成立的条件是 $a_1 = a_2 = \cdots = a_n = 1$.

注　用同样的方法可以证明，下列稍强的不等式.

设 $a_1,a_2,\cdots,a_n$ 是正实数，满足 $a_1 a_2 \cdots a_n = 1$，证明

$$\frac{1}{a_1} + \frac{1}{a_2} + \cdots \frac{1}{a_n} + \frac{4(n-1)}{a_1+a_2+\cdots+a_n} \geqslant n+4-\frac{4}{n}$$

2.4　整合全部变量法

在某些情况下，使两个变量相等变得非常困难，甚至不可能，尤其是循环不

等式,其等号成立时,变量完全不同.在这种情况下,一个非常实用的方法,称为整合全部变量法,可以很容易地处理这个问题.其主要思想是通过所有变量同时减去一个值,而使其中一个变量变为 0.我们来看看下面的例子,并作简明扼要的解释.

例 2.4.1(Pham Sinh Tan,CPR) 设 x,y,z 是互不相同的非负实数,证明

$$(xy+zx+yz)\left[\frac{1}{(x-y)^2}+\frac{1}{(y-z)^2}+\frac{1}{(z-x)^2}\right]\geqslant 4$$

证明及分析 我们观察到,不等式的左边是两个表达式之积,一个是 $xy+yz+zx$,另一个是 $\frac{1}{(x-y)^2}+\frac{1}{(y-z)^2}+\frac{1}{(z-x)^2}$.两者之间有明显的不同,第一个表达式是三个数 xy,yz,zx 的和,第二个表达式是三个数 x,y,z 的差 $x-y,y-z,z-x$.

不失一般性,设 $x\geqslant y\geqslant z$,我们进行下面的变换

$$(x,y,z)\to(x-t,y-t,z-t)\quad(0\leqslant t\leqslant\min\{x,y,z\})$$

经过这个变换之后,第一个表达式是减少的,而第二个表达式是不变的(因为,在这个变换下,变量的差是不变的).所以,经过这个变换之后,不等式的左边是减少的,我们可以根据变量 $t\in[0,z]$,自由地减少不等式的左边.我们选择一个最好的可能,即 $t=z$.在这种情况下,得到新的变量组 $(x-z,y-z,0)$.我们要证明原不等式当 $x\to x'=x-z\geqslant 0,y\to y'=y-z\geqslant 0,z\to 0$ 时成立.换句话说,只要证明在条件 $\min\{x,y,z\}=0$ 下,原不等式成立即可,此时,不等式变成

$$xy\left[\frac{1}{x^2}+\frac{1}{y^2}+\frac{1}{(x-y)^2}\right]\geqslant 4\Leftrightarrow\frac{(x-y)^2}{xy}+\frac{xy}{(x-y)^2}\geqslant 2$$

由 AM - GM 不等式,这是显然成立的,等号成立的条件是 $(x,y,z)\sim\left(\frac{3\pm\sqrt{5}}{2},1,0\right)$.

意识到出现在不等式中的三个差 $x-y,y-z,z-x$,上面的证法是简单的、自然的.下面的不等式采用同样的方法,只是稍有一点点困难.

例 2.4.2(Romania Junior Balkan TST 2007) 证明:对于所有非负实数 a,b,c 有

$$a^3+b^3+c^3-3abc\geqslant 4(a-b)(b-c)(c-a)$$

证明及分析 考察不等式右边出现的三个差项 $a-b,b-c,c-a$,我们发现和前一个问题有类似的地方.把不等式该写成如下形式

$$(a+b+c)[(a-b)^2+(b-c)^2+(c-a)^2]\geqslant 8(a-b)(b-c)(c-a)$$

$$(\ast)$$

你可以看到,上面的形式出现了许多差项,我们重演前一个问题的操作过

程：从变量 a,b,c 中同时减去一个数 $t(0\leqslant t\leqslant \min\{a,b,c\})$，三个差 $a-b,b-c,c-a$ 是不变的.

注意到，不等式（＊）的右边没有改变，而左边是减少的. 所以，如果我们选择 $t=\min\{a,b,c\}$，并用 $a-t,b-t,c-t$ 替换 a,b,c，则以 $a-t,b-t,c-t$ 产生新的不等式更强. 这个事实表明，我们仅需证明，原不等式在 $\min\{a,b,c\}=0$（不妨设 $c=0$）的情况下成立即可，也就是只要证明

$$a^3+b^3\geqslant 4ab(b-a)$$

由 AM－GM 不等式，我们有

$$4a(b-a)\leqslant (a+b-a)^2=b^2\Rightarrow 4ab(b-a)\leqslant b^3\leqslant a^3+b^3$$

等号成立的当且仅当 $a=b=c$，证毕.

这个证明方法，不仅仅适用于三元不等式，对下面的四元不等式仍然有效.

给定非负实数 a,b,c,d，证明

$$a^4+b^4+c^4+d^4-4abcd\geqslant 2(a-b)(b-c)(c-d)(d-a)$$

在某些例子中，当我们同时减少所有变量时，不等式的两边都在改变（或增加或减少），在这种情况下，可以在更深的意义上，应用整合全部变量法. 考察下面的例子，并尝试应用涉及的方法.

例 2.4.3（Pham Kim Hung，Mathlinks） 设 a,b,c 是某三角形的三边长，证明

$$2\left(\frac{a^2}{b}+\frac{b^2}{c}+\frac{c^2}{a}\right)\geqslant a+b+c+\frac{b^2}{a}+\frac{c^2}{b}+\frac{a^2}{c}$$

证明及分析 我们尝试从不等式中分离出 $a-b,b-c,c-a$ 这样的项，自然不等式变成如下形式

$$\sum\left(\frac{a^2}{b}+b-2a\right)\geqslant \sum\left(\frac{a^2}{c}-\frac{a^2}{b}\right)$$

$$\Leftrightarrow \sum\frac{(a-b)^2}{b}\geqslant \frac{(a-b)(b-c)(a-c)(a+b+c)}{abc} \qquad (1)$$

$$\Leftrightarrow \sum ac(a-b)^2\geqslant (a-b)(b-c)(a-c)(a+b+c)$$

由这个形式，我们可以假设 $a\geqslant b\geqslant c$，从 a,b,c 中同时减去 $t(0\leqslant t\leqslant c)$，很明显，不等式左边是减少的，我们希望右边不变，但不是这样的. 那么，这种情况应如何处理呢？

下面我们来考察在变换 $(a,b,c)\rightarrow (a-t,b-t,c-t)$ 下，不等式两边的变化情况. 不等式（＊）的右边减少了

$$P=3t(a-b)(a-c)(b-c)$$

左边减少了

$$S=t^2\sum(a-b)^2+\sum t(a+c)(a-b)^2$$

下面,我们来证明 $S \geqslant P$,即

$$(c+a)(a-b)^2 + (a+b)(b-c)^2 + (b+c)(c-a)^2$$
$$\geqslant 3(a-b)(a-c)(b-c) \tag{2}$$

我们发现(2)和前一个问题非常相似.当然,当我们做变换$(a,b,c) \to (a-t,b-t,c-t)$时,(2)右边是不变的,左边是减少的.所以,我们只需证明当$c=0$时,(2)成立即可,即

$$a(a-b)^2 + (a+b)b^2 + a^2b \geqslant 3ab(a-b)$$
$$\Leftrightarrow a(a-2b)^2 + b^2(a+b) \geqslant 0$$

这显然成立,所以,(2)成立.

根据这个结论,我们只需证明在$a=b+c$的条件下,(1)成立即可.

这并不奇怪,下面是这个结论的详细的原因.

假设 LHS(a,b,c),RHS(a,b,c) 分别表示(1) 的左边和右边,利用不等式(2),我们有

$$\text{LHS}(a,b,c) - \text{LHS}(a-t,b-t,c-t) = S$$
$$\geqslant P = \text{RHS}(a,b,c) - \text{RHS}(a-t,b-t,c-t)$$
$$\Rightarrow \text{LHS}(a,b,c) - \text{RHS}(a,b,c)$$
$$\geqslant \text{LHS}(a-t,b-t,c-t) - \text{RHS}(a-t,b-t,c-t)$$

因此,如果不等式(1)对三个新变量 $a'=a-t, b'=b-t, c'=c-t$ 是成立的,那么,我们立即得到,它对a,b,c也是成立的.根据a,b,c是某三角形的三条边,我们来选择一个有效的t值,注意到$a \leqslant b+c$,那么,一定存在一个数t,满足 $a'=b'+c'$(或$t=b+c-a$).返回原问题,在$a=b+c$条件下,不等式(1)变成

$$(b+c)c^3 + b(b+c)(b-c)^2 + cb^3 \geqslant 2bc(b+c)(b-c)$$
$$\Leftrightarrow (b^2-bc-c^2)^2 + 2bc^3 \geqslant 0$$

这是显然成立的,等号成立的条件是$a=b=c$.

前三个例子,我们所使用的方法,称为整合全部变量法.我们很容易意识到,整合变量法的关键是根据一个梯级(或变换)

$$(a,b,c) \to (a-t,b-t,c-t)$$

(回顾一下,把整合变量法看作是一个变换的梯子是最好理解的,它能使不等式的证明更流畅、更和谐),使用这个方法,我们可以证明大量的不等式,下面就是这方面的例子.

例 2.4.4 设 a,b,c 是非负实数,证明

$$a^2(a-b) + b^2(b-c) + c^2(c-a) \geqslant 2(a-b)(b-c)^2$$

证明 首先,把不等式左边改写成平方和的形式

$$\sum a^2(a-b) = \frac{1}{3}\sum(2a^3 - 3a^2b + b^3) = \frac{1}{3}\sum(2a+b)(a-b)^2$$

由这个形式,使用整合全部变量法,我们可以假定 $c=0$,并证明
$$a^2(a-b)+b^3 \geqslant 2(a-b)b^2$$

当 $a \leqslant 2b$ 时,上面的不等式等价于
$$(a-b)^2(a+b)+b^2(2b-a) \geqslant 0$$

显然成立. 否则,$a \geqslant 2b$,则不等式可以写成
$$a(a+b)(a-2b)+3b^3 \geqslant 0$$

显然成立. 因此,原不等式成立,等号成立的条件是 $a=b=c$.

例 2.4.5(Pham Kim Hung,Mathematics Reflection,2006) 设 a,b,c 是非负实数,且满足 $a+b+c=3$,证明
$$a^2+b^2+c^2-\frac{8}{3}\max\{|a-b|,|b-c|,|c-a|\} \leqslant 1+2abc$$

证明 不失一般性,设 $a \geqslant b \geqslant c$,记
$$S=\max\{|a-b|,|b-c|,|c-a|\}$$

不等式变形如下
$$(a^2+b^2+c^2-3)+\frac{2}{3}(ab+bc+ca)-2abc$$

$$\leqslant \frac{8}{3}S+2-\frac{2}{3}(ab+bc+ca)$$

$$\Leftrightarrow \frac{1}{3}\sum(a-b)^2+\frac{2}{9}\sum c(a-b)^2 \leqslant \frac{8}{3}S+\frac{1}{9}\sum(a-b)^2 \qquad (*)$$

$$\Leftrightarrow \sum(a+b+2c)(a-b)^2 \leqslant \frac{8}{3}(a+b+c)^2 S$$

注意到,不等式($*$)是齐次的,所以,我们可以消除条件 $a+b+c=3$. 如果从 a,b,c 中同时减去 $t \leqslant \min\{a,b,c\}$,($*$)的两边是减少的,左边减少了
$$4t\sum(a-b)^2$$

右边减少了
$$\frac{8}{3}S[(a+b+c)^2-(a+b+c-3t)^2]$$

注意到
$$4t\sum(a-b)^2 \leqslant \frac{8}{3}S[(a+b+c)^2-(a+b+c-3t)^2]$$

所以,只需证明在条件 $\min\{a,b,c\}=c=0$ 下,($*$)成立即可(整合全部变量法). 这样,不等式就变成了
$$a^2+b^2-\frac{8}{3}a \leqslant 1 \quad (a+b=3)$$

用 $3-a$ 替换 b,并注意到 $a \geqslant \frac{3}{2}$,我们有

$$a^2 + b^2 - \frac{8}{3}a - 1 = a^2 + (3-a)^2 - \frac{8}{3}a - 1 = \left(2a - \frac{8}{3}\right)(a-3) \leqslant 0$$

等号成立的条件是 $a=b=c$ 或 $a=3, b=c=0$ 及其轮换.

2.5 参考资料:全导数

伴随着整合变量法的产生,全导数以其简单性和有效性,也产生了. 它对不等式的证明是一个突破,它的出现可以作为一类导数概念的补充,但其中渗透着整合全部变量的思想,这也是它独占本节的一个原因.

通过下面的不等式,我们来探索这个方法的起源和动机,首先我们使用整合全部变量方法来证明.

例 2.5.1(Pham Kim Hung, Algebraic Inequalities)   设 a, b, c 是非负实数,且满足 $a+b+c=3$,求 k 的值使得下列不等式

$$a^4 + b^4 + c^4 - 3abc \geqslant k(a-b)(b-c)(c-a)$$

成立.

证明   如果 $c=0$,则 $a+b=3$,根据 AM-GM 不等式,有

$$\text{LHS} = a^4 + b^4 = (a^2 - b^2)^2 + 2a^2b^2 \geqslant 2\sqrt{2} \mid ab(a^2 - b^2) \mid = 6\sqrt{2} \mid ab(a-b) \mid$$

所以,我们有 $-6\sqrt{2} \leqslant k \leqslant 6\sqrt{2}$. 对于每一个 k 值,等号成立的条件是

$$(a, b, c) \sim \left(\frac{3(3-\sqrt{5})}{2}, \frac{3(\sqrt{5}-1)}{2}, 0\right)$$

余下的要证明,原不等式对 $k \in [-6\sqrt{2}, 6\sqrt{2}]$ 是成立的. 显然,我们只需证明 $k = 6\sqrt{2}$ 时,原不等式成立即可,即

$$a^4 + b^4 + c^4 - 3abc \geqslant 6\sqrt{2}(a-b)(b-c)(c-a)$$

$$\Leftrightarrow a^4 + b^4 + c^4 - abc(a+b+c) \geqslant 2\sqrt{2}(a-b)(b-c)(c-a)(a+b+c)$$

注意到,上面的不等式是齐次的,所以,我们可以忽略条件 $a+b+c=3$,尝试使用整合全部变量法. 所有变量 a, b, c 同时减去 $0 \leqslant t \leqslant \min\{a, b, c\}$,不等式两边都是减少的,但我们可以比较两边减少的值. 事实上,考虑函数

$$f(t) = \sum (a+t)^4 - (a+b+c+3t) \prod (a+t) - $$
$$k(a-b)(b-c)(c-a)(a+b+c+3t)$$
$$= A + Bt + Ct^2$$

其中

$$A = \sum a^4 - abc \sum a - k(a-b)(b-c)(c-a)(a+b+c)$$

$$B = 4 \sum a^3 - \sum a \sum ab - 3abc - k(a-b)(b-c)(c-a)$$

$$C = 5 \sum a^2 - 5 \sum ab$$

显然,$C \geqslant 0$. 设 $c = \min\{a,b,c\}$,我们来证明 $B \geqslant 0$,即

$$4(a^3 + b^3 + c^3) - (a+b+c)(ab+bc+ca) - 3abc$$

$$\geqslant 6\sqrt{2}(a-b)(b-c)(c-a)$$

$$\Leftrightarrow \sum (2a+2b+c)(a-b)^2 \geqslant 6\sqrt{2}(a-b)(b-c)(c-a)$$

使用整合全部变量法,我们只需证明 $c = 0$ 的情况,即

$$4(a^3 + b^3) - ab(a+b) \geqslant 6\sqrt{2}ab(b-a)$$

$$\Leftrightarrow a^3 + 4b^3 + (6\sqrt{2}-1)a^2b \geqslant (6\sqrt{2}+1)ab^2$$

由 AM - GM 不等式,有

$$4b^3 + (6\sqrt{2}-1)a^2b \geqslant 4\sqrt{6\sqrt{2}-1}\,ab^2 \geqslant (6\sqrt{2}+1)ab^2$$

所以,我们有 $B,C \geqslant 0$,从而 $f(t) \geqslant f(0)$. 记

$$F(a,b,c) = a^3 + b^3 + c^3 - abc(a+b+c) - k(a-b)(b-c)(c-a)(a+b+c)$$

则有,$F(a,b,c) \geqslant F(a-t,b-t,c-t)(0 \leqslant t \leqslant c)$,这表明,只需在 $c = 0$ 的情况下,证明原不等式成立即可. 这我们已经证明了.

你首次看到这个解答,感觉又长又枯燥,但它确实有价值. 事实上,这个解答的主要思想是先证明 $A,B,C \geqslant 0$,然后使用整合全部变量法. 另外,下面三个不等式之间有一个特殊的关系

$$A \geqslant 0 \tag{1}$$

$$B \geqslant 0 \tag{2}$$

$$C \geqslant 0 \tag{3}$$

即,$(3) \Rightarrow (2)$,$(2) \Rightarrow (1)$. 事实上,我们有

$$a^4 + b^4 + c^4 - abc(a+b+c) \geqslant 2\sqrt{2}(a-b)(b-c)(c-a)(a+b+c) \tag{4}$$

$$4 \sum a^3 - 6abc - \sum a^2(b+c) \geqslant 6\sqrt{2}(a-b)(b-c)(c-a)$$

考察不等式(4):把表达式左边记为 $F(a,b,c)$,令 $a = a_1 + t, b = b_1 + t, c = c_1 + t$,考察函数 $g(t) = F(a,b,c) = F(a_1+t, b_1+t, c_1+t)$,为证明 $g(t) \geqslant g(0)$,我们来证明,$g'(t) \geqslant 0$,计算导数,我们有(关于 t 的导数)

$$a^4 = (a_1+t)^4 \xrightarrow{\text{导数}} 4(a_1+t)^3 = 4a^3$$

$$b^4 = (b_1+t)^4 \xrightarrow{\text{导数}} 4(b_1+t)^3 = 4b^3$$

$$c^4 = (c_1+t)^4 \xrightarrow{\text{导数}} 4(c_1+t)^3 = 4c^3$$

$$abc(a+b+c) = (a_1 + b_1 + c_1 + 3t)(a_1 + t)(b_1 + t)(c_1 + t)$$

$$\xrightarrow[\text{导数}]{} 6\prod(a_1 + t) + \sum(a_1 + t)^2(b_1 + c_1 + 2t) = 6abc + \sum a^2(b+c)$$

$$(a+b+c)(a-b)(b-c)(c-a)$$

$$= (a_1 + b_1 + c_1 + 3t)(a_1 - b_1)(b_1 - c_1)(c_1 - a_1)$$

$$\xrightarrow[\text{导数}]{} 3(a_1 - b_1)(b_1 - c_1)(c_1 - a_1) = 3(a-b)(b-c)(c-a)$$

所以,我们有

$$g'(t) = 4\sum a^3 - 6abc - \sum a^2(b+c) - 6\sqrt{2}(a-b)(b-c)(c-a)$$

正如我们所说的,如果已经证明了(2),则 $g'(t) \geqslant 0$,并且只需在条件 $abc = 0$ 的情况下,证明(1).

如何证明(2),它是否等价于 $f'(t) \geqslant 0$?毫不奇怪,借助上面同样的分析,我们得到不等式 $g''(t) \geqslant 0$,这正好是(3). 我们知道(3)是显然成立的,所以 $f''(t) \geqslant 0$,这也是我们只需在 $abc = 0$ 的条件下来证明(2)的原因.

回顾从(1)到(2),从(2)到(3)的中间步骤,实际上,由(1)中的函数,当旧变量 a,b,c 变成 t 的线性函数时,取每一项的导数(对 t)而得到(2).希望首次遇到这么多记号,你不要弄错.下面我们给出上面补充导数的一个正式定义,并分析某些重要的性质.往后,我们给这一个新类型的导数一个更适当的名称:全导数.

定义 3　设 $f(x_1, x_2, \cdots, x_n): \mathbf{R}^n \to \mathbf{R}$ 是 $\mathbf{C}^1$ 上的 n 元函数,f 的全导数记为 $[f]$,其定义式为

$$[f] = \sum_{i=1}^n D_i f$$

其中 $D_i f$ 是 f 对变量 x_i 的偏导数.换句话说,多元函数的全导数就是其所有偏导数之和:$[f] = \sum_{i=1}^n \dfrac{\partial f}{\partial x_i}$.

更有趣的是,全导数具有正常导数类似的非常优美的性质. 在下面的命题中,我们将明确地给出这些性质,它们对于全导数快捷计算是非常实用的.

命题 1　假设 $[f]$ 表示多元函数 $f(x_1, x_2, \cdots, x_n)$ 的全导数,则有(和经典导数的求导公式是一样的):

(1) $[x^n] = nx^{n-1}$;

(2) $[af + bg] = a[f] + b[g]$;

(3) $[fg] = [f]g + f[g]$;

(4) $[f(g)] = [f(g)][g]$;

(5) $\left[\dfrac{f}{g}\right] = \dfrac{[f]g - f[g]}{g^2}$.

证明　为证明这些性质,对于 n 个变量 $x_1, x_2, \cdots, x_n$ 的多元函数 $f(x_1,$

$x_2, \cdots, x_n)$,则其全导数有如下计算公式

$$[f] = [f(x_1, x_2, \cdots, x_n)] = f_t{}'(x_1 + t, x_2 + t, \cdots, x_n + t) \mid_{t=0}$$

(即 $f(x_1 + t, x_2 + t, \cdots, x_n + t)$ 关于 t 的一元函数在 $t = 0$ 的导数值).

使用这个公式,我们很容易证明这些性质.例如,(2)成立时由于(使用正常导数的性质)

$$af_t{}'(x_1 + t, x_2 + t, \cdots, x_n + t) + ag_t{}'(x_1 + t, x_2 + t, \cdots, x_n + t)$$
$$= (af + bg)_t{}'(x_1 + t, x_2 + t, \cdots, x_n + t)$$
$$af_t{}'(x_1 + t, \cdots, x_n + t) \mid_{t=0} + ag_t{}'(x_1 + t, \cdots, x_n + t) \mid_{t=0}$$
$$= (af + bg)_t{}'(x_1 + t, \cdots, x_n + t) \mid_{t=0}$$
$$\Rightarrow a[f] + b[g] = [af + bg]$$

另外,全导数有一个特别的情况:$[x - y] = 0$.

对于任意三个变量 x, y, z,下面的例子可以帮助你熟悉全导数的计算:

$[x - y] = 0$;

$[xy] = x + y$;

$[x^2 + y^2] = 2x^2 y + 2xy^2$;

$[xyz] = xy + yz + zx$;

$[x^2 + y^2 + z^2] = 2(x + y + z)$;

$[x^2 - y^2] = 2(x - y)$;

$[x^2 y^2 z^2] = 2xyz(xy + yz + zx)$;

$[x(y + z) + y(z + x) + z(x + y)] = 4(x + y + z)$;

$[xyz(x + y + z)] = (x + y + z)(xy + yz + zx) + 3xyz$;

$[x^2 y + y^2 z + z^2 x] = x^2 + y^2 + z^2 + 2xy + 2yz + 2zx$.

对于不等式来说,全导数扮演着重要的角色是由于下面的定理.

定理 5 设 $f(x_1, x_2, \cdots, x_n) : \mathbf{R}^n \to \mathbf{R}$ 是 C^1 上的 n 元函数,则不等式
$$f(x_1, x_2, \cdots, x_n) \geqslant 0 \quad (x_1, x_2, \cdots, x_n \geqslant 0)$$

成立,如果下列两个条件成立:

(1)$f(x_1, x_2, \cdots, x_n) \geqslant 0$,如果 $x_1 x_2 \cdots x_n = 0$.

(2)$[f] \geqslant 0, \forall x_1, x_2, \cdots, x_n \geqslant 0$.

证明 这个定理的证明和本节介绍的第一个例子的证明方法是一样的.

首先,固定 $x_1, x_2, \cdots, x_n$ 为常数,并设
$$x_n = \min\{x_1, x_2, \cdots, x_n\}$$

令 t 是满足
$$0 \leqslant t \leqslant \min\{x_1, x_2, \cdots, x_n\} = x_n$$

的一个实数,设 $y_i = x_i - x_n \geqslant 0 (i = 1, 2, \cdots, n)$,记
$$g(t) = f(y_1 + t, y_2 + t, \cdots, y_n + t)$$

则有

$$g'(t) = f'_t(y_1 + t, y_2 + t, \cdots, y_n + t) = [f(y_1 + t, y_2 + t, \cdots, y_n + t)] \geqslant 0$$

（因为 $[f(x_1, x_2, \cdots, x_n)] \geqslant 0, \forall x_1, x_2, \cdots, x_n \geqslant 0$），所以，$g(x_n) \geqslant g(0)$. 因此

$$f(x_1, x_2, \cdots, x_n) \geqslant f(x_1 - x_n, x_2 - x_n, \cdots, x_{n-1} - x_n, 0) \geqslant 0$$

证毕.

你可能没有马上意识到，全导数的简单性和有效性，所以，下面介绍的例子是十分必要的.

例 2.5.2 设 a, b, c 是非负实数，证明

$$a^3 + b^3 + c^3 + 3abc \geqslant ab(a+b) + bc(b+c) + ca(c+a)$$

证明及分析 我们知道，这是著名的 Schur 不等式，那么，如何用全导数来处理呢？很容易，实际上，不等式两边取全导数，我们有

$$3(a^2 + b^2 + c^2) + 3(ab + bc + ca) \geqslant 2(a^2 + b^2 + c^2) + 4(ab + bc + ca)$$

$$\Leftrightarrow a^2 + b^2 + c^2 \geqslant ab + bc + ca$$

这是明显成立的. 所以，我们可以假设 $abc = 0$，来证明原不等式. 不妨设 $c = 0$，不等式变成

$$a^3 + b^3 \geqslant ab(a+b)$$

这也是很明显成立的. 等号成立的条件是 $a = b = c$ 或 $(a, b, c) \sim (1, 1, 0)$.

例 2.5.3 设 a, b, c 是非负实数，且满足 $a + b + c = 3$，证明

$$a^2 b + b^2 c + c^2 a + abc \leqslant 4$$

证明 将不等式齐次化，等价于

$$a^2 b + b^2 c + c^2 a + abc \leqslant \frac{4}{27}(a + b + c)^2$$

不等式两边取全导数，得到下列不等式

$$\sum a^2 + 3 \sum ab \leqslant \frac{4}{3}(a + b + c)^2 \Leftrightarrow \sum ab \leqslant \sum a^2$$

这是显然成立. 因此，只需在 $c = 0$ 的条件下，证明原不等式即可. 即

$$a^2 b \leqslant 3 \quad (a + b = 3)$$

这是显然成立的. 等号成立的条件是 $a = b = c$ 或 $a = 2, b = 1, c = 0$ 及其轮换.

这个问题是典型的 3 次循环不等式. 在第 6 章，我们将学习更多这种典型的不等式. 下面是有关这方面的一个定理（用全导数给出一个非常优美的证明）.

定理 6 设 $P(a, b, c)$ 是 3 次齐次循环不等式，则不等式 $P \geqslant 0$，对所有非负实数 a, b, c 成立，当且仅当

$$P(1, 1, 1) \geqslant 0, P(a, b, 0) \geqslant 0 \quad \forall a, b \geqslant 0$$

这个定理是 3 次对称不等式的一个一般性定理，是由 Ho Joo Lee 介绍的.

定理 7（Ho Joo Lee 定理） 设 $P(a, b, c)$ 是 3 次对称多项式，则下列条件

是相互等价的
$$P(1,1,1),P(1,1,0),P(1,0,0) \geqslant 0$$
$$P(a,b,c) \geqslant 0 \quad \forall a,b,c \geqslant 0$$

另一方面,这些内容在第6章中讨论,你可以下载第6章的详细资料.此外,对于这个问题,也有两个一般性的结论,每一个都可以使用全导数证明.

例 2.5.4 设 $a,b,c,d \geqslant 0, a+b+c+d=4$,证明:

(1) $a^2bc + b^2cd + c^2da + d^2ab \leqslant 4$. (Park Doo Sung,Mathlinks)

(2) $a^3b + b^3c + c^3d + d^3a + 23abcd \leqslant 4$. (Pham Kim Hung. Mathlinks)

例 2.5.5(Pham Kim Hung, Mathlinks) 设 a,b,c,d 是非负实数,且满足 $a+b+c+d=3$,证明

$$ab(b+c) + bc(c+d) + ca(d+a) + da(a+b) \leqslant 4$$

证明 考虑下列齐次不等式

$$ab(b+c) + bc(c+d) + ca(d+a) + da(a+b) \leqslant \frac{4}{27}(a+b+c+d)^3$$

不等式两边取全导数,有

$$\sum a^2 + 4\sum ab + 2(ac+bd) \leqslant \frac{16}{9}(a+b+c+d)^2$$

$$\Leftrightarrow \frac{7}{9}\sum a^2 - \frac{4}{9}\sum ab + \frac{14}{9}(ac+bd) \geqslant 0$$

这是显然成立的,因为 $\sum a^2 \geqslant \sum ab$. 所以,我们只需证明,原不等式在

$$abcd = 0$$

的条件下成立即可.不失一般性,设 $d=0$,则不等式变成

$$ab^2 + bc^2 + abc \leqslant 4$$

另外,我们来证明,更强的不等式

$$ab^2 + bc^2 + ca^2 + abc \leqslant 4$$

为此,设 b 是 a,b,c 中第二大的数(因为不等式是循环不等式),则

$$a(b-a)(b-c) \leqslant 0 \Rightarrow ab^2 + ca^2 \leqslant abc + a^2b$$

$$\Rightarrow ab^2 + bc^2 + ca^2 + abc \leqslant 2abc + b(a^2+c^2) = b(a+c)^2 \leqslant 4$$

显然成立,事实上,由 AM-GM 不等式,并注意到,$a+b+c=3$,即可得出.等号成立的条件是 $a=b=c=1,d=0$ 或 $a=1,b=2,c=d=0$ 或其轮换.

例 2.5.6(Pham Kim Hung, Mathlinks) 设 a,b,c,d 是非负实数,且满足 $a+b+c+d=3$,证明

$$ab(a+2b+3c) + bc(b+2c+3d) + cd(c+2d+3a) + da(d+2a+3b) \leqslant 6\sqrt{3}$$

证明 设 $k=6\sqrt{3}$,我们来证明下列齐次不等式

$$ab(a + 2b + 3c) + bc(b + 2c + 3d) + cd(c + 2d + 3a) + da(d + 2a + 3b)$$

$$\leqslant \frac{k}{27}(a + b + c + d)^3$$

不等式两边取全导数,有

$$3\sum a^2 + 12\sum ab + 6(ac + bd) \leqslant \frac{4k}{9}(a + b + c + d)^2$$

$$\Leftrightarrow \left(\frac{4k}{9} - 3\right)\sum a^2 + \left(\frac{8k}{9} - 6\right)(ac + bd) \geqslant \left(12 - \frac{8k}{9}\right)\sum ab$$

$$\Leftrightarrow \left(\frac{4k}{9} - 3\right)\left[(a + c)^2 + (b + d)^2\right] \geqslant \left(12 - \frac{8k}{9}\right)(a + c)(b + d)$$

这个不等式是成立的,因为

$$\text{LHS} \geqslant 2\left(\frac{4k}{9} - 3\right)(a + c)(b + d) \geqslant \left(12 - \frac{8k}{9}\right)(a + c)(b + d)$$

所以,只需在 $abcd = 0$ 的条件下,证明不等式成立即可. 不失一般性,设 $d = 0$,
则不等式变成

$$ab(a + 2b + 3c) + bc(b + 2c) \leqslant 6\sqrt{3} \quad (a + b + c = 3)$$

注意到,$\text{LHS} = b(a^2 + 2ab + 3ac + bc + 2c^2)$.

(1) 第一种情况 $c + a \leqslant b$,有

$$\text{LHS} \leqslant b\left[(a + c)^2 + 2b(a + c)\right] = b(3 - b)(3 + b) = b(9 - b^2)$$

应用 AM - GM 不等式,我们有

$$2b^2(9 - b^2)^2 = 2b^2(9 - b^2)(9 - b^2) \leqslant 6^3 \Rightarrow b(9 - b^2) \leqslant 6\sqrt{3}$$

(2) 第二种情况 $a + c \geqslant b$,我们有

$$\text{LHS} \leqslant b\left[2(a + c)^2 + b(a + c)\right]$$

设 $t = a + c$,并应用 AM - GM 不等式,我们有

$$\text{LHS} \leqslant (3 - t)t(3 + t) = t(9 - t^2) \leqslant 6\sqrt{3}$$

综上所述,原不等式成立. 等号成立的条件是 $a = 0, b = \sqrt{3}, c = 3 - \sqrt{3}, d = 0$ 或其轮换.

例 2.5.7(Turkevici's inequality) 设 $a, b, c, d \geqslant 0$,证明

$$a^4 + b^4 + c^4 + d^4 + 2abcd \geqslant a^2b^2 + b^2c^2 + c^2d^2 + d^2a^2 + a^2c^2 + b^2d^2$$

证明 不等式两边取全导数,有

$$2\sum a^3 + \sum abc \geqslant \sum a^2(b + c + d) \qquad (*)$$

再对 $(*)$ 两边取全导数,有

$$6\sum a^2 + \sum (ab + bc + ca) \geqslant 2\sum a(b + c + d) + 3\sum a^2$$

$$\Leftrightarrow 3\sum a^2 \geqslant 2\sum ab \Leftrightarrow \sum (a - b)^2 \geqslant 0$$

这是显然成立的,所以,我们只需证明,在 $abcd = 0$ 下,$(*)$ 成立即可.

不失一般性,设 $d=0$,则($*$)变成
$$2(a^3+b^3+c^3)+abc \geqslant a^2(b+c)+b^2(c+a)+c^2(a+b)$$
$$\Leftrightarrow (a+b)(a-b)^2+(b+c)(b-c)^2+(c+a)(c-a)^2 \geqslant 0$$
于是($*$)是成立的,这表明,只需在条件 $\min\{a,b,c,d\}=0$ 下,证明原不等式成立即可.不失一般性,设 $d=0$,则原不等式变成
$$a^4+b^4+c^4 \geqslant a^2b^2+b^2c^2+c^2a^2$$
这是显然成立的.

例 2.5.8(Suranyi's inequality) 设 a,b,c,d 是非负实数,证明
$$2(a^4+b^4+c^4+d^4)+4abcd$$
$$\geqslant a^3(b+c+d)+b^3(c+d+a)+c^3(d+a+b)+d^3(a+b+c)$$

证明 注意到 Suranyi's 不等式比 Turkevici's 不等式更强,但两者的证明是类似的.由 Suranyi's 不等式两边取全导数,有
$$5\sum a^3+4\sum abc \geqslant 3\sum a^2(b+c+d) \qquad (*)$$
再取全导数,有
$$15\sum a^2+4\sum(ab+bc+ca) \geqslant 9\sum a^2+6\sum a(b+c+d)$$
$$\Leftrightarrow 3\sum a^2 \geqslant 2\sum ab \Leftrightarrow \sum(a-b)^2 \geqslant 0$$
所以,我们只需证明($*$)在条件 $\min\{a,b,c,d\}=0$ 下成立即可.不失一般性,设 $d=0$,则($*$)变成
$$5(a^3+b^3+c^3)+4abc \geqslant 3a^2(b+c)+3b^2(c+a)+3c^2(a+b)$$
这是成立的.实际上,可由 Schur 不等式和 AM-GM 不等式得到
$$3(a^3+b^3+c^3)+9abc \geqslant 3a^2(b+c)+3b^2(c+a)+3c^2(a+b)$$
$$2(a^3+b^3+c^3) \geqslant 6abc \geqslant 5abc$$
所以,不等式($*$)成立.因此可见,只需在条件 $\min\{a,b,c,d\}=0$ 下,证明原不等式成立即可.不失一般性,设 $d=0$,则原不等式变成
$$2(a^4+b^4+c^4) \geqslant a^3(b+c)+b^3(c+a)+c^3(a+b)$$

由 AM-GM 不等式可知,这是成立的.证毕.

例 2.5.9(Suranyi's inequality,general form) 设 $a_1,a_2,\cdots,a_n$ 是非负实数,证明
$$(n-1)(a_1^n+a_2^n+\cdots+a_n^n)+na_1a_2\cdots a_n$$
$$\geqslant (a_1+a_2+\cdots+a_n)(a_1^{n-1}+a_2^{n-1}+\cdots+a_n^{n-1})$$

证明 使用归纳法来证明这个不等式.假设不等式对 $n-1$ 个数成立,我们来证明对 n 个实数($n \geqslant 3$)也成立.所以,只需证明,原不等式两边取全导数之后成立即可,即
$$(n^2-3n+1)\sum_{i=1}^{n}a_i^{n-1}+na_1a_2\cdots a_n\left(\sum_{i=1}^{n}\frac{1}{a_i}\right) \geqslant (n-1)\sum_{1 \leqslant i<j \leqslant n}(a_i^{n-2}a_j+a_j^{n-2}a_i)$$

由归纳假设,我们有

$$(n-3)\sum_{i=1}^{n-1}a_i^{n-1}+(n-1)a_1a_2\cdots a_{n-1}\geqslant\sum_{1\leqslant i<j\leqslant n-1}(a_i^{n-2}a_j+a_j^{n-2}a_i)$$

构建 $n-1$ 个其他类似的不等式,并将它们相加,我们有

$$(n-3)(n-1)\sum_{i=1}^{n}a_i^{n-1}+(n-1)a_1a_2\cdots a_n\left(\sum_{i=1}^{n}\frac{1}{a_i}\right)\geqslant(n-2)\sum_{1\leqslant i<j\leqslant n}(a_i^{n-2}a_j+a_j^{n-2}a_i)$$

或

$$\frac{(n-3)(n-1)^2}{n-2}\sum_{i=1}^{n}a_i^{n-1}+\frac{(n-1)^2}{n-2}a_1a_2\cdots a_n\left(\sum_{i=1}^{n}\frac{1}{a_i}\right)$$

$$\geqslant(n-1)\sum_{1\leqslant i<j\leqslant n}(a_i^{n-2}a_j+a_j^{n-2}a_i)$$

余下的,只需证明

$$\left[n^2-3n+1-\frac{(n-3)(n-1)^2}{n-2}\right]\sum_{i=1}^{n}a_i^{n-1}\geqslant\left[\frac{(n-1)^2}{n-2}-n\right]a_1a_2\cdots a_n\left(\sum_{i=1}^{n}\frac{1}{a_i}\right)$$

或

$$\frac{1}{n-2}\sum_{i=1}^{n}a_i^{n-1}\geqslant\frac{1}{n-1}a_1a_2\cdots a_n\left(\sum_{i=1}^{n}\frac{1}{a_i}\right)$$

这最后的不等式,由 AM – GM 不等式可知,是成立的,证毕.

例 2.5.10(Vasile Cirtoaje, Algebraic Inequalities) 设 $a_1,a_2,\cdots,a_n$ 是正实数,证明

$$a_1^n+a_2^n+\cdots+a_n^n+n(n-1)a_1a_2\cdots a_n$$

$$\geqslant a_1a_2\cdots a_n(a_1+a_2+\cdots+a_n)\left(\frac{1}{a_1}+\frac{1}{a_2}+\cdots+\frac{1}{a_n}\right)$$

证明 用归纳法证明这个不等式.当 $n=3$ 时,不等式变成了著名的 Schur 不等式.假设不等式对 $n-1$ 个正实数是成立的.记 $S=\sum_{i=1}^{n}a_i$,则不等式等价于

$$\sum_{i=1}^{n}a_i^n+n(n-2)\prod_{i=1}^{n}a_i\geqslant\sum_{i=1}^{n}\left[(S-a_i)\prod_{j=1,j\neq i}^{n}a_j\right]$$

上述不等式两边取全导数,得到下列不等式

$$n\sum_{i=1}^{n}a_i^{n-1}+n(n-2)\sum_{i=1}^{n}\left(\prod_{j=1,j\neq i}^{n}a_j\right)$$

$$\geqslant(n-1)\sum_{i=1}^{n}\left(\prod_{j=1,j\neq i}^{n}a_i\right)+\sum_{i=1}^{n}\left[(S-a_i)\sum_{j=1,j\neq i}^{n}\left(\prod_{k=1,k\neq i,k\neq j}^{n}a_k\right)\right]$$

或

$$n\sum_{i=1}^{n}a_i^{n-1}+(n^2-3n+1)\sum_{i=1}^{n}\left(\prod_{j=1,j\neq i}^{n}a_j\right)\geqslant\sum_{i=1}^{n}\left(\prod_{j=1,j\neq i}^{n}a_j\right)\left(\sum_{j=1,j\neq i}^{n}a_j\right)\left(\sum_{j=1,j\neq i}^{n}\frac{1}{a_j}\right)$$

$$(\ *\ )$$

利用归纳假设,我们对 n 个序列 $(a_1,a_2,\cdots,a_{n-1}),(a_2,a_3,\cdots,a_n),\cdots$,构造 n 个不等式,并将其相加,有

$$(n-1)\sum_{i=1}^{n-1}a_i^{n-1}+(n-1)(n-2)\sum_{i=1}^{n}\left(\prod_{j=1,j\neq i}^{n}a_j\right)$$

$$\geqslant \sum_{i=1}^{n}\left(\prod_{j=1,j\neq i}^{n}a_j\right)\left(\sum_{j=1,j\neq i}^{n}a_j\right)\left(\sum_{j=1,j\neq i}^{n}\frac{1}{a_j}\right)$$

另外,注意到(由 AM - GM 不等式可得)

$$\sum_{i=1}^{n-1}a_i^{n-1}\geqslant \sum_{i=1}^{n}\left(\prod_{j=1,j\neq i}^{n}a_j\right)$$

所以,不等式($*$)(原不等式两边求全导数得到的不等式)成立. 因此可见,只需在条件 $a_1a_2\cdots a_n=0$ 下,证明原不等式成立即可. 不失一般性,设 $a_n=0$. 则原不等式变成

$$a_1^n+a_2^n+\cdots+a_{n-1}^n\geqslant a_1a_2\cdots a_{n-1}(a_1+a_2+\cdots+a_{n-1})$$

这由 AM - GM 不等式很易证明,等号成立的条件是 $a_1=a_2=\cdots=a_n$ 或 $a_1=a_2=\cdots=a_{n-1}, a_n=0$ 及其轮换.

例 2.5.11 设 $a,b,c\geqslant 0$,且 $ab+bc+ca=1$,又设 p 是一个常数,满足 $p\geqslant 1$,x_0 是方程 $p^2x^3+(p-p^3)x^2+(1+2p-p^2)x-p=0$ 的唯一的正实根,证明

$$\frac{1}{pa+b}+\frac{1}{pb+c}+\frac{1}{pc+a}\geqslant \min\left\{\frac{3\sqrt{3}}{p+1},\frac{\sqrt{x_0}}{px_0+1}+\frac{p+x_0}{p\sqrt{x_0}}\right\}$$

证明 令 $k=\min\left\{\frac{3\sqrt{3}}{p+1},\frac{\sqrt{x_0}}{px_0+1}+\frac{p+x_0}{p\sqrt{x_0}}\right\}$,易见,$k\leqslant \frac{3\sqrt{3}}{p+1}$,我们来证明

$$\sum\frac{1}{pa+b}\geqslant \frac{k}{\sqrt{ab+bc+ca}}$$

$$\Leftrightarrow \sum(pa+b)(pb+c)\sqrt{ab+bc+ca}\geqslant k(p+1)\prod(pa+b)$$

上述不等式两边取全导数之后,我们来证明下面的不等式

$$\sum a\left[(p+1)^2\sqrt{ab+bc+ca}+\frac{2A}{\sqrt{ab+bc+ca}}\right]\geqslant k(p+1)A \quad (*)$$

其中 $A=\sum(pa+b)(pb+c)=p\sum a^2+(1+p+p^2)\sum bc$,显然有

$$A=p(a+b+c)^2+(p^2-p+1)(ab+bc+ca)\geqslant (p+1)^2(ab+bc+ca)$$

$$A=p(a+b+c)^2+(p^2-p+1)(ab+bc+ca)\leqslant \frac{1}{3}(p+1)^2(a+b+c)^2$$

所以,对不等式($*$),有

$$\text{LHS} = \sum a \left[(p+1)^2 \sqrt{ab+bc+ca} + \frac{A}{\sqrt{ab+bc+ca}} \right] + \frac{(a+b+c)A}{\sqrt{ab+bc+ca}}$$

$$\geqslant 2(p+1)(a+b+c)\sqrt{A} + \sqrt{3}A \geqslant 3\sqrt{3}A \geqslant k(p+1)A$$

因此可见,(*)成立. 接下来,只需在条件 $\min\{a,b,c\}=0$ 下,证明原不等式成立即可. 不失一般性,设 $c=0$,则原不等式变成

$$\frac{1}{pa+b} + \frac{1}{pb} + \frac{1}{a} \geqslant \frac{\sqrt{x_0}}{px_0+1} + \frac{p+x_0}{p\sqrt{x_0}} \quad (ab=1)$$

设 $\dfrac{1}{pa+b} + \dfrac{1}{pb} + \dfrac{1}{a} = \dfrac{a}{pa^2+1} + \dfrac{a}{p} + \dfrac{1}{a} = f(a)$,则

$$f'(a) = \frac{1-pa^2}{(pa^2+1)} + \frac{1}{p} - \frac{1}{a^2} = 0$$

$$\Leftrightarrow p^2 a^6 + (p-p^3)a^4 + (1+p-2p^2)a^2 - p = 0$$

不难证明,这个方程的确只有一个正实根 $a_0 = \sqrt{x_0}$. 所以,$\min f(a) = f(\sqrt{x_0})$,从而,原不等式成立.

注 1. 如果 $p=1$,则 $x_0=1$,我们得到一个众所周知的不等式.

设 $a,b,c \geqslant 0$ 且 $ab+bc+ca=1$,证明

$$\frac{1}{a+b} + \frac{1}{b+c} + \frac{1}{c+a} \geqslant \frac{5}{2}$$

2. 容易估计下列表达式

$$p \leqslant x_0 \leqslant p + \frac{1}{2} \Rightarrow \sqrt{p} \leqslant a_0 \leqslant \sqrt{p+\frac{1}{2}}$$

$$\Rightarrow \frac{\sqrt{x_0}}{px_0+1} + \frac{p+x_0}{p\sqrt{x_0}} \geqslant \frac{\sqrt{p}}{p^2+\frac{1}{2}p+1} + \frac{2}{\sqrt{p}} = g(p)$$

对于 $p \geqslant 3$,有 $g(p) \geqslant \dfrac{3\sqrt{3}}{p+1}$,所以,我们得到下列不等式.

(1) 设 $a,b,c \geqslant 0$ 且 $ab+bc+ca=3$,对所有 $p \geqslant 3$,则

$$\frac{1}{pa+b} + \frac{1}{pb+c} + \frac{1}{pc+a} \geqslant \frac{3}{p+1}$$

这个不等式的一个直接推论是

(2) 设 $a,b,c \geqslant 0$,对所有 $p \geqslant 3$,则

$$\frac{1}{(pa+b)^2} + \frac{1}{(pb+c)^2} + \frac{1}{(pc+a)^2} \geqslant \frac{9}{(p+1)^2(ab+bc+ca)}$$

在下面的问题中,我们将证明这个不等式对于 $p \geqslant 2$ 也成立.

例 2.5.12(Pham Kim Hung, Volume I) 设 $a,b,c \geqslant 0$,对所有 $p \geqslant 2$,证明

$$\frac{1}{(pa+b)^2}+\frac{1}{(pb+c)^2}+\frac{1}{(pc+a)^2}\geqslant\frac{9}{(p+1)^2(ab+bc+ca)}$$

证明　不失一般性，设 $p\geqslant 1$，$c=\min\{a,b,c\}$，我们来证明

$$(p+1)^2\sum(pa+b)^2(pb+c)^2(ab+bc+ca)\geqslant 9(pa+b)^2(pb+c)^2(pc+a)^2$$

$$(1)$$

式(1) 两边求全导数，有

$$(p+1)^2(ab+bc+ca)\sum(pa+b)^2[(pb+c)+(pc+a)]+$$

$$(p+1)(a+b+c)\sum(pa+b)^2(pb+c)^2$$

$$\geqslant 9\sum(pa+b)^2(pb+c)^2(pc+a)$$

或

$$(p+1)^2(ab+bc+ca)\sum\left(\frac{pa+b}{pb+c}+\frac{pb+c}{pa+b}\right)+$$

$$\sum(pa+b)^2\left(\frac{pb+c}{pc+a}+\frac{pc+a}{pb+c}\right)$$

$$(2)$$

$$\geqslant 8\sum(pb+c)(pc+a)$$

注意到

$$6(p+1)^2\sum ab+2\sum(pa+b)^2-8\sum(pb+c)(pc+a)$$

$$=2(p^2-4p+1)\left(\sum a^2-\sum bc\right)$$

所以，式(2) 可以改写成

$$\sum[(pa+b)^2+(p+1)^2(ab+bc+ca)]\cdot\frac{[pb-(p-1)c-a]^2}{(pb+c)(pc+a)}$$

$$\geqslant 2(4p-p^2-1)\left(\sum a^2-\sum bc\right)$$

或

$$\sum[(pa+b)^3+(p+1)^2(ab+bc+ca)(pa+b)][pb-(p-1)c-a]^2$$

$$\geqslant 2(4p-p^2-1)\left(\sum a^2-\sum bc\right)(pa+b)(pb+c)(pc+a)$$

$$(3)$$

式(3) 两边求全导数，有

$$\sum[3(pa+b)^2+2(p+1)(pa+b)\sum a+$$

$$(p+1)^2\sum ab][pb-(p-1)c-a]^2$$

$$(4)$$

$$\geqslant 2(4p-p^2-1)\left(\sum a^2-\sum bc\right)\left[p\sum a^2+(p^2+p+1)\sum bc\right]$$

为了证明(4)，将其分成两小部分

$$(p+1)^2 \sum [pb-(p-1)c-a]^2$$

$$\geqslant 2(p^2-p+1)(4p-p^2-1) \sum (a-b)^2 \tag{5}$$

这可由

$$\sum [pb-(p-1)c-a]^2 = (2p^2-2p+1) \sum (a-b)^2$$

和(因为 $p \geqslant 2$)

$$(p+1)^2(2p^2-2p+1) \geqslant 2(p^2-p+1)(4p-p^2-1)$$

得出

$$2(p+1) \sum (pa+b) [pb-(p-1)c-a]^2$$

$$\geqslant 2(4p-4p^2-1) \sum a \cdot (\sum a^2 - \sum ab) \tag{6}$$

再求一次全导数,只需证明该不等式在 $\min\{a,b,c\}=c=0$ 的条件下成立即可. 此时,不等式变成

$$2(p+1)(p^2+p)(a^3+b^3)+2(p+1)ab^2[p^3+2p^2(p-1)+(p-1)^2]+$$
$$2a^2b(p+1)[-2p^2+p(p-1)^2-2p(p-1)]$$
$$\geqslant 2p(4p-p^2+1)(a^3+b^3)$$

这可由

$$pa^3 + ab^2[p^3+2p^2(p-1)+(p-1)^2] \geqslant 2p^2a^2b$$
$$\geqslant a^2b[2p^2-p(p-1)^2+2p(p-1)]$$

和

$$p^2(p+1)(a^3+b^3) \geqslant 2p(4p-p^2+1)(a^3+b^3)$$

得到.

从而,不等式(4)成立. 我们证明在 $\min\{a,b,c\}=c=0$ 的条件下,不等式 (3) 成立. 此时,不等式(3)变成

$$[(pa+b)^3+(p+1)^2ab(pa+b)](pb-a)^2+$$
$$[(pb)^3+(p+1)^2ab(pb)][(p-1)a+b]^2+$$
$$[a^3+(p+1)^2aba][pa-(p-1)b]^2$$
$$\geqslant 2(4p-p^2-1)ab(a^2+ab-b^2)(pa+b)$$

这可由下列不等式得到

$$(pa+b)(pb-a)^2+pb[(p-1)a+b]^2+a[pa-(p-1)b]^2$$
$$=(a^3+b^3)(p^2+p)+a^2b[-2p^2+1+p(p-1)^2-2p(p-1)]+$$
$$ab^2[-2p+p^3+2p^2(p-1)+1]$$
$$\geqslant p^2(a^3+b^3) \geqslant \frac{2p(4p-p^2-1)}{(p+1)^2}(a^3+b^3)$$

综上可知,只需在 $\min\{a,b,c\}=c=0$ 的条件下,证明原不等式成立即可. 此时,原不等式变成

$$\frac{1}{(pa+b)^2} + \frac{1}{p^2b^2} + \frac{1}{a^2} \geqslant \frac{9}{(p+1)^2ab}$$

这是显然成立的.事实上,注意到 $p \geqslant 2$,$\frac{1}{p^2b^2} + \frac{1}{a^2} \geqslant \frac{2}{pab} \geqslant \frac{9}{(p+1)^2ab}$.等号成立的条件是 $a=b=c$

注 若 $p=2$,得到一个非常优美、困难的不等式.

设 a,b,c 是非负实数,证明

$$\frac{1}{(2a+b)^2} + \frac{1}{(2b+c)^2} + \frac{1}{(2c+a)^2} \geqslant \frac{1}{ab+bc+ca}$$

在前面的例子中,我们提出了大量的使用全导数定理的不等式(是一个基本定理,陈述了当一个变量为 0 时,不等式为真,那么,只需证明求全导数之后的不等式成立即可).由于有下面的定理,全导数也有其他方面的许多应用.例如,它可以帮助我们证明著名的不等式

$$(a^2+b^2+c^2)^2 \geqslant 3(a^3b+b^3c+c^3a)$$

并且给出了一个优雅、漂亮的证明.

定理 8 设 $f(x_1,x_2,\cdots,x_n): \mathbf{R}^n \to \mathbf{R}$ 是一个光滑的函数,令 $f_0=f, f_k = [f_{k-1}](k \geqslant 1)$,则有下列恒等式

$$f(x_1+t, x_2+t, \cdots, x_n+t) = \sum_{k=0}^{\infty} \frac{f_k(x_1,x_2,\cdots,x_n)}{k!} t^k$$

证明 设 $g(t) = f(x_1+t, x_2+t, \cdots, x_n+t)$,则上面的恒等式正好是 Taylor 定理的推论.

定理 9[①] 设 $F(x_1,x_2,\cdots,x_n)$ 是一个 n 变量 $x_1,x_2,\cdots,x_n$ 的 4 次循环多项式,且满足,当 $x_1=x_2=\cdots=x_n$ 时,$F(x_1,x_2,\cdots,x_n)=0$,令 $F_0=F, F_1=[F_0], F_2=[F_1]$,则:

(1)不等式 $F \geqslant 0$,对所有实数 $x_1,x_2,\cdots,x_n$ 成立,当且仅当,对任意 $x_1, x_2,\cdots,x_{n-1} \geqslant 0$,有

$$F_0 \mid_{x_n=0} \geqslant 0, F_1^2 \mid_{x_n=0} \leqslant 2(F_0 F_2) \mid_{x_n=0}$$

(2)不等式 $F \geqslant 0$,对所有非负实数 $x_1,x_2,\cdots,x_n$ 成立,当且仅当对任意 $x_1,x_2,\cdots,x_{n-1} \geqslant 0$,下列两个条件至少有一个成立:

① $F_0 \mid_{x_n=0} \geqslant 0, F_1 \mid_{x_n=0} \geqslant 0, F_2 \mid_{x_n=0} \geqslant 0$;

② $F_0 \mid_{x_n=0} \geqslant 0, F_1^2 \mid_{x_n=0} \leqslant 2(F_0 F_2) \mid_{x_n=0}$.

证明 因为,当 $x_1=x_2=\cdots=x_n$ 时,$F(x_1,x_2,\cdots,x_n)=0$,所以,我们可以推出,当 $x_1=x_2=\cdots=x_n$ 时,$F_3=[F_2]=0, F_4=[F_3]=0$.不失一般性,设

---

① 这个定理,对 4 次循环不等式提出了一个充分必要条件.注意到,我们有大量的这类不等式,其成立的条件是不可想象的.更多详情,请参阅第一卷或后面的例子.

$x_n = \min\{x_1, x_2, \cdots, x_n\}$,对于 $i \in \{1, 2, \cdots, n\}$,令 $y_i = x_i - x_n \geqslant 0, t = x_n$,考察下列函数

$$F(x_1, x_2, \cdots, x_n) = F(y_1 + t, y_2 + t, \cdots, y_n + t) = g(t)$$

应用定理 8,我们有

$$g(t) = F_0 \mid_{x_n=0} + t F_1 \mid_{x_n=0} + \frac{t^2}{2} F_2 \mid_{x_n=0}$$

因此,我们很容易得到(1) 和(2).

下面我们给出上述定理的某些应用.可以想象,不借助于全导数,它们中的大多数是很不平凡的.

例 2.5.13(Vasile Cirtoaje,Crux) 设 a, b, c 是实数,证明:

(1) $(a^2 + b^2 + c^2)^2 \geqslant 3(a^3 b + b^3 c + c^3 a)$;

(2) $a^4 + b^4 + c^4 + ab^3 + bc^3 + ca^3 \geqslant 2(a^3 b + b^3 c + c^3 a)$.

证明 (1) 应用定理 9,令

$$F = F_0 = (a^2 + b^2 + c^2)^2 - 3(a^3 b + b^3 c + c^3 a)$$

容易计算

$$F_1 = [F_0] = \sum a^3 + 4 \sum ab^2 - 5 \sum a^2 b$$

$$F_2 = [F_1] = 2 \sum a^2 - 2 \sum ab$$

设

$$G_0 = F_0 \mid_{c=0} = (a^2 + b^2)^2 - 2a^3 b$$

$$G_1 = F_1 \mid_{c=0} = a^3 + 4ab^2 - 5a^2 b + b^3$$

$$G_2 = F_2 \mid_{c=0} = 2a^2 + 2b^2 - 2ab$$

根据定理 9,只需证明 $G_1^2 \leqslant 2G_0 G_2$,这是显然成立的,因为

$$2G_0 G_2 - G_1^2 = 2[(a^2 + b^2)^2 - 3a^3 b](2a^2 + 2b^2 - 2ab) - (a^3 + 4ab^2 - 5a^2 b + b^3)^2$$

$$= 3(b^3 - 2ab^2 - a^2 b + a^3)^2 \geqslant 0$$

同理可证(2) 是成立的.事实上,采用和(1) 相同的记号,我们有

$$F = F_0 = a^4 + b^4 + c^4 + ab^3 + bc^3 + ca^3 - 2(a^3 b + b^3 c + c^3 a)$$

$$G_0 = F_0 \mid_{c=0} = a^4 + b^4 + ab^3 - 2a^3 b$$

$$G_1 = F_1 \mid_{c=0} = 3a^3 + 3b^3 - 6a^2 b + 3ab^2$$

$$G_2 = F_2 \mid_{c=0} = 6a^2 - 6ab + 6b^2$$

因此

$$2G_0 G_2 - G_1^2 = 2(a^4 + b^4 + ab^3 - 2a^3 b)(6a^2 - 6ab + 6b^2) -$$
$$(3a^3 + 3b^3 - 6a^2 b + 3ab^2)^2$$
$$= 3(b^3 - 3ab^2 + a^3)^2 \geqslant 0$$

注意到,等号成立的条件除了平凡的情况 $a = b = c$ 之外,(1) 中不等式等号成立

的条件还有$(a,b,c)=\left(\sin^2\frac{4\pi}{7},\sin^2\frac{2\pi}{7},\sin^2\frac{2\pi}{7}\right)$;(2)中不等式等号成立的条件还有$(a,b,c)=(2\cos\frac{\pi}{9}+1,2\cos\frac{2\pi}{9},-1)$.

2.6 练 习

1.(China Northern Mathematical Olympiad)设a,b,c是某三角形的三边长,且$a+b+c=3$,求

$$a^2+b^2+c^2+\frac{4}{3}abc$$

的最小值.

2.(Pham Kim Hung,Mathlinks)设a,b,c是正实数,且满足$abc=1$,证明
$$a^3+b^3+c^3+9\geqslant 4(ab+bc+ca)$$

3.(Pham Kim Hung,Mathlinks)设a,b,c是非负实数,且满足$a+b+c=3$,证明
$$3(a^2+b^2+c^2)\geqslant 3+2(a^2b^2+b^2c^2+c^2a^2)$$

4.(Vasile Cirtoaje,Mathlinks)设a,b,c是非负实数,且满足$a^2+b^2+c^2=3$,证明
$$7(ab+bc+ca)\leqslant 12+9abc$$

5.设a,b,c是非负实数,且满足$ab+bc+ca=3$,对所有正数k,证明
$$a+b+c+kabc\geqslant \min\{3+k,2\sqrt{3}\}$$

6.(Vietnam TST 1991)设$a,b,c\in\mathbf{R}$,证明
$$(a+b)^4+(b+c)^4+(c+a)^4\geqslant \frac{4}{7}(a+b+c)^4$$

7.(Michael Rozenberg,Vasile Cirtoaje,Mathlinks)设a,b,c是正实数,且满足$abc=1$,证明
$$a^2+b^2+c^2+15(ab+bc+ca)\geqslant 16(a+b+c)$$

8.(Pham Sinh Tan,CPR)设a,b,c是实数,且满足$a^2+b^2+c^2=1$,证明
$$a^3+b^3+c^3+kabc\leqslant \max\left\{1,\frac{a+3}{3\sqrt{3}}\right\}$$

9.(Vasile Cirtoaje,Mathlinks)设a,b,c是正实数,且满足$abc=1$,证明
$$(a+b+c-3)(6-ab-bc-ca)\leqslant 1$$

10.(Pham Sinh Tan,Mathlinks)设a,b,c是非负实数,且满足$a+b+c=3$,证明

$$a^3b+b^3c+c^3a+a^2b^2+b^2c^2+c^2a^2+3abc \leqslant 12$$

11. (Pham Kim Hung,Sang Tao Bat Dang Thuc) 设 a,b,c 是正实数,且满足 $abc=1$,证明:

(1)$81(1+a^2)(1+b^2)(1+c^2) \leqslant 8(a+b+c)^4$;

(2)$64(1+a^3)(1+b^3)(1+c^3) \leqslant (a+b+c)^6$.

12. (Michael Rozenberg,Gabriel Dospinescu,Mathlinks) 设 a,b,c 是正实数,且满足 $abc=1$,证明

$$a^2+b^2+c^2+3$$
$$\geqslant a+b+c+ab+bc+ca+3\min\{(\sqrt{a}-\sqrt{b})^2,(\sqrt{b}-\sqrt{c})^2,(\sqrt{c}-\sqrt{a})^2\}$$

13. (Pham Kim Hung, Mathlinks) 设 x,y,z 是非负实数,且满足 $x+y+z=1$,证明

$$\frac{x-y}{\sqrt{x+y}}+\frac{y-z}{\sqrt{y+z}}+\frac{z-x}{\sqrt{z+x}} \leqslant \sqrt{\frac{21-17\sqrt{17}}{32}}$$

14. (Pham Kim Hung,Sang Tao Bat Dang Thuc) 设 a,b,c 是非负实数,且满足 $a+b+c=3$,证明

$$(a+b^2)(b+c^2)(c+a^2) \leqslant 13$$

15. (Pham Kim Hung, Mathlinks) 设 a,b,c 是非负实数,证明

$$\frac{a}{11a+9b+c}+\frac{b}{11b+9c+a}+\frac{c}{11c+9a+b} \leqslant \frac{1}{7}$$

16. 设 a,b,c 是非负实数,证明

$$\frac{a^2+b^2+c^2}{ab+bc+ca}+\frac{8abc}{(a+b)(b+c)(c+a)} \geqslant 2$$

17. (Pham Kim Hung, Mathlinks) 设 a,b,c 是正实数,证明

$$\frac{ab+bc+ca}{a^2+b^2+c^2}+\frac{(a+b)(b+c)(c+a)}{4\sqrt{2}abc} \geqslant 1+\sqrt{2}$$

18. 设 a,b,c 是非负实数,且满足 $a+b+c=1$,证明

$$\sqrt{\frac{1-a}{1+a}}+\sqrt{\frac{1-b}{1+b}}+\sqrt{\frac{1-c}{1+c}} \geqslant \frac{2\sqrt{3}+3}{3}$$

19. (Vo Thanh Van,Mathlinks) 求最好的正常数 k,满足下列不等式

$$(a+b+c)\left(\frac{1}{a}+\frac{1}{b}+\frac{1}{c}\right) \geqslant 9+\frac{k\cdot\max\{(a-b)^2,(b-c)^2,(c-a)^2\}}{(a+b+c)^2}$$

对所有正实数 a,b,c 都成立.

20. (Vo Quoc Ba Can,CPR) 设 a,b,c 是正实数,且满足 $ab+bc+ca=1$,证明

$$\frac{1}{\sqrt{1+(2a-b)^2}}+\frac{1}{\sqrt{1+(2b-c)^2}}+\frac{1}{\sqrt{1+(2c-a)^2}} \leqslant \frac{3\sqrt{3}}{2}$$

21. (Le Trung Kien,CPR)k 取何值时,下列不等式

$$k\left(\frac{a}{a+b}+\frac{b}{b+c}+\frac{c}{c+a}-\frac{3}{2}\right)\leqslant\frac{(a-b)^2+(b-c)^2+(c-a)^2}{ab+bc+ca}$$

对所有非负实数 a,b,c 都成立?

22. (Pham Kim Hung, Mathematics Reflection) 设 a,b,c 是正实数,且满足 $a+b+c=1$,证明

$$\frac{a}{\sqrt{a+2b}}+\frac{b}{\sqrt{b+2c}}+\frac{c}{\sqrt{c+2a}}\leqslant\sqrt{\frac{3}{2}}$$

23. (Vasile Cirtoaje, Algebraic Inequalities) 设 a,b,c 是正实数,且满足 $a+b+c=3$,证明

$$8\left(\frac{1}{a}+\frac{1}{b}+\frac{1}{c}\right)+9\geqslant10(a^2+b^2+c^2)$$

24. (Michael Rozenberg,Mathlinks) 设 a,b,c 是正实数,且满足 $abc=1$,证明

$$1+\frac{8}{a+b+c}\geqslant\frac{11}{ab+bc+ca}$$

25. (Pham Kim Hung, Vasile Cirtoaje, Mathematics Reflection) 设 a,b,c 是某三角形的三边长,证明

$$\frac{a}{b}+\frac{b}{c}+\frac{c}{a}-3\geqslant k\left(\frac{b}{a}+\frac{c}{b}+\frac{a}{c}-3\right)$$

其中 $k=1-\dfrac{2}{(2\sqrt{2}-1)\sqrt{5+4\sqrt{2}}+1}$,等号成立的条件是什么?

26. (Vo Quoc Ba Can,Pham Thanh Nam,CPR) 设 a,b,c 是非负实数,且满足 $a+b+c=1$,证明

$$\sqrt{a+\frac{1}{4}(b-c)^2}+\sqrt{b+\frac{1}{4}(c-a)^2}+\sqrt{c+\frac{1}{4}(a-b)^2}$$

$$\leqslant\sqrt{3}+\left(1-\frac{\sqrt{3}}{2}\right)(|a-b|+|b-c|+|c-a|)$$

27. (Pham Kim Hung,Le Trung Kien,Mathlinks) 设 a,b,c,d 是非负实数,证明

$$(a^2+a+1)(b^2+b+1)(c^2+c+1)(d^2+d+1)\leqslant81$$

28. (Le Trung Kien,CPR) 设 a,b,c,d 是非负实数,且满足 $a+b+c+d=4$,证明

$$2(\sqrt{a}+\sqrt{b}+\sqrt{c}+\sqrt{d})\geqslant4+abc+bcd+cda+dab$$

29. 设 a,b,c,d 是非负实数,且满足 $a+b+c+d=4$,证明

$$a^3+b^3+c^3+d^3+10(ab+bc+cd+da+ac+bd)\leqslant64$$

30. (Pham Kim Hung,Sang Tao Bat Dang Thuc) 设 a,b,c,d 是正实数, 且满足 $abcd=1$,证明:

(1) $(1+a^2)(1+b^2)(1+c^2)(1+d^2) \geqslant (a+b+c+d)^2 + 4\left(\dfrac{1}{a}+\dfrac{1}{b}+\dfrac{1}{c}+\dfrac{1}{d}-4\right)$;

(2) $(1+a^2)(1+b^2)(1+c^2)(1+d^2) \geqslant (a+b+c+d)^2 + 6(a+b+c+d-4)$.

31. (Pham Kim Hung, Mathlinks) 设 x,y,z,t 是正实数,且满足 $x+y+z+t=4$,证明

$$\frac{1}{x}+\frac{1}{y}+\frac{1}{z}+\frac{1}{t}+\frac{13}{\sqrt{x^2+y^2+z^2+t^2}} \geqslant \frac{21}{2}$$

32. (Pham Kim Hung, Mathlinks) 设 a,b,c,d 是正实数,且满足 $a+b+c+d=1$,证明

$$\frac{1}{a}+\frac{1}{b}+\frac{1}{c}+\frac{1}{d} \geqslant \frac{63}{2(1+47abcd)}$$

33. (Vasile Cirtoaje, Mathlinks) 设 a,b,c,d 是正实数,且满足 $a+b+c+d=1$,证明

$$(1-a)(1-b)(1-c)(1-d)\left(\frac{1}{a}+\frac{1}{b}+\frac{1}{c}+\frac{1}{d}\right) \geqslant \frac{81}{16}$$

34. (Bulgarian TST 2007 for Balkan MO) 设 $x_1,x_2,\cdots,x_n$ 是 $(0,1)$ 上的实数,满足 $(1-x_i)(1-x_j) \geqslant \dfrac{1}{4}$, $\forall\, 1 \leqslant i < j \leqslant n$,求最好的常数 C_n,满足

$$\sum_{i=1}^{n} x_i \geqslant C_n \sum_{1 \leqslant i < j \leqslant n} (2x_i x_j + \sqrt{x_i x_j})$$

35. (Pham Kim Hung, Mathlinks) 设 $a_1,a_2,\cdots,a_n$ 是非负实数,且其和为 3,证明

$$a_1 a_2(a_2+a_3)+a_2 a_3(a_3+a_4)+\cdots+a_{n-1}a_n(a_n+a_1)+a_n a_1(a_1+a_2) \leqslant 4$$

反证法

3.1　起　步

的确,你已经使用了反证法证明了许多代数的和几何的问题.但是,它似乎不能马上用于不等式的证明.然而,我现在将给你演示如何做这件事情.

在进入主要部分之前,我将介绍用反证法证明常见类型的不等式.

例 3.1.1　设 a,b,c 是非负实数,证明下面三个不等式中至少有一个成立

$$a(1-b) \leqslant \frac{1}{4}, b(1-c) \leqslant \frac{1}{4}, c(1-a) \leqslant \frac{1}{4}$$

证明及分析　我知道,这个问题对你来说非常简单.采用反证法,如果上面的不等式都不成立,则

$$a(1-b) \geqslant \frac{1}{4}, b(1-c) \geqslant \frac{1}{4}, c(1-a) \geqslant \frac{1}{4}$$

将它们相乘,有

$$abc(1-b)(1-c)(1-a) \geqslant \frac{1}{64}$$

这是不成立的,因为

$$a(1-a) \leqslant \frac{1}{4}, b(1-b) \leqslant \frac{1}{4}, c(1-c) \leqslant \frac{1}{4}$$

这个不等式可能足够你自己使用反证法热身之用,但它并不能代表我们确切的思想,这个思想体现在下一个问题中.

例 3.1.2 证明下面两个命题是等价的:

(1) 如果 $a,b,c \geqslant 0$,且 $a+b+c=3$,则 $a+b+c \geqslant ab+bc+ca$.

(2) 如果 $a,b,c \geqslant 0$,且 $a+b+c=ab+bc+ca$,则 $a+b+c \geqslant 3$.

证明及分析 这两个命题(1)和(2),单独证明是非常容易的,所以,它们是等价的.无论如何,我们可以证明 (1)⇒(2),(2)⇒(1)(这就是我们要说的思想).实际上假设(1)成立,我们来证明(2)成立.采用反证法,假设(2)对某些变量,不妨设为 a_1,b_1,c_1,不成立,则

$$a_1+b_1+c_1=a_1b_1+b_1c_1+c_1a_1 \quad a_1+b_1+c_1<3$$

由于 $a_1+b_1+c_1<3$,则一定存在一个实数 $t>1$,满足 $ta_1+tb_1+tc_1=3$,对于三个数 ta_1,tb_1,tc_1,利用(1),我们有

$$ta_1+tb_1+tc_1 \geqslant ta_1 \cdot tb_1+tb_1 \cdot tc_1+tc_1 \cdot ta_1$$
$$\Leftrightarrow a_1+b_1+c_1 \geqslant t(a_1b_1+b_1c_1+c_1a_1)$$

由于 $t>1$,我们得到

$$a_1+b_1+c_1>a_1b_1+b_1c_1+c_1a_1$$

这和假设 $a_1+b_1+c_1=a_1b_1+b_1c_1+c_1a_1$ 相矛盾,所以(2)成立.

假设(2)成立,我们来证明(1)成立.采用反证法,假设(1)对某些变量,不妨设为 a_1,b_1,c_1,不成立,则

$$a_1+b_1+c_1=3$$
$$a_1+b_1+c_1<a_1b_1+b_1c_1+c_1a_1$$

因为,$a_1+b_1+c_1<a_1b_1+b_1c_1+c_1a_1$,则一定存在一个实数 $r<1$,满足

$$ra_1+rb_1+rc_1=ra_1 \cdot rb_1+rb_1 \cdot rc_1+rc_1 \cdot ra_1 \Leftrightarrow r=\frac{a_1+b_1+c_1}{a_1b_1+b_1c_1+c_1a_1}$$

对三个数 ra_1,rb_1,rc_1 应用(2),有

$$ra_1+rb_1+rc_1 \geqslant 3$$

因为 $r<1$,所以

$$a_1+b_1+c_1 \geqslant \frac{3}{r}>3$$

这和假设 $a_1+b_1+c_1=3$ 相矛盾,所以,(1)成立.

命题(1)和(2)之间,有一个特殊的关系,这就是:一个命题的结论是另一个命题的题设,反之亦然.证明表明,其中每一个隐含着另一个.所以,我们要证明其中的一个,可以来证明另一个.这个方法,在下面的命题中产生了一个有趣的解答.

例 3.1.3 设 a,b,c 是非负实数,满足 $a^2+b^2+c^2+abc=4$,证明

$$a+b+c \leqslant 3$$

证明及分析　　题设条件 $a^2+b^2+c^2+abc=4$，似乎很难进行变换. 但不管怎样，我们可以证明这个命题的等价命题（这是我们已经熟悉的问题）：

如果 $a,b,c \geqslant 0$，且满足 $a+b+c=3$，则 $a^2+b^2+c^2+abc \geqslant 4$.

它们为什么等价呢？首先，我们来证明第二个问题蕴含着第一个问题. 实际上，假设第二个命题成立，即

如果 $a,b,c \geqslant 0$，且满足 $a+b+c=3$，则 $a^2+b^2+c^2+abc \geqslant 4$.

为了证明原命题，采用反证法. 假设存在三个数 a,b,c，满足

$$a,b,c \geqslant 0, a^2+b^2+c^2+abc=4, 则\ a+b+c>3$$

由于 $a+b+c>3$，则必定存在一个实数 $t<1$，满足 $ta+tb+tc=3$，应用第二个命题，我们有

$$(ta)^2+(tb)^2+(tc)^2+ta \cdot tb \cdot tc \geqslant 4$$

所以（因为 $t<1$），$a^2+b^2+c^2+abc>4$，这和假设相矛盾. 因此，我们就证明了第二个命题. 从而推出了第一个命题. 这第二个命题在例 2.1.2 中涉及了（整合变量的章节），所以，第一个命题也就证明了. 基于同样的原因，我们可以证明第一个命题蕴含着第二个命题，因此两个命题是等价的.

有的时候，并不能像前一个命题那样，得到两个等价的不等式. 下面就是这样一个例子.

例 3.1.4　　设 a,b,c 是正实数，其积为 1，使用熟悉的不等式

$$(x+y-z)(y+z-x)(z+x-y) \leqslant xyz \quad (x,y,z \geqslant 0)$$

来证明

$$\frac{1}{2+a}+\frac{1}{2+b}+\frac{1}{2+c} \leqslant 1$$

证明及分析　　采用反证法. 假设有三个正实数 a,b,c，满足 $abc=1$，而

$$\frac{1}{2+a}+\frac{1}{2+b}+\frac{1}{2+c} > 1$$

显然，必定存在一个实数 $t>1$，满足

$$\frac{1}{2+ta}+\frac{1}{2+tb}+\frac{1}{2+tc}=1$$

设 x,y,z 分别表示上述不等式左边的三个项，则

$$\frac{1}{2+ta}=\frac{x}{x+y+z} \Rightarrow ta=\frac{y+z-x}{x}$$

同理

$$tb=\frac{z+x-y}{y}, tc=\frac{x+y-z}{z}$$

由于 $t>1, abc=1$，则有，$ta \cdot tb \cdot tc > 1$，即

$$\frac{y+z-x}{x} \cdot \frac{z+x-y}{y} \cdot \frac{x+y-z}{z} > 1$$

$$\Leftrightarrow (x+y-z)(y+z-x)(z+x-y) > xyz$$

这和我们熟悉的不等式相矛盾,因此,我们就证明了原不等式.

上面涉及的反证法摆在我们的面前:我们探讨某些等价的属性和某些容易的问题.下面的例子演示了反证法明显的有效性,或许能给你更多的联想.

例 3.1.5 设 a,b,c 是非负实数,且满足 $a+b+c=3$,证明

$$\sqrt{\frac{a}{1+2b}}+\sqrt{\frac{b}{1+2c}}+\sqrt{\frac{c}{1+2a}}\geqslant\sqrt{3}$$

证明及分析 通过变换这个不等式,不仅可以除去平方根式,而且还可以把循环不等式转换成对称不等式.事实上,设

$$x=\sqrt{\frac{a}{1+2b}},y=\sqrt{\frac{b}{1+2c}},z=\sqrt{\frac{c}{1+2a}}$$

我们来证明

$$x+y+z\geqslant\sqrt{3}$$

三个新变量 x,y,z,由下列方程组来定义

$$\begin{cases} x^2(1+2b)=a \\ y^2(1+2c)=b \\ z^2(1+2a)=c \end{cases}$$

解这个方程组,我们有

$$\begin{cases} a=\dfrac{x^2(1+2y^2+4y^2z^2)}{1-8z^2x^2y^2} \\ b=\dfrac{y^2(1+2z^2+4z^2x^2)}{1-8z^2x^2y^2} \\ c=\dfrac{z^2(1+2x^2+4y^2x^2)}{1-8z^2x^2y^2} \end{cases}$$

根据假设,我们有

$$\sum a=3$$
$$\Rightarrow \sum x^2(1+2y^2+4y^2z^2)=3(1-8x^2y^2z^2)$$
$$\Rightarrow \sum x^2+2\sum x^2y^2+36x^2y^2z^2=3 \qquad\qquad (*)$$

我们需要在条件($*$)下,来证明 $x+y+z\geqslant\sqrt{3}$.这个方程的形式和例3.1.3非常相似.促使我们想到了反证法.

显然,根据反证法,只需证明反转不等式,如果 $x,y,z\geqslant0$,且满足 $x+y+z=\sqrt{3}$,则

$$\sum x^2+2\sum x^2y^2+36x^2y^2z^2\leqslant3$$

令 $m=\sqrt{3}\,x,n=\sqrt{3}\,y,p=\sqrt{3}\,z$,则 $m+n+p=3$,我们来证明

$$3\sum m^2+2\sum m^2n^2+12m^2n^2p^2\leqslant27$$

注意到 $mn+np+pm\leqslant3,mnp\leqslant1$,所以

$$3\sum m^2 + 2\sum m^2 n^2 + 12m^2 n^2 p^2 - 3(m+n+p)^2$$

$$= 2\sum m^2 n^2 + 12m^2 n^2 p^2 - 6\sum mn$$

$$= 2(mn+np+pm)^2 - 6(mn+np+pm) - 12mnp + 12m^2 n^2 p^2 \leqslant 0$$

反转不等式得证. 从而,原不等式成立. 等号成立的条件是(原不等式)$a=b=c$ 或 $a=3, b=c=0$ 或其轮换.

上面的不等式是反证法在消去平方根方面的一个代表. 这个方法广泛地应用于证明三元不等式. 接下来,我们来看看,反证法对 n 元不等式的优势.

例 3.1.6(Romania TST 1998) 设 $a_1, a_2, \cdots, a_n$ 正实数,其积为 1,证明

$$\frac{1}{n-1+a_1} + \frac{1}{n-1+a_2} + \cdots \frac{1}{n-1+a_n} \leqslant 1$$

证明及分析 很明显,我们只需证明

$$x_1 + x_2 + \cdots + x_n \leqslant 1$$

其中 $x_i = \dfrac{1}{n-1+a_i}, i \in \{1, 2, \cdots, n\}$. 题设条件 $a_1 a_2 \cdots a_n = 1$ 变成

$$\left(\frac{1}{x_1} - n + 1\right)\left(\frac{1}{x_2} - n + 1\right) \cdots \left(\frac{1}{x_n} - n + 1\right) = 1$$

采用反证法. 假设 $x_1 + x_2 + \cdots + x_n > 1$. 我们来寻找和题设 $a_1 a_2 \cdots a_n = 1$ 的某些矛盾之处. 如果 $x_1 + x_2 + \cdots + x_n > 1$,我们可以减少 x_i 到 $tx_i (i \in \{1, 2, \cdots, n\}, t$ 是正实数),满足

$$tx_1 + tx_2 + \cdots + tx_n = 1 \quad (t < 1)$$

令 $c_i = tx_i, i \in \{1, 2, \cdots, n\}$,则 $c_1 + c_2 + \cdots + c_n = 1$,且

$$\left(\frac{1}{c_1} - n + 1\right)\left(\frac{1}{c_2} - n + 1\right) \cdots \left(\frac{1}{c_n} - n + 1\right) > 1$$

不管怎样,我们将证明(由下面的引理可知),这是不可能的.

引理 1 设 $x_1, x_2, \cdots, x_n$ 是正实数,满足 $x_1 + x_2 + \cdots + x_n = 1, 0 < x_i \leqslant \dfrac{1}{n-1}, \forall i \in \{1, 2, \cdots, n\}$,则

$$\left(\frac{1}{x_1} - n + 1\right)\left(\frac{1}{x_2} - n + 1\right) \cdots \left(\frac{1}{x_n} - n + 1\right) \leqslant 1$$

证明 不等式等价于

$$[1-(n-1)x_1][1-(n-1)x_2] \cdots [1-(n-1)x_n] \leqslant x_1 x_2 \cdots x_n$$

对 $n-1$ 个数,应用 AM-GM 不等式,我们有

$$\prod_{j \neq i}[1-(n-1)x_j] \leqslant \left\{\frac{\sum\limits_{j \neq i}[1-(n-1)x_j]}{n-1}\right\}^{n-1} = x_i^{n-1}$$

令 $i = 1, 2, \cdots, n$,这些不等式相乘,有

$$\prod_{i=1}^{n}\prod_{j\neq i}[1-(n-1)x_j] \leqslant \prod_{i=1}^{n}x_i^{n-1}$$

$$\Leftrightarrow \prod_{i=1}^{n}[1-(n-1)x_i]^{n-1} \leqslant \prod_{i=1}^{n}x_i^{n-1}$$

$$\Leftrightarrow \prod_{i=1}^{n}[1-(n-1)x_i] \leqslant \prod_{i=1}^{n}x_i$$

引理得证(这其中蕴含着原不等式).

这个问题,采用反证法的另一个证法如下.

事实上,不难证明,原不等式等价于下列问题(以引理的形式给出).

引理 2　设 $a_1, a_2, \cdots, a_n$ 是正实数,如果

$$\frac{1}{n-1+a_1}+\frac{1}{n-1+a_2}+\cdots+\frac{1}{n-1+a_n}=1$$

则

$$a_1 a_2 \cdots a_n \leqslant 1$$

证明　令 $b_i=\dfrac{n-1}{a_i}, i \in \{1,2,\cdots,n\}$,则

$$\sum_{i=1}^{n}\frac{1}{n-1+\dfrac{n-1}{a_i}}=1 \Rightarrow \sum_{i=1}^{n}\frac{b_i}{1+b_i}=n-1 \Rightarrow \sum_{i=1}^{n}\frac{1}{1+b_i}=1$$

应用 AM - GM 不等式,我们有

$$\frac{b_i}{1+b_i}=\sum_{j=1,j\neq i}^{n}\frac{1}{1+b_j} \geqslant (n-1)\sqrt[n-1]{\frac{1}{\prod_{j=1,j\neq i}^{n}(1+b_j)}}$$

$$\Rightarrow \prod_{i=1}^{n}b_i \geqslant (n-1)^{n-1} \Rightarrow \prod_{i=1}^{n}a_i \leqslant 1$$

所以

$$\prod_{i=1}^{n}\frac{b_i}{1+b_i} \geqslant (n-1)^{n-1}\prod_{i=1}^{n}\sqrt[n-1]{\frac{1}{\prod_{j=1,j\neq i}^{n}(1+b_j)}}=(n-1)^{n-1}\prod_{i=1}^{n}\frac{1}{1+b_i}$$

引理 2 得证,从而原不等式得证.

3.2　循序渐进

前一节,基本上是反证法画卷的一个粗略的描绘.在这一节,我们将循序渐进地描述其理论和用法,我们称由反证法得到的不等式为反转不等式.有时,我们无法区分原不等式与反转不等式.虽然,它们实际上是等价的.这个事实在下

面的例子中会体现出来.

例 3.2.1(Vasile Cirtoaje, Old and New Inequalities) 设 a,b,c,d 是正实数,满足 $a^2+b^2+c^2+d^2=1$,证明

$$(1-a)(1-b)(1-c)(1-d) \geqslant abcd$$

证明及分析 事实上,不等式与下面的著名的不等式是等价的,给定正实数 a,b,c,d,且 $abcd=1$,则

$$\frac{1}{(1+a)^2}+\frac{1}{(1+b)^2}+\frac{1}{(1+c)^2}+\frac{1}{(1+d)^2} \geqslant 1 \qquad (*)$$

实际上,对 $(*)$ 不等式,使用反证法,我们推出,如果四个正实数 x,y,z,t 满足 $\frac{1}{(1+x)^2}+\frac{1}{(1+y)^2}+\frac{1}{(1+z)^2}+\frac{1}{(1+t)^2}=1$,则 $xyzt \leqslant 1$.

令 $a=\dfrac{1}{1+x}, b=\dfrac{1}{1+y}, c=\dfrac{1}{1+z}, d=\dfrac{1}{1+t}$,则有

$$x=\frac{1}{a}-1, y=\frac{1}{b}-1, z=\frac{1}{c}-1, t=\frac{1}{d}-1$$

所以

$$\left(\frac{1}{a}-1\right)\left(\frac{1}{b}-1\right)\left(\frac{1}{c}-1\right)\left(\frac{1}{d}-1\right) \geqslant 1$$

这就意味着,$(1-a)(1-b)(1-c)(1-d) \geqslant abcd$.

类似地,由不等式 $(*)$,我们立即推出原不等式,所以,它们是等价的,这也是我们所期望的.

这非常令人惊奇,不是吗?两个问题,貌似出现分离,实则一致. 我们如何来理解这种巧合呢?为回答这个问题,我们必须给出从原不等式构造反转不等式的定义方式.

我们知道,反证法的核心是假设与结论之间的交换. 但是,决定假设和结论是首要的和非常简单的步骤,为构造反转不等式,我们必须在反转不等式中放置一个适当的不等符号($\geqslant, \leqslant$),这是主要的步骤,更多的细节问题,我们来看看下面的例子.

例 3.2.2(Pham Kim Hung, Mathlinks) 设 a,b,c 是正实数,且满足 $ab+bc+ca=3$,证明

$$\sqrt{a+3}+\sqrt{b+3}+\sqrt{c+3} \geqslant 6$$

证明及分析 第一步,我们必须确定不等式的结论和假设. 当然,原不等式的假设是 $ab+bc+ca=3$,结论是 $\sqrt{a+3}+\sqrt{b+3}+\sqrt{c+3} \geqslant 6$. 余下的条件"$a,b,c$ 是正实数"是一样的. 所以,反转不等式应具有如下的形式:

设 a,b,c 是正实数,且满足 $\sqrt{a+3}+\sqrt{b+3}+\sqrt{c+3}=6$,证明

$$ab+bc+ca \ \square \ 3$$

在这个形式中,我们不能马上知道方框里到底是什么符号(这个符号必须是 $\geqslant$ 或 $\leqslant$).第二步,我们不得不分析数据以找到这个符号.当然,我们得承认原不等式和反转不等式都是成立的,从原不等式开始,如果我们减少 a,b,c 到 a',b',c',满足 $\sqrt{a'+3}+\sqrt{b'+3}+\sqrt{c'+3}=6$(对减少的变量成立),则我们必定有,$a'b'+b'c'+c'a' \leqslant ab+bc+ca=3$,这样就得到了在 $\square$ 中放置的符号必须是"$\leqslant$",即

设 a,b,c 是正实数,且满足 $\sqrt{a+3}+\sqrt{b+3}+\sqrt{c+3}=6$,证明
$$ab+bc+ca \leqslant 3$$

在最后一步,我们要证明上面得到的反转不等式,令 $x=\sqrt{a+3}$,$y=\sqrt{b+3}$,$z=\sqrt{c+3}$(可以消去根号),则
$$x+y+z=6$$
另外,$a=x^2-3$,$b=y^2-3$,$c=z^2-3$,所以不等式变成
$$(x^2-3)(y^2-3)+(y^2-3)(z^2-3)+(z^2-3)(x^2-3) \leqslant 3$$
$$\Leftrightarrow x^2y^2+y^2z^2+z^2x^2+24 \leqslant 6(x^2+y^2+z^2)$$

事实上,这最后的不等式用 SOS 方法和整合变量法都是可行的方法,请自己完成吧!

例 3.2.3(Gabriel Dospinescu,Mathlinks) 设 $a_1,a_2,\cdots,a_n$ 是小于 n^2+1 的正实数,满足 $a_1+a_2+\cdots+a_n=n^3$,证明
$$\sqrt{\frac{n^2+1}{a_1}-1}+\sqrt{\frac{n^2+1}{a_2}-1}+\cdots+\sqrt{\frac{n^2+1}{a_n}-1} \leqslant 1$$

证明与分析 第一步,确定结论和假设,交换它们构造反转不等式(这是非常容易的).接下来,我们构造反转不等式的形式如下:

设 $a_1,a_2,\cdots,a_n$ 是小于 n^2+1 的正实数,满足
$$\sqrt{\frac{n^2+1}{a_1}-1}+\sqrt{\frac{n^2+1}{a_2}-1}+\cdots+\sqrt{\frac{n^2+1}{a_n}-1}=1$$
证明不等式
$$a_1+a_2+\cdots+a_n \square n^3$$

第二步,需要我们在 $\square$ 中填充适当的符号.考察原不等式的形式,我们有

如果 $a_1,a_2,\cdots,a_n$ 的和是 n^3,则可以减少它们得到新的变元组 $a_1',a_2',\cdots,a_n'$,满足
$$\sqrt{\frac{n^2+1}{a_1'}-1}+\sqrt{\frac{n^2+1}{a_2'}-1}+\cdots+\sqrt{\frac{n^2+1}{a_n'}-1}=1$$
在这个条件下,我们得到
$$a_1'+a_2'+\cdots+a_n' \leqslant a_1+a_2+\cdots+a_n=n^3$$
所以,在 $\square$ 中适当的符号必定是"$\leqslant$".我们来证明下面的不等式.

设 $a_1, a_2, \cdots, a_n$ 是小于 n^2+1 的正实数,满足

$$\sqrt{\frac{n^2+1}{a_1}-1}+\sqrt{\frac{n^2+1}{a_2}-1}+\cdots+\sqrt{\frac{n^2+1}{a_n}-1}=1$$

证明不等式 $a_1+a_2+\cdots+a_n \leqslant n^3$.

最后一步是证明上面的不等式.采用下列变换(可以消去根号)

$$x_i=\sqrt{\frac{n^2+1}{a_i}-1} \Rightarrow a_i=\frac{n^2+1}{x_i^2+1} \quad i \in \{1,2,\cdots,n\}$$

假设条件变成 $x_1+x_2+\cdots+x_n=1$,反转不等式变成

$$\sum_{i=1}^{n} \frac{n^2+1}{x_i^2+1} \leqslant n^3 \Leftrightarrow \sum_{i=1}^{n} \frac{1}{x_i^2+1} \leqslant \frac{n^3}{n^2+1}$$

这个不等式的证明是很明显的,函数 $f(x)=\dfrac{1}{1+x^2}$ 的二阶导数是 $f''(x)=$ $\dfrac{2(3x^2-1)}{(x^2+1)^3}$,所以,$f(x)$ 在区间 $\left[0,\dfrac{1}{\sqrt{3}}\right]$ 上是凸函数.如果 $x_1,x_2,\cdots,x_n \in$ $\left[0,\dfrac{1}{\sqrt{3}}\right]$,由 Jensen 不等式,我们有

$$\sum_{i=1}^{n} \frac{1}{x_i^2+1}=\sum_{i=1}^{n} f(x_i) \leqslant nf\left(\frac{1}{n}\right)=\frac{n^3}{n^2+1}$$

如果存在一个数且仅一个数,不妨设为 x_1,满足 $x_1 \geqslant \dfrac{1}{\sqrt{3}}$,则

$$f(x_1)+f(x_2)+\cdots+f(x_n) \geqslant f\left(\frac{1}{\sqrt{3}}\right)+(n-1)f(0)=n-\frac{1}{4}$$

当 $n \geqslant 4$ 时,$n-\dfrac{1}{4} \leqslant \dfrac{n^3}{n^2+1}$,从而不等式成立. 所以,余下的只需证明 $n=3$ 的情况.我们来证明,如果 $a,b,c \geqslant 0, a+b+c=1$,则

$$\frac{1}{1+a^2}+\frac{1}{1+b^2}+\frac{1}{1+c^2} \leqslant \frac{27}{10}$$

这可采用第一卷中介绍的对称分离方法得到证明.注意到

$$\frac{1}{1+a^2} \leqslant \frac{9}{10}+\frac{9}{5}(1-3a) \Rightarrow \sum \frac{1}{1+a^2} \leqslant \frac{27}{10}+\frac{9}{5}\sum(1-3a)=\frac{27}{10}$$

不等式得证.等号成立的条件是 $a_1=a_2=\cdots=a_n=\dfrac{1}{n}$.

反证法的主要思想是通过反转不等式的证明,得到原不等式(它们是等价的)的证明.反转不等式比原不等式要简单得多,我们可以使用常规方法来处理它.

例 3.2.4(Pham Kim Hung,Mathlinks) 求最好的正常数 k,满足下列不等式

$$\frac{1}{2+a^k}+\frac{1}{2+b^k}+\frac{1}{2+c^k}\geqslant 1$$

对所有非负实数 a,b,c,且 $a+b+c=3$ 成立.

证明及分析 反转不等式应具有如下形式:

设 a,b,c 是正实数,求最好的正常数 k 满足,如果

$$\frac{1}{2+a^k}+\frac{1}{2+b^k}+\frac{1}{2+c^k}=1$$

则不等式 $a+b+c\square 3$ 成立.

由于原不等式是 $\frac{1}{2+a^k}+\frac{1}{2+b^k}+\frac{1}{2+c^k}\geqslant 1$,所以,我们可以增加 a,b,c 使

其等号成立. 这个情况表明(因为 a,b,c 是增加的),在 $\square$ 中的符号必定是"$\geqslant$".

第二步,来证明我们刚刚构造的反转不等式.

设 $\frac{x}{x+y+z}=\frac{1}{2+a^k},\frac{y}{x+y+z}=\frac{1}{2+b^k},\frac{z}{x+y+z}=\frac{1}{2+c^k},r=\frac{1}{k}$,则

$$a^k=\frac{y+z-x}{x},b^k=\frac{z+x-y}{y},c^k=\frac{x+y-z}{z}$$

$$\Rightarrow a=\left(\frac{y+z-x}{x}\right)^r,b=\left(\frac{z+x-y}{y}\right)^r,c=\left(\frac{x+y-z}{z}\right)^r$$

设 $m=y+z-x,n=z+x-y,p=x+y-z(m,n,p\geqslant 0)$,则

$$a=\left(\frac{2m}{n+p}\right)^r,b=\left(\frac{2n}{p+m}\right)^r,c=\left(\frac{2p}{m+n}\right)^r$$

我们要找到最好的正实数常数 k 满足

$$\left(\frac{2m}{n+p}\right)^r+\left(\frac{2n}{p+m}\right)^r+\left(\frac{2p}{m+n}\right)^r\geqslant 3$$

这正是例 6.4.1 中的结论(在第 6 章,用整合变量法证明的),即

$$\left(\frac{2m}{n+p}\right)^r+\left(\frac{2n}{p+m}\right)^r+\left(\frac{2p}{m+n}\right)^r\geqslant \min\{3,2^{1+r}\}$$

所以,正实数 $k=\frac{1}{r}$ 必定满足

$$3\leqslant 2^{1+r}\Leftrightarrow k(\ln 3-\ln 2)\leqslant \ln 2\Leftrightarrow k\leqslant \frac{\ln 2}{\ln 3-\ln 2}\approx 1.709\ 511\ 290$$

对于特殊的 k,我们得到了若干非常优美的不等式. 令 $k=\frac{3}{2}$,得到不等式

(这个不等式在第一卷出现过)如下:

(1) 设 a,b,c 是非负实数,且满足 $a^2+b^2+c^2=3$,则

$$\frac{1}{2+a^3}+\frac{1}{2+b^3}+\frac{1}{2+c^3}\geqslant 1$$

令 $k=\frac{5}{3}$,产生下列一个困难的不等式.

(2) 设 a,b,c 是非负实数,且满足 $a^3+b^3+c^3=3$,则

$$\frac{1}{2+a^5}+\frac{1}{2+b^5}+\frac{1}{2+c^5}\geqslant 1$$

3.3　典型应用

前面部分例子详细解答之后,你应该明白如何正确地、有效地使用反证法.下面的问题将会迎刃而解,而不必像前面那样谨小慎微.

例 3.3.1(Zhao Bin,Mathlinks)　设 x,y,z 是正实数,且 $x+y+z=1$,证明

$$\left(\frac{1}{\sqrt{x}}-1\right)\left(\frac{1}{\sqrt{y}}-1\right)\left(\frac{1}{\sqrt{z}}-1\right)\geqslant(\sqrt{3}-1)^3$$

证明　我们给出反转不等式的证明.

给定正实数 a,b,c,满足 $abc=(\sqrt{3}-1)^3$,则

$$\frac{1}{(1+a)^2}+\frac{1}{(1+b)^2}+\frac{1}{(1+c)^2}\geqslant 1$$

事实上,令 $k=(\sqrt{3}-1)$,$a=\dfrac{knp}{m^2}$,$b=\dfrac{kpm}{n^2}$,$c=\dfrac{kmn}{p^2}$,则不等式变成

$$\sum\frac{1}{\left(1+\frac{knp}{m^2}\right)^2}\geqslant 1\Leftrightarrow\sum\frac{m^4}{(m^2+knp)^2}\geqslant 1$$

由 Cauchy-Schwarz 不等式,我们有

$$\sum\frac{m^4}{(m^2+knp)^2}\geqslant\frac{(m^2+n^2+p^2)^2}{\sum(m^2+knp)^2}$$

余下只需证明

$$(m^2+n^2+p^2)^2\geqslant\sum(m^2+knp)^2\Leftrightarrow(2-k^2)\sum m^2n^2\geqslant 2k\sum m^2np$$

这是显然成立的,因为 $2-k^2=2-(\sqrt{3}-1)^2=2\sqrt{3}-2=2k$. 于是,不等式成立,等号成立的条件是 $m=n=p$ 或者 $a=b=c=\sqrt{3}-1$.

注　使用同样的方法,我们可以证明这个不等式的一般情况,是由 Vasile Cirtoaje 提出的,如下:

设 $x_1,x_2,\cdots,x_n$ 是正实数,且其和为 1,证明

$$\left(\frac{1}{\sqrt{x_1}}-1\right)\left(\frac{1}{\sqrt{x_2}}-1\right)\cdots\left(\frac{1}{\sqrt{x_n}}-1\right)\geqslant(\sqrt{n}-1)^n$$

例 3.3.2(Pham Kim Hung,Mathlinks)　设 x,y,z 是某三角形的三边

长,且满足 $\frac{1}{x}+\frac{1}{y}+\frac{1}{z}=3$,求下列表达式

$$p=\sqrt{x+y-z}+\sqrt{y+z-x}+\sqrt{z+x-y}$$

的最小值.

解 设 $a=\sqrt{y+z-x}$, $b=\sqrt{z+x-y}$, $c=\sqrt{x+y-z}$,则

$$2x=b^2+c^2, 2y=c^2+a^2, 2z=a^2+b^2,$$

题设条件变成

$$\frac{2}{b^2+c^2}+\frac{2}{c^2+a^2}+\frac{2}{a^2+b^2}=3$$

另外,$p=a+b+c$.为求出 p 的最小值,我们考虑其反转问题.

假设 $a+b+c=1$,求下列表达式的最小值

$$\frac{1}{b^2+c^2}+\frac{1}{c^2+a^2}+\frac{1}{a^2+b^2}$$

这个问题使我们想到了下列结果

$$\frac{1}{b^2+c^2}+\frac{1}{c^2+a^2}+\frac{1}{a^2+b^2}\geqslant\frac{10}{(a+b+c)^2}$$

所以,如果 $\frac{2}{b^2+c^2}+\frac{2}{c^2+a^2}+\frac{2}{a^2+b^2}=3$,则我们有

$$\frac{3}{2}\geqslant\frac{10}{(a+b+c)^2}\Leftrightarrow a+b+c\geqslant2\sqrt{\frac{5}{3}}$$

例 3.3.3 设 a,b,c 是正实数,且满足 $a^2+b^2+c^2=3$,证明

$$(3-ab)(3-bc)(3-ca)\geqslant8$$

证明 我们只需证明,如果 $a,b,c\geqslant0$,且 $(3-ab)(3-bc)(3-ca)=8$,则

$$a^2+b^2+c^2\geqslant3$$

令 $x=3-ab$, $y=3-bc$, $z=3-ca$,则有

$$xyz=8$$

$$a^2+b^2+c^2=\frac{(3-x)(3-y)}{3-z}+\frac{(3-y)(3-z)}{3-x}+\frac{(3-z)(3-x)}{3-y}$$

由 AM-GM 不等式,易证

$$\sum\frac{(3-x)(3-y)}{3-z}\geqslant\sqrt{3\sum(3-x)^2}$$

所以,为证明 $a^2+b^2+c^2\geqslant3$,只需证明

$$\sum(3-x)^2\geqslant3\Leftrightarrow\sum x^2+24\geqslant6\sum x$$

设 $$f(x,y,z)=\sum x^2-6\sum x+24$$

不失一般性,假设 $x\geqslant y\geqslant z$,由于 $xyz=8$,由此可见,$xy\geqslant4$,所以

$$f(x,y,z)-f(\sqrt{xy},\sqrt{xy},z)=(x-y)^2-6(\sqrt{x}-\sqrt{y})^2$$

$$= (\sqrt{x} - \sqrt{y})^2 [(\sqrt{x} + \sqrt{y})^2 - 6] \geqslant 0$$

令 $t = \dfrac{\sqrt{xy}}{2}$，则 $z = \dfrac{8}{xy} = \dfrac{8}{4t^2} = \dfrac{2}{t^2}$，我们有

$$f(\sqrt{xy}, \sqrt{xy}, z) = f\left(2t, 2t, \frac{2}{t^2}\right) = 8t^2 + \frac{4}{t^4} - 24t - \frac{12}{t^2} + 24$$

$$= \frac{4(2t^4 - 2t^3 + 2t + 1)(t-1)^2}{t^4} \geqslant 0$$

所以，$f(x,y,z) \geqslant 0$，不等式得证. 等号成立的条件是 $a = b = c = 1$.

例 3.3.4(IMO 2001)　设 x,y,z 是正实数，证明

$$\frac{x}{\sqrt{x^2 + 8yz}} + \frac{y}{\sqrt{y^2 + 8zx}} + \frac{z}{\sqrt{z^2 + 8xy}} \geqslant 1$$

证明　很明显，不等式等价于

$$\frac{1}{\sqrt{1 + 8a}} + \frac{1}{\sqrt{1 + 8b}} + \frac{1}{\sqrt{1 + 8c}} \geqslant 1$$

其中，$a = \dfrac{yz}{x^2}, b = \dfrac{zx}{y^2}, c = \dfrac{xy}{z^2}$，且 $abc = 1$，采用反证法来证明.

下面，我们来证明 n 个变量一般形式的不等式.

设 $a_1, a_2, \cdots, a_n$ 是正实数，且 $a_1 a_2 \cdots a_n = 1$，证明

$$\frac{1}{\sqrt{1 + (n^2 - 1)a_1}} + \frac{1}{\sqrt{1 + (n^2 - 1)a_2}} + \cdots + \frac{1}{\sqrt{1 + (n^2 - 1)a_n}} \geqslant 1$$

事实上，对于 $i \in \{1, 2, \cdots, n\}$，设

$$x_i = \frac{1}{\sqrt{1 + (n^2 - 1)a_i}}$$

采用反证法. 假设 $x_1 + x_2 + \cdots + x_n = 1$，我们来证明 $a_1 a_2 \cdots a_n \geqslant 1$.

事实上，设 $P = x_1 x_2 \cdots x_n$，对于每一个 $i \in \{1, 2, \cdots, n\}$，有

$$a_i = \left(\frac{1}{x_i^2} - 1\right) \cdot \frac{1}{n^2 - 1} = \frac{1 - x_i^2}{(n^2 - 1)x_i^2} \Rightarrow \prod_{i=1}^{n}(1 - x_i^2) = (n^2 - 1)^n P^2 \prod_{i=1}^{n} a_i$$

$$\tag{1}$$

因为 $\sum_{i=1}^{n} x_i = 1$，由 AM - GM 不等式，我们有

$$1 - x_j = -x_j + \sum_{i=1}^{n} x_i \geqslant (n-1) \sqrt[n-1]{\frac{P}{x_j}}$$

$$1 + x_j = x_j + \sum_{i=1}^{n} x_i \geqslant (n+1) \sqrt[n+1]{P x_j}$$

令 $j = 1, 2, \cdots, n$，并相乘这些不等式，我们有

$$\prod_{i=1}^{n}(1 - x_i^2) \geqslant (n^2 - 1)^n P^2 \tag{2}$$

根据(1)和(2),我们得到

$$(n^2-1)^n P^2 \prod_{i=1}^n a_i \geqslant (n^2-1)^n P^2 \Rightarrow \prod_{i=1}^n a_i \geqslant 1$$

于是,不等式得证,等号成立的条件是 $a_1 = a_2 = \cdots = a_n = 1$.

例 3.3.5(Vasile Cirtoaje, Crux) 设 a, b, c 是非负实数,证明

$$\sqrt{1+\frac{48a}{b+c}}+\sqrt{1+\frac{48b}{c+a}}+\sqrt{1+\frac{48c}{a+b}} \geqslant 15$$

证明 设 $x=\sqrt{1+\frac{48a}{b+c}}, y=\sqrt{1+\frac{48b}{c+a}}, z=\sqrt{1+\frac{48c}{a+b}}$,则

$$\begin{cases} 48a=(b+c)(x^2-1) \\ 48b=(c+a)(y^2-1) \\ 48c=(a+b)(z^2-1) \end{cases} \Rightarrow \begin{cases} (x^2+47)a=(a+b+c)(x^2-1) \\ (y^2+47)b=(a+b+c)(y^2-1) \\ (z^2+47)c=(a+b+c)(z^2-1) \end{cases}$$

$$\Rightarrow \frac{x^2-1}{x^2+47}+\frac{y^2-1}{y^2+47}+\frac{z^2-1}{z^2+47}=1$$

$$\Rightarrow \frac{1}{x^2+47}+\frac{1}{y^2+47}+\frac{1}{z^2+47}=\frac{1}{24}$$

我们来证明 $x+y+z \geqslant 15$. 采用反证法,来证明反转问题.

如果 $x, y, z \geqslant 1, x+y+z=15$,则

$$\frac{1}{x^2+47}+\frac{1}{y^2+47}+\frac{1}{z^2+47} \geqslant \frac{1}{24}$$

采用整合变量法来证明这个不等式. 不失一般性,假设 $x \geqslant y \geqslant z$,对每一个正实数 k 有

$$\frac{1}{k+x^2}+\frac{1}{k+y^2}-\frac{2}{k+\left(\frac{x+y}{2}\right)^2}=\frac{(x-y)^2(x^2+4xy+y^2-2k)}{(k+x^2)(k+y^2)(4k+x^2+2xy+y^2)}$$

对 $k=47$,有

$$x^2+4xy+y^2-2k \geqslant (x+y)^2-2k \geqslant 10^2-2k > 0$$

$$\Rightarrow \frac{1}{k+x^2}+\frac{1}{k+y^2} \geqslant \frac{2}{k+\left(\frac{x+y}{2}\right)^2}$$

令 $t=\frac{x+y}{2}$,则 $z=15-2t$,余下只需证明

$$\frac{2}{47+t^2}+\frac{1}{47+(15-2t)^2} \geqslant \frac{1}{24}$$

事实上,使用恒等式

$$\frac{2}{47+t^2}+\frac{1}{47+(15-2t)^2}-\frac{1}{24}=\frac{1}{24} \cdot \frac{(t+2)(7-t)(t-5)^2}{(47+t^2)[47+(15-2t)^2]}$$

注意到,$t \leqslant 7$(因为 $c \geqslant 1$),于是不等式得证. 等号成立的条件是 $x=y=z=5$ 和

$(x,y,z) \sim (7,7,1)$,这就意味着,原不等式等号成立的条件是 $a=b=c$ 和 $(a,b,c) \sim (1,1,0)$.

例 3.3.6(Pham Kim Hung,Vasile Cirtoaje,Mathlinks) 设 a,b,c 是正实数,证明

$$\sqrt{\frac{a}{b+3c}} + \sqrt{\frac{b}{c+3a}} + \sqrt{\frac{c}{a+3b}} \geqslant \frac{3}{2}$$

证明 设 $x=2\sqrt{\dfrac{a}{b+3c}}$,$y=2\sqrt{\dfrac{b}{c+3a}}$,$z=2\sqrt{\dfrac{c}{a+3b}}$,则我们有

$$3\sum x^2 y^2 + 7x^2 y^2 z^2$$

$$=3\sum \frac{16ab}{(b+3c)(c+3a)} + \frac{7 \cdot 64abc}{(a+3b)(b+3c)(c+3a)}$$

$$=\frac{48ab(a+3b)+48bc(b+3c)+48ca(c+3a)+448abc}{(a+3b)(b+3c)(c+3a)}=16$$

所以,只需证明反转问题.

如果 $x,y,z \geqslant 0$,且 $x+y+z=3$,则

$$3\sum x^2 y^2 + 7x^2 y^2 z^2 \leqslant 16$$

照例,设 $p=xy+yz+zx$,$q=xyz$,则

$$3\sum x^2 y^2 + 7x^2 y^2 z^2 = 3(p^2-6q)+7q^2 = f(q)$$

是 q 的一个减函数.注意到,如果 $p \leqslant 2.2$,则 $f(q) \leqslant 3p^2 - 11q < 16$.

另一方面,如果 $p \geqslant 2.2$,由 Schur 不等式,有 $3q \geqslant 4p-9$.所以

$$f(q) \leqslant f\left(\frac{4p}{3}-9\right) = 3p^2 - 6(4p-9) + \frac{7}{9}(4p-9)^2$$

$$=16+\frac{1}{9}(p-3)(139p-303) \leqslant 0$$

最后,我们推出,$f(q) \leqslant 12$,不等式得证.等号成立的条件是 $x=y=z=1$ 或等价于 $a=b=c$.

例 3.3.7(Pham Kim Hung,Mathlinks) 设 a,b,c 是非负实数,证明

$$\sqrt{1+\frac{16a}{b+c+d}} + \sqrt{1+\frac{16b}{c+d+a}} + \sqrt{1+\frac{16c}{d+a+b}} + \sqrt{1+\frac{16d}{a+b+c}} \geqslant 10$$

证明 设 $x=\sqrt{1+\dfrac{16a}{b+c+d}}$,$y=\sqrt{1+\dfrac{16b}{c+d+a}}$,$z=\sqrt{1+\dfrac{16c}{d+a+b}}$,

$t=\sqrt{1+\dfrac{16d}{a+b+c}}$,则

$$\frac{x^2-1}{x^2+15} + \frac{y^2-1}{y^2+15} + \frac{z^2-1}{z^2+15} + \frac{t^2-1}{t^2+15} = \sum \frac{a}{a+b+c+d} = 1$$

$$\Rightarrow \frac{1}{x^2+15} + \frac{1}{y^2+15} + \frac{1}{z^2+15} + \frac{1}{t^2+15} = \frac{3}{16}$$

我们来证明反转问题,如果 $x,y,z,t \geqslant 1, x+y+z+t=10$,则

$$\frac{1}{x^2+15}+\frac{1}{y^2+15}+\frac{1}{z^2+15}+\frac{1}{t^2+15} \geqslant \frac{3}{16}$$

不失一般性,设 $x \geqslant y \geqslant z \geqslant t$,再次使用恒等式

$$\frac{1}{k+x^2}+\frac{1}{k+z^2}-\frac{2}{k+\left(\frac{x+z}{2}\right)^2}=\frac{(x-z)^2(x^2+4zx+z^2-2k)}{(k+x^2)(k+z^2)\left[4k+(x+z)^2\right]}$$

对 $k=15$,有(注意到 $y \geqslant 1$ 且 $x+z \geqslant 5$)

$$x^2+4zx+z^2-2k=(x+z)^2+2xz-30 \geqslant 25+2 \times 4-30=3>0$$

$$\Rightarrow \frac{1}{k+x^2}+\frac{1}{k+z^2} \geqslant \frac{2}{k+\left(\frac{x+z}{2}\right)^2}$$

由 SMV 定理,我们有

$$\frac{1}{x^2+15}+\frac{1}{y^2+15}+\frac{1}{z^2+15}+\frac{1}{t^2+15} \geqslant \frac{3}{m^2+15}+\frac{1}{t^2+15}$$

其中 $m=\frac{x+y+z}{3}$,且 $t=10-3m$.

最后,我们来证明

$$\frac{3}{m^2+15}+\frac{1}{(10-3m)^2+15} \geqslant \frac{3}{16}$$

$$\Leftrightarrow \frac{1}{16} \cdot \frac{(3-m)(27m^3-99m^2+5m+195)}{(m^2+15)\left[(10-3m)^2+15\right]} \geqslant 0$$

由于 $3 \geqslant m \geqslant \frac{5}{2}$,利用导数,容易证明 $27m^3-99m^2+5m+195 \geqslant 0$. 于是,

不等式得证,等号成立的条件是 $(a,b,c,d) \sim (t,t,t,0)$.

例 3.3.8(Pham Kim Hung,Mathlinks) 设 a,b,c,d 是凸四边形的四边长,证明

$$\sqrt{\frac{a}{b+c+d}}+\sqrt{\frac{b}{c+d+a}}+\sqrt{\frac{c}{d+a+b}}+\sqrt{\frac{d}{a+b+c}} \leqslant 1+\frac{3}{\sqrt{5}}$$

证明 设 x,y,z,t 分别表示上述不等式左边的依次的四项,则 $x,y,z,t \leqslant 1$,且易证

$$\sum \frac{1}{1+\frac{1}{x^2}}=\sum \frac{1}{1+\frac{b+c+d}{a}}=1 \Rightarrow \sum \frac{x^2}{1+x^2}=1 \Rightarrow \sum \frac{1}{1+x^2}=3$$

另外,如果 $a \geqslant b \geqslant c \geqslant d$,则 $x \geqslant y \geqslant z \geqslant t$,这就意味着

$$y+t \leqslant \sqrt{\frac{b}{b+2d}}+\sqrt{\frac{d}{d+2b}} \leqslant \frac{2}{\sqrt{3}}$$

在这个关系的基础上,我们来证明反转问题.

如果 $1 \geqslant x \geqslant y \geqslant z \geqslant t, y+t \leqslant \dfrac{2}{\sqrt{3}}$，且 $x+y+z+t=1+\dfrac{3}{\sqrt{5}}$，则

$$\frac{1}{x^2+1}+\frac{1}{y^2+1}+\frac{1}{z^2+1}+\frac{1}{t^2+1} \leqslant 3$$

因为 $y+t \leqslant \dfrac{2}{\sqrt{3}}$，我们有，$y^2+t^2+4yt \leqslant \dfrac{3}{2}(y+t)^2 \leqslant 2$，所以

$$\frac{1}{y^2+1}+\frac{1}{t^2+1}-\frac{2}{1+\left(\dfrac{y+t}{2}\right)^2}=\frac{(y^2+t^2+4yt-2)(y-t)^2}{(y^2+1)(t^2+1)[4+(y+t)^2]} \leqslant 0$$

由 SMV 定理，我们只需证明，在条件 $x=y=z=u \leqslant 1$ 下，不等式成立即可，即

$$\frac{3}{1+u^2}+\frac{1}{1+t^2} \leqslant 3$$

$$\Leftrightarrow 3u^2t^2+2u^2-1 \geqslant 0$$

由于 $x+y+z+t=1+\dfrac{3}{\sqrt{5}} \Rightarrow t=1+\dfrac{3}{\sqrt{5}}-3u$，则上述不等式变成

$$f(u)=3u^2\left(1+\frac{3}{5}\sqrt{5}-3u\right)^2+2u^2-1 \geqslant 0 \quad \left(\frac{1}{\sqrt{5}} \leqslant u \leqslant 1\right)$$

用求极值的方法，可以证明，当 $\dfrac{1}{\sqrt{5}} \leqslant u \leqslant 1$ 时，$f(u) \geqslant 0$，不等式得证. 等号成立的条件是 $(a,b,c,d) \sim (3,1,1,1)$.

例 3.3.9(Vasile Cirtoaje, American Mathematics Monthly) 设 a_1, $a_2, \cdots, a_n$ 是正实数，且满足 $a_1+a_2+\cdots+a_n=\dfrac{1}{a_1}+\dfrac{1}{a_2}+\cdots+\dfrac{1}{a_n}$，证明不等式

$$\frac{1}{n-1+a_1}+\frac{1}{n-1+a_2}+\cdots+\frac{1}{n-1+a_n} \leqslant 1$$

证明 采用反证法. 我们来构造并证明反转问题.

如果 $a_1, a_2, \cdots, a_n$ 是正实数，且满足

$$\frac{1}{n-1+a_1}+\frac{1}{n-1+a_2}+\cdots+\frac{1}{n-1+a_n}=1$$

则总有

$$a_1+a_2+\cdots+a_n \leqslant \frac{1}{a_1}+\frac{1}{a_2}+\cdots+\frac{1}{a_n}$$

事实上，对于 $i \in \{1,2,\cdots,n\}$，令 $x_i=\dfrac{1}{n-1+a_i}$，由假设，我们有

$$x_1+x_2+\cdots+x_n=1$$

且

$$a_i x_i = \frac{a_i}{n-1+a_i} = 1 - \frac{n-1}{n-1+a_i} = 1 - (n-1)x_i$$

条件 $x_1 + x_2 + \cdots + x_n = 1$ 变形为

$$(n-1)x_i = (n-1)\left(x_i + 1 - \sum_{i=1}^{n} x_i\right)$$

$$\Leftrightarrow (n-1)x_i = (n-1)x_i - 1 + \sum_{j=1}^{n} [1 - (n-1)x_j]$$

$$\Leftrightarrow (n-1)x_i = -a_i x_i + \sum_{j=1}^{n} a_j x_j$$

$$\Leftrightarrow \frac{n-1}{a_i} = -1 + \sum_{j=1}^{n} \frac{a_j x_j}{a_i x_i}$$

因此

$$(n-1)\left(\frac{1}{a_1} + \frac{1}{a_2} + \cdots + \frac{1}{a_n}\right) = \sum_{i=1}^{n} a_i x_i \left(-\frac{1}{a_i x_i} + \sum_{j=1}^{n} \frac{1}{a_j x_j}\right)$$

根据 Cauchy-Schwarz 不等式，我们有

$$-\frac{1}{a_i x_i} + \sum_{j=1}^{n} \frac{1}{a_j x_j} \geqslant \frac{(n-1)^2}{-a_i x_i + \sum\limits_{j=1}^{n} a_j x_j} = \frac{(n-1)^2}{(n-1)x_i} = \frac{n-1}{x_i}$$

所以

$$(n-1)\left(\frac{1}{a_1} + \frac{1}{a_2} + \cdots + \frac{1}{a_n}\right) \geqslant \sum_{i=1}^{n} a_i x_i \cdot \frac{n-1}{x_i} = (n-1)\sum_{i=1}^{n} a_i$$

$$\Leftrightarrow \frac{1}{a_1} + \frac{1}{a_2} + \cdots + \frac{1}{a_n} \geqslant a_1 + a_2 + \cdots + a_n$$

不等式得证，等号成立的条件是 $a_1 = a_2 = \cdots = a_n = 1$.

例 3.3.10(Romania TST 2007)　设 $x_1, x_2, \cdots, x_n$ 是非负实数，且满足

$$x_1^2 + x_2^2 + \cdots + x_n^2 = 1$$

求下列表达式

$$(1-x_1)(1-x_2)\cdots(1-x_n)$$

的最大值.

解　令 $k = 1 - \frac{1}{\sqrt{2}}$，我们来证明

$$(1-x_1)(1-x_2)\cdots(1-x_n) \leqslant k^2$$

等号成立的条件是 $x_1 = x_2 = k, x_3 = x_4 = \cdots = x_n = 0$ 或其轮换.

采用反证法. 我们来证明其等价命题：

如果实数 $y_1, y_2, \cdots, y_n \in [0,1]$，且满足 $y_1 y_2 \cdots y_n = k^2$，则

$$f(y_1, y_2, \cdots, y_n) = (1-y_1)^2 + (1-y_2)^2 + \cdots + (1-y_n)^2 \leqslant 1 \qquad (1)$$

首先,注意到,如果 $x,y \in [0,1]$,且满足 $x+y+xy \geqslant 1$,则

$$(1-x)^2 + (1-y)^2 - (1-xy)^2 = (x+y-1)^2 - x^2y^2$$

$$= -(x-1)(y-1)(x+y+xy-1) \leqslant 0 \qquad (2)$$

$$\Rightarrow (1-x)^2 + (1-y)^2 \leqslant (1-xy)^2$$

返回到不等式(1),不失一般性,设 $y_1 \leqslant y_2 \leqslant \cdots \leqslant y_n$,由于 $y_i \in [0,1]$,$\forall i \in \{1,2,\cdots,n\}$,我们有,$y_1y_2y_3 \geqslant k^2$,$y_2y_3 \geqslant k^{\frac{4}{3}}$,所以

$$y_2 + y_3 + y_2y_3 \geqslant 2k^{\frac{2}{3}} + k^{\frac{4}{3}} \approx 1.07 \geqslant 1$$

$$\Rightarrow y_2 + y_k + y_2y_k \geqslant 2k^{\frac{2}{3}} + k^{\frac{4}{3}} \geqslant 1 \quad \forall k \in \{3,4,\cdots,n\}$$

根据(2),我们有

$$f(y_1,y_2,\cdots,y_n) \leqslant f(y_1,y_2y_3,1,y_4,\cdots,y_n)$$

且对 n 个数 $y_1,y_2,\cdots,y_n$ 的不等式转变为对 $n-1$ 个数 $y_1,y_2y_3,y_4,\cdots,y_n$ 的不等式. 由简单的归纳法(或重复先前描述的过程 $n-2$ 次),我们可以把不等式 (1) 转变成一个两个数 α,β 的简单问题,其中 $\alpha\beta = k^2$. 在此情况下,我们有

$$(1-\alpha)^2 + (1-\beta)^2 = 2 - 2(\alpha+\beta) + \alpha^2 + \beta^2 = (\alpha+\beta-1)^2 + 1 - 2k^2$$

$$= 1 + (\alpha+\beta-\sqrt{2}k-1)(\alpha+\beta+\sqrt{2}k-1) \leqslant 1$$

从而不等式得证,等号成立的条件是

$$(y_1,y_2,\cdots,y_n) \sim (k,k,1,\cdots,1) \text{ 或} (x_1,x_2,\cdots,x_n) \sim \left(\frac{1}{\sqrt{2}},\frac{1}{\sqrt{2}},0,\cdots,0\right)$$

3.4　练　习

1. 设非负实数 a,b,c,d 满足

$$a^2 + b^2 + c^2 + d^2 + abc + bcd + cda + dab = 8$$

证明

$$a+b+c+d \leqslant 4$$

2. 设 a,b,c 是正实数,且满足 $\frac{1}{a} + \frac{1}{b} + \frac{1}{c} = 3$,证明

$$\frac{1}{\sqrt{a+b}} + \frac{1}{\sqrt{b+c}} + \frac{1}{\sqrt{c+a}} \geqslant \frac{3}{\sqrt{2}}$$

3. (Virgil Nicula,Mathlinks) 设 x,y,z 是正实数,且满足

$$3(x+y+z) + 28 = xyz$$

证明

$$\frac{1}{\sqrt{x}} + \frac{1}{\sqrt{y}} + \frac{1}{\sqrt{z}} \geqslant \frac{3}{2}$$

4.(Pham Kim Hung,Mathlinks)设 a,b,c 是锐角三角形的三边长,面积是 Δ,证明

$$(a+b+c)(a+b-c)(-a+b+c)(a-b+c)\left(\frac{1}{a^2}+\frac{1}{b^2}+\frac{1}{c^2}\right)^2 \geqslant 10$$

换句话说,如果 $\triangle ABC$ 是锐角三角形,则

$$\frac{1}{a^2}+\frac{1}{b^2}+\frac{1}{c^2} \geqslant \frac{5}{4\Delta}$$

5.在面积为 1 的所有锐角三角形中,求出一个三角形使下列表达式

$$P=\frac{1}{a^4}+\frac{1}{b^4}+\frac{1}{c^4}$$

取得最小值.

6.(Pham Kim Hung,Mathlinks)设 a,b,c,d 是非负实数,证明

$$\sqrt{1+\frac{7a}{b+c+d}}+\sqrt{1+\frac{7b}{c+d+a}}+\sqrt{1+\frac{7c}{d+a+b}}+\sqrt{1+\frac{7d}{a+b+c}} > 7$$

$$\sqrt{1+\frac{3a}{b+c+d}}+\sqrt{1+\frac{3b}{c+d+a}}+\sqrt{1+\frac{3c}{d+a+b}}+\sqrt{1+\frac{3d}{a+b+c}} \geqslant 4\sqrt{2}$$

7.(Pham Kim Hung,Mathlinks)设 x,y,z 是正实数,且满足

$$x^2+y^2+z^2=3$$

证明

$$\left(\frac{2}{\sqrt{x+y}}-1\right)\left(\frac{2}{\sqrt{y+z}}-1\right)\left(\frac{2}{\sqrt{z+x}}-1\right) \geqslant (\sqrt{2}-1)^3$$

一般归纳法

4.1 起 步

归纳法是数学中的一个重要和经典的方法. 其主要思想是由 $n-1$ 个变量的问题成立来推出对 n 个变量的相应问题也成立(直接证明 n 个变量的问题是很困难的). 你可以从下面的例子中体验到这个方法的简单应用.

例 4.1.1 设 $a_1, a_2, \cdots, a_n; b_1, b_2, \cdots, b_n$ 都是实数, 证明

$$\sqrt{a_1^2 + b_1^2} + \sqrt{a_2^2 + b_2^2} + \cdots + \sqrt{a_n^2 + b_n^2}$$
$$\geq \sqrt{(a_1 + a_2 + \cdots + a_n)^2 + (b_1 + b_2 + \cdots + b_n)^2}$$

证明及分析 对 $n=2$, 不等式变成

$$\sqrt{a_1^2 + b_1^2} + \sqrt{a_2^2 + b_2^2} \geq \sqrt{(a_1 + a_2)^2 + (b_1 + b_2)^2}$$

两边平方, 消去同类项, 不等式变成

$$\sqrt{(a_1^2 + b_1^2)(a_2^2 + b_2^2)} \geq a_1 a_2 + b_1 b_2$$

这是 Cauchy-Schwarz 不等式, 当然成立. 这样, 我们就证明了不等式当 $n=2$ 时成立. 假设不等式对 $n-1$ 个数对 (a_1, b_1), $(a_2, b_2), \cdots, (a_{n-1}, b_{n-1})$ 成立, 我们来证明对 n 个数对不等式也成立. 实际上, 根据归纳假设, 我们有

$$\sqrt{a_1^2 + b_1^2} + \sqrt{a_2^2 + b_2^2} + \cdots + \sqrt{a_{n-1}^2 + b_{n-1}^2} \geq \sqrt{a^2 + b^2}$$

其中，$a = a_1 + a_2 + \cdots + a_{n-1}$，$b = b_1 + b_2 + \cdots + b_{n-1}$，所以，只需证明

$$\sqrt{a^2 + b^2} + \sqrt{a_n^2 + b_n^2} \geqslant \sqrt{(a + a_n)^2 + (b + b_n)^2}$$

这正好是原不等式 $n = 2$ 的情况. 综上所述，原不等式成立.

下面的不等式或许有点困难.

例 4.1.2(Pham Thanh Nam, CPR)　设 $a_1, a_2, \cdots, a_n$ 是 $[-1, 1]$ 上的实数, 证明

$$(1 - a_1 a_2 + a_2^2)(1 - a_2 a_3 + a_3^2) \cdots (1 - a_n a_1 + a_1^2) \geqslant 1$$

证明及分析　这个不等式直接证明是非常困难的. 采用归纳法. 当 $n = 2$ 时, 不等式可由下面这个不太容易想到的恒等式得到

$$(1 - a_1 a_2 + a_2^2)(1 - a_2 a_1 + a_1^2) = 1 + (1 - a_1 a_2)(a_1 - a_2)^2$$

假设, 不等式对 $n-1$ 个数成立, 我们尝试证明不等式对 n 个数也成立. 事实上, 如果 $a_2 = \max\{a_1, a_2, \cdots, a_n\}$, 则

$$\begin{aligned}
&(1 - a_1 a_2 + a_2^2)(1 - a_2 a_3 + a_3^2) - (1 - a_1 a_3 + a_3^2) \\
&= (1 - a_2 a_3)(a_2 - a_3)(a_2 - a_1) \geqslant 0
\end{aligned} \tag{1}$$

对 $n-1$ 个数 $a_1, a_3, \cdots, a_n$, 应用归纳假设, 有

$$(1 - a_1 a_3 + a_3^2)(1 - a_3 a_4 + a_4^2) \cdots (1 - a_n a_1 + a_1^2) \geqslant 1 \tag{2}$$

由(1)(2)两个不等式可知, 原不等式对 n 个数 $a_1, a_2, \cdots, a_n$ 也成立. 综上所述, 原不等式成立.

上面两个例子代表了归纳法证明不等式的传统方法, 或许在这方面你非常有经验, 但是, 这并不是我们的目的, 因为, 正如标题, 新兴的方法被称为"一般归纳法", 而不是传统的归纳法.

"一般归纳法"如何？ 在学习它之前, 我们应该描述它的富有哲理性的意义. 理论上, 我们总是认为, 一般问题比特殊问题更困难, 所以, 我们经常把一般问题分离成特殊的情况加以证明, 但是, 有的时候会发生一些谬误.

我们提到一个优秀的方法, 可以帮助我们证明一般问题, 比特殊问题更容易. 请不要如此惊讶, 因为, 通过下面这个著名的例子, 你可以很清楚地看到这一点.

例 4.1.3(Romania TST 1998)　设 $a_1, a_2, \cdots, a_n$ 是正实数, 且满足 $a_1 a_2 \cdots a_n = 1$, 证明

$$\frac{1}{n-1+a_1} + \frac{1}{n-1+a_2} + \cdots + \frac{1}{n-1+a_n} \leqslant 1$$

证明及分析　我们知道上面的不等式可以采用反证法, 给出一个漂亮的解答. 但是, 这个证法的出现是偶然的, 反证法的出现也是陌生的. 所以, 我希望你能够用其他自然的方法, 再次证明这个不等式. 如果采用了任何方法证明了这个不等式, 那就应该祝贺你. 实际上, 这是一个非常难的不等式(在这一章, 我

们称其为开始问题).

我们来探讨这个问题,就像我们从来没有听说过它.如何开始?如何走下去?当然,考虑归纳法是非常自然可行的.

持续关注归纳法,不要惊讶,你马上就面对一个困难:题设条件难办.如何使用条件 $a_1a_2\cdots a_n=1$,是消去一个变量 a_i,还是变成关于 $n-1$ 个数的类似条件?这是我们考虑一般问题应思索的问题.

为使问题一般化,首先,我们要把难办的条件 $a_1a_2\cdots a_n=1$ 进行处理.我们打算将其扩张为条件 $a_1a_2\cdots a_n\leqslant 1$.特别地,这个扩张后的条件,对继续归纳进程是非常重要的.现在,我们来看看一般形式的问题:

设正实数 $a_1,a_2,\cdots,a_n$ 满足 $a_1a_2\cdots a_n=r^n\leqslant 1$,则

$$\frac{1}{n-1+a_1}+\frac{1}{n-1+a_2}+\cdots+\frac{1}{n-1+a_n}\leqslant\frac{n}{n-1+r}$$

设正实数 $a_1,a_2,\cdots,a_n$ 的乘积为 $1,k\geqslant n-1$ 是正常数,则

$$\frac{1}{k+a_1}+\frac{1}{k+a_2}+\cdots+\frac{1}{k+a_n}\leqslant\frac{n}{k+1}$$

证明 很明显,上面两个形式是等价的.作为推理论证,我们选择第二个形式.当然,令 $k=n-1$,就得到本题最初的不等式.我们来看看如何用归纳法来解决这个问题.

对初始 $n=2$ 的情况,我们来证明

$$\frac{1}{k+a_1}+\frac{1}{k+a_2}\leqslant\frac{2}{k+1}$$

这等价于(某些简单的整理之后)

$$(k-1)(a_1+a_2-2)\geqslant 0$$

这显然成立,因为,$k\geqslant 1,a_1+a_2\geqslant 2\sqrt{a_1a_2}=2$.

假设,不等式对 n 个数是成立的,我们来证明它对 $n+1$ 个数,即

$$a_1\leqslant a_2\leqslant\cdots\leqslant a_{n+1}$$

且 $a_1a_2\cdots a_{n+1}=1$ 也成立.但是,如何使用归纳假设呢?凭直觉,我们要构造一个序列 $b_1,b_2,\cdots,b_n$ 满足 $b_1b_2\cdots b_n=1$.

令 $t=\sqrt[n]{a_1a_2\cdots a_n}$,$k'=\frac{k}{t}$,对于每一个 $i\in\{1,2,\cdots,n\}$,设 $b_i=\frac{a_i}{t}$,则我们有,$b_1b_2\cdots b_n=1$.这就相当于 n 个数的归纳假设.由于 $k\geqslant n,t\leqslant 1$,则有 $k'\geqslant\frac{n}{t}>n-1$,由归纳假设,有

$$\frac{1}{k'+b_1}+\frac{1}{k'+b_2}+\cdots+\frac{1}{k'+b_n}\leqslant\frac{n}{k'+1}$$

而且,注意到下列重要的变换

$$\frac{1}{k+tb_1}+\frac{1}{k+tb_2}+\cdots+\frac{1}{k+tb_n}=\frac{1}{t}\left(\frac{1}{k'+b_1}+\frac{1}{k'+b_2}+\cdots+\frac{1}{k'+b_n}\right)$$

这就意味着

$$\frac{1}{k+a_1}+\frac{1}{k+a_2}+\cdots+\frac{1}{k+a_n}\leqslant\frac{1}{t}\cdot\frac{n}{k'+1}=\frac{n}{k+t}$$

余下只需证明

$$\frac{n}{k+t}+\frac{1}{k+a_{n+1}}\leqslant\frac{n+1}{k+1}$$

由于 $a_1a_2\cdots a_n=t^n, a_1a_2\cdots a_{n+1}=1$,则 $t^n a_{n+1}=1\Rightarrow a_{n+1}=\frac{1}{t^n}$,所以,只需证明

$$\frac{n}{k+t}+\frac{t^n}{kt^n+1}\leqslant\frac{n+1}{k+1}$$

$$\Leftrightarrow(t-1)^2[k(n+1)(t^{n-1}+t^{n-2}+\cdots+t+1)-$$

$$(k+1)(t^{n-1}+2t^{n-2}+\cdots+n)]\geqslant0$$

这是成立的,因为,方括号中的 $t^i(i=1,2,\cdots,n)$ 的系数是

$$k(n+1)-(k+1)(n-i)\geqslant k(n+1)-(k+1)n=k-n\geqslant0$$

从而,不等式得证,等号成立的条件是 $a_1=a_2=\cdots=a_n=1$(要注意另外的情况,当 $k=n-1$ 时,$a_1\to0, a_i\to+\infty(i=2,3,\cdots,n)$).

我们进一步证实,例 4.1.3 直接采用传统归纳法证明,几乎是不可能的. 但是,一般归纳法的确能很好地证明这个问题. 实际上,除了数 k 的构造之外,证法的细节是简单的和熟悉的. 为什么 k(代替 $n-1$)的出现产生这么大的差异?为什么一般问题实际上比特殊问题更容易?答案仅仅是发现这个证法的主要思想展现,而且是本章的重要的定理. 简单地说,在这个证法中,我们注意三个方面:

(1) 条件 $k\geqslant c_n=n-1$.

(2) 变换 $\dfrac{1}{k+a}=\dfrac{1}{t(k'+b)}$.

(3) 假如 $n-1$ 个数相等,则不等式必须成立.

洞察这三个方面,你应该明白找到这个证法并没有什么幸运可言,这是用心钻研的结果. 概括这三个方面的理念,我们得到一个有用的定理.

定理 10(GI 定理)   设 $x_1,x_2,\cdots,x_n\in I\subset \mathbf{R}$ 是正实数,且满足

$$x_1x_2\cdots x_n=k^n(k=\mathrm{const}),\{c_i\}_{i=1}^n\in I'\subset\mathbf{R}$$

是一个正实数增加的序列,$f(c,x):I'\times I\to\mathbf{R}$ 是变量 c,x 的二元齐次函数,考察下列不等式

$$f(c,x_1)+f(c,x_2)+\cdots+f(c,x_n)\geqslant nf(c,k) \tag{1}$$

如果对所有 $c\geqslant c_n$ 以及 $x_1=x_2=\cdots=x_n$,不等式(1)成立,那么对所有的 $x_1,x_2,\cdots,x_n$ 以及 $c\geqslant c_n$ 也成立.

证明　因为 f 是齐次函数,则存在一个实常数 d 满足

$$f(ac, ax) = a^d f(c, x) \quad \forall a \in \mathbf{R}, x \in I, c \in I'$$

因为 (1) 对 $n-1$ 相等的变量及所有 $c \geqslant c_n$ 成立,因此,对 $n=2$ 的情况,很容易证明.

假设不等式 (1) 对 n 个实数以及所有 $c \geqslant c_n$ 成立,我们来证明它对 $n+1$ 个实数也成立.不失一般性,设 $x_1 \leqslant x_2 \leqslant \cdots \leqslant x_{n+1}$,令 $t = \sqrt[n]{x_1 x_2 \cdots x_n}$,则 $t \leqslant k$.又令 $y_i = \dfrac{kx_i}{t}$,$\forall i \in \{1, 2, \cdots, n\}$,$c' = \dfrac{kc}{t}$,则 $y_1 y_2 \cdots y_n = k^n$.因为 $c' \geqslant c \geqslant c_{n+1} \geqslant c_n$,由归纳假设,有

$$\sum_{i=1}^{n} f(c, x_i) = \sum_{i=1}^{n} f(c, ty_i) = \left(\frac{t}{k}\right)^d \sum_{i=1}^{n} f(c', y_i) \geqslant n \left(\frac{t}{k}\right)^d f(c', k) = n f(c, t)$$

由于不等式对于 $x_1 = t, x_2 = t, \cdots, x_n = t, x_{n+1}$ 成立,因此可见

$$n f(c, t) + f(c, n+1) \geqslant (n+1) f(c, k)$$

所以,如果 $c \geqslant c_{n+1}$,则我们有

$$\begin{aligned}
\sum_{i=1}^{n+1} f(c, x_i) &= \sum_{i=1}^{n} f(c, x_i) + f(c, x_{n+1}) \\
&\geqslant n f(c, t) + f(c, n+1) \\
&\geqslant (n+1) f(c, k)
\end{aligned}$$

于是,不等式得证.

由上面的定理,我们得到了某些显然的推论,如下

推论 1　设 $x_1, x_2, \cdots, x_n \in I \subset \mathbf{R}$ 是正实数,且满足

$$x_1 x_2 \cdots x_n = k^n (k = \mathrm{const}), \{c_i\}_{i=1}^n \in I' \subset \mathbf{R}$$

是一个正实数增加的序列,$f(c, x): I' \times I \to \mathbf{R}$ 是变量 c, x 的二元齐次函数,考察下列不等式

$$f(c, x_1) + f(c, x_2) + \cdots + f(c, x_n) \geqslant n f(c, k) \tag{2}$$

如果在 $x_1 = x_2 = \cdots = x_{n-1}$ 以及所有 $c \leqslant c_n$ 时,不等式 (2) 成立,那么对所有的 $x_1, x_2, \cdots, x_n$ 以及 $c \leqslant c_n$ 也成立.

推论 2　设 $x_1, x_2, \cdots, x_n \in I \subset \mathbf{R}$ 是正实数,且满足

$$x_1 + x_2 + \cdots + x_n = kn (k = \mathrm{const}), \{c_i\}_{i=1}^n \in I' \subset \mathbf{R}$$

是一个正实数增加的序列,$f(c, x): I' \times I \to \mathbf{R}$ 是变量 c, x 的二元齐次函数,考察下列不等式

$$f(c, x_1) + f(c, x_2) + \cdots + f(c, x_n) \geqslant n f(c, k) \tag{3}$$

如果在 $x_1 = x_2 = \cdots = x_{n-1}$ 以及所有 $c \geqslant c_n$ 时,不等式 (3) 成立,那么对所有的 $x_1, x_2, \cdots, x_n$ 以及 $c \geqslant c_n$,不等式 (3) 也成立.

推论 3　如果我们把条件 $a_1 a_2 \cdots a_n = k^n$ 变成 $a_1^2 + a_2^2 + \cdots + a_n^2 = kn$ 或其

他条件(包括某些均值形式的),那么上面的定理和推论仍然成立.

推论 4 如果我们把不等的符号 ≥(或 ≤)换成 ≤(或 ≥),那么上面的定理或推论仍然成立.因为我们可以把函数 f 换成 $-f$.

GI 定理(代表一般归纳定理),如果你对它不熟悉的话,那是相当抽象的.所以,和开始问题进行比较来分析这个定理是很有必要的.在开始问题中的函数和序列分别是 $f(c,x)=\dfrac{1}{c+x},c_n=n-1$,这个函数当然是齐次的,序列 $\{c_n\}$ 是增加的,满足 GI 定理的条件.为了证明开始问题,只需证明其 $n-1$ 个数相等时的一般形式.这之前,我们已经证实了,由 GI 定理立即得证.

4.2 循序渐进

在几乎所有奥林匹克竞赛中,一个特殊值 $c=c_n$(一般是最好的常数)的选取是由下列不等式确定的

$$f(c_n,x_1)+f(c_n,x_2)+\cdots+f(c_n,x_n)\geq nf(c_n,k)$$

(而不是证明一般情况 $c\geq c_n$),开始问题就是这个模型(它要求在 $c_n=n-1$ 下证明不等式,不是一般情况 $c_n\geq n-1$).所以,在使用 GI 定理处理任何不等式之前,构建这个一般问题是首要的过程.

为了构造这个正确的一般问题,可以分两步来完成:一是构建齐次函数,二是构建正确的序列.凭经验,构建函数并不困难,但构建序列是比较困难的.我们再来看看开始的不等式.

实际上,我们有两种方式推广这个问题:

(1)第一个推广:设 $a_1,a_2,\cdots,a_n$ 是正实数,且满足 $a_1a_2\cdots a_n=r^n\leq 1$,则

$$\frac{1}{n-1+a_1}+\frac{1}{n-1+a_2}+\cdots+\frac{1}{n-1+a_n}\leq\frac{n}{n-1+r}$$

(2)第二个推广:设 $a_1,a_2,\cdots,a_n$ 是正实数,且满足 $a_1a_2\cdots a_n=1,k\geq n-1$,则

$$\frac{1}{k+a_1}+\frac{1}{k+a_2}+\cdots+\frac{1}{k+a_n}\leq\frac{n}{k+1}$$

很明显,这两个推广是彼此等价的.但是,第二个更适合于推理论证,所以,我们决定选择第二个来证明.这两个不等式的提出是必然的.

(1)(第一个推广)为什么我们没有决定用 $a_1a_2\cdots a_n\geq 1$ 来替代 $a_1a_2\cdots a_n\leq 1$ 而进行推广?

(2)(第二个推广)为什么我们没有决定用 $k\leq n-1$ 代替 $k\geq n-1$ 进行推广?

实际上,完全回答这些问题是不容易的.对每一个问题,并没有一般的窍门来构建一个合适的序列,仅在证明不等式的过程中,通过考虑只有两个变量的特殊的问题,或者检查当 $n-1$ 个变量相等时的特殊情况,我们可以找到较好的序列.例如,在开始问题中,通过取 $k=2$,我们确定 $k \geqslant 1$,并且这是推广的确切的主要的理念.

在构建较好的推广问题中,构造序列是首要的一步.做这件事情,需要你敏锐的洞察力,之后,构造函数就变得非常简单了.实际上,假设你已经找到了序列 $\{c_n\}$,但函数不是齐次的,那么可以选取 $d=c^\alpha$, $g(d,x)=\dfrac{f(d^\alpha,x)}{k^\beta}$(其中 β 是一个合适的数).

我知道,上面如此令人厌烦长长的解释,正是一个理论.关于这两个步骤是如何进行的,下面的例子可以给你生动、直观的解释.

例 4.2.1(Vasile Cirtoaje,Pham Kim Hung,Mathlinks) 设 $a_1, a_2, \cdots, a_n (n \geqslant 4)$ 是非负实数,其和为 n,证明

$$\frac{1}{a_1} + \frac{1}{a_2} + \cdots + \frac{1}{a_n} - n \geqslant \frac{3}{n}(a_1^2 + a_2^2 + \cdots + a_n^2 - n)$$

证明及分析 对这个问题构建一个好的一般问题还是相当简单的.实际上,对于某个序列 $\{d_n\}$(或增或减)一般问题的形式为

$$\frac{1}{a_1} + \frac{1}{a_2} + \cdots + \frac{1}{a_n} - n \geqslant d_n(a_1^2 + a_2^2 + \cdots + a_n^2 - n)$$

首先,我们推出序列 $\{d_n\}$ 必须是下降的.因为,如果不等式对 d_n 成立,那么它对所有 $d \leqslant d_n$ 也应成立.另外,根据原问题,d_n 必须大于或等于 $\dfrac{3}{n}$,为确定序列 $\{d_n\}$ 的确切的值及其变化情况,我们可以使用传统的方法:令 $n-1$ 个变量相等,在此情况下,假设 $a_1 = a_2 = \cdots = a_{n-1} = s, a_n = n-(n-1)s$,则不等式变成

$$\frac{n-1}{s} + \frac{1}{n-(n-1)s} - n \geqslant d_n\{(n-1)s^2 + [n-(n-1)s]^2 - n\}$$

$$\Leftrightarrow \frac{n(n-1)(s-1)^2}{s[n-(n-1)s]} \geqslant n(n-1)(s-1)^2 d_n$$

$$\Leftrightarrow d_n \leqslant \frac{1}{s[n-(n-1)s]}$$

那么 d_n 最好可能(最大值)的值是

$$\min_{0<s<\frac{n}{n-1}} \left\{ \frac{1}{s[n-(n-1)s]} \right\} = \frac{4(n-1)}{n^2}$$

所以,我们就选择 $d_n = \dfrac{4(n-1)}{n^2}$,并证明

$$\frac{1}{a_1} + \frac{1}{a_2} + \cdots + \frac{1}{a_n} - n \geqslant d(a_1^2 + a_2^2 + \cdots + a_n^2 - n)$$

对所有 $d \leqslant d_n$ 成立. 这就意味着,原不等式是成立的,因为 $\frac{4(n-1)}{n^2} \geqslant \frac{3}{n}$. 为了构建齐次函数,对于每一个变量 $a_1, a_2, \cdots, a_n$,我们需要把不等式分离成一个变量的函数,$f_1(x) = \frac{1}{x} - dx^2$.

为得到齐次函数,我们简单地选择 $c = \frac{1}{\sqrt[3]{d}}$,因此

$$f(c,x) = cf_1(x) = \frac{1}{\sqrt[3]{d}x} - \frac{dx^2}{\sqrt[3]{d}} = \frac{c}{x} - \frac{x^2}{c^2}$$

现在,令 $c_n = \sqrt[3]{\frac{n}{3}}$,则 $\{c_n\}$ 是增加序列,我们来证明

$$\sum_{i=1}^{n} f_1(a_1) = \frac{1}{c}\sum_{i=1}^{n} f(c,a_i) \geqslant \frac{nf(c,1)}{c}$$

$$\Leftrightarrow \sum_{i=1}^{n} f(c,a_i) \geqslant nf(c,1) \quad \forall c \geqslant c_n$$

$(*)$

函数 $f(c,x)$ 是齐次的,且序列 $\{c_n\}$ 是增加的,满足 GI 定理的条件,所以,我们只需证明$(*)$在 $c = c_n, a_1 = a_2 = \cdots = a_{n-1} = s$ 的条件下成立即可,这我们已经证明了. 由 GI 定理立得结论. 在原不等式中,等号成立的条件是

$$a_1 = a_2 = \cdots = a_n = 1$$

注 本题更强的不等式

$$\frac{1}{a_1} + \frac{1}{a_2} + \cdots + \frac{1}{a_n} - n \geqslant \frac{4(n-1)}{n^2}(a_1^2 + a_2^2 + \cdots + a_n^2 - n)$$

等号成立的条件是 $a_1 = a_2 = \cdots = a_{n-1} = \frac{n}{2(n-1)}, a_n = \frac{n}{2}$.

例 4.2.2 设 $a_1, a_2, \cdots, a_n(n \geqslant 3)$ 是非负实数,满足 $a_1 + a_2 + \cdots + a_n = n$,证明

$$(n-1)^2(a_1^4 + a_2^4 + \cdots + a_n^4 - n) \geqslant (3n^2 - 3n + 1)(a_1^2 + a_2^2 + \cdots + a_n^2 - n)$$

证明及分析 一般问题应取下列形式

$$a_1^4 + a_2^4 + \cdots + a_n^4 - n \geqslant d_n(a_1^2 + a_2^2 + \cdots + a_n^2 - n)$$

重要的步骤即计算出序列 $\{d_n\}$ 及其变化情况. 如果不等式对 d_n 成立,那么对所有 $d \leqslant d_n$ 必须成立. 但对 $d \geqslant d_n$ 并不总是成立,所以,序列 $\{d_n\}$ 必定是下降的. 容易检测 $d_2 \leqslant 6$,所以,很自然地,我们就把 $\{d_n\}$ 定义为

$$d_2 = 6, d_n = \frac{3n^2 - 3n + 1}{(n-1)^2}(n \geqslant 2)$$

第二步,确定齐次函数. 这很容易确定,取

$$c = \sqrt{d}, f(c,x) = x^4 - c^2x^2 = x^4 - dx^2$$

我们来证明

$$f(c,a_1) + f(c,a_2) + \cdots + f(c,a_n) \geqslant nf(c,1) \quad (c \geqslant \sqrt{d_n}) \qquad (*)$$

根据 GI 定理,只需证明($*$)在条件 $a_1 = a_2 = \cdots = a_{n-1} = a, c = c_n$ 下,成立即可.我们有

$$-n + \sum_{i=1}^{n} a_i^2 = -n + (n-1)a^3 + [n-(n-1)a]^3 = n(n-1)(a-1)^3$$

类似地,有

$$-n + \sum_{i=1}^{n} a_i^4$$
$$= -n + (n-1)a^4 + [n-(n-1)a]^4$$
$$= n(n-1)(a-1)^2\{a^2 + a[n-(n-1)a] +$$
$$[n-(n-1)a]^2 + a + [n-(n-1)a] + 1\}$$
$$= n(n-1)(a-1)^2[(n^2-3n+2)a^2 - 2(n^2-n-1)a + n^2+n+1]$$

我们来证明

$$\sum_{i=1}^{n}(a_i^4 - 1) \geqslant d_n \sum_{i=1}^{n}(a_i^2 - 1)$$
$$\Leftrightarrow (n^2-3n+3)a^2 - 2(n^2-n-1)a + n^2+n+1 \geqslant d_n$$

令

$$f(a) = (n^2-3n+3)a^2 - 2(n^2-n-1)a + n^2+n+1 \quad \left(0 \leqslant a \leqslant \frac{n}{n-1}\right)$$

易证

$$\max f(a) = \begin{cases} 6 = d_2 & (n=2) \\ f\left(\dfrac{n}{n-1}\right) = \dfrac{3n^2-3n+1}{(n-1)^2} = d_n & (n \geqslant 3) \end{cases}$$

所以,$f(a) \geqslant d_n$,不等式得证.

例 4.2.3(Gabriel Dospinescu,Calin Popa,Old and New Inequalities)
设 $a_1, a_2, \cdots, a_n$ 是正实数序列且 $a_1 a_2 \cdots a_n = 1$,证明

$$a_1^2 + a_2^2 + \cdots + a_n^2 - n \geqslant \frac{2n}{n-1} \cdot \sqrt[n]{n-1}(a_1 + a_2 + \cdots + a_n - n)$$

证明及分析 考察不等式
$$a_1^2 + a_2^2 + \cdots + a_n^2 - n \geqslant c_n(a_1 + a_2 + \cdots + a_n - n)$$

由 AM - GM 不等式,有 $a_1 + a_2 + \cdots + a_n - n \geqslant 0$.所以,如果上面的不等式对 c_n 成立,那么对所有 $c \leqslant c_n$ 必定成立.因此,构建一般序列 $c_n = \dfrac{2n}{n-1} \cdot$

$\sqrt[n]{n-1}$,且一般问题形式如下
$$a_1^2 + a_2^2 + \cdots + a_n^2 - n \geqslant c_n(a_1 + a_2 + \cdots + a_n - n) \quad (所有 \ c \leqslant c_n)$$

很明显,$\{c_n\}$ 是递减序列,第一步(构建一个好的序列)完成.我们继续进行下

一步:构造齐次函数,易见 $f(c,x)=x^2-cx$. 那么问题变成

$$f(c,a_1)+f(c,a_2)+\cdots+f(c,a_n)\geqslant nf(c,1)\quad(c\geqslant c_n)\qquad(*)$$

最后一步,为了证明($*$)(根据 GI 定理),我们可以假设

$$a_1=a_2=\cdots=a_{n-1}=x$$

当然只需考虑,当 $c=c_n$ 时,不等式($*$)成立即可. 此时,不等式变成

$$(n-1)x^2+a_n^2-n\geqslant\frac{2n}{n-1}\cdot\sqrt[n]{n-1}[(n-1)x+a_n-n]$$

由于 $a_1a_2\cdots a_n=1$,所以,$a_n=\dfrac{1}{x^{n-1}}$,则上述不等式变成

$$(n-1)x^2+\frac{1}{x^{2(n-1)}}-n\geqslant\frac{2n}{n-1}\cdot\sqrt[n]{n-1}\Big[(n-1)x+\frac{1}{x^{n-1}}-n\Big]$$

令

$$F(x)=(n-1)x^2+\frac{1}{x^{2(n-1)}}-n-\frac{2n}{n-1}\cdot\sqrt[n]{n-1}\Big[(n-1)x+\frac{1}{x^{n-1}}-n\Big]$$

其导数是

$$F'(x)=\frac{2(x^n-1)}{x^n}\Big[\frac{(x^n+1)(n-1)}{x^{n-1}}-n\sqrt[n]{n-1}\Big]$$

由 AM - GM 不等式,有

$$\frac{(x^n+1)(n-1)}{x^{n-1}}=\underbrace{x+x+\cdots+x}_{n-1}+\frac{n-1}{x^{n-1}}\geqslant n\sqrt[n]{x^{n-1}\cdot\frac{n-1}{x^{n-1}}}=n\sqrt[n]{n-1}$$

所以,$F'(x)=0$ 当且仅当 $x=1$ 或 $x=\sqrt[n]{n-1}$,即有

$$F(x)\geqslant\min\{F(1),\lim_{x\to+\infty}F(x)\}=0$$

不等式得证,等号成立的条件是 $a_1=a_2=\cdots=a_n=1$.

要记住,构造一个正确的一般序列是强制性的,但构造齐次函数并不需要. 如果你确定了正确的序列,那么你就确定了正确的一般不等式(但并不需要正确的函数),然后,你就可以重新证明开始问题. 确定正确函数的目的正是调用 GI 定理,不必重复开始问题的证明. 不要让函数的形式困惑着你.

4.3　典型应用

GI 定理的特别优势是利用基本的操作(即归纳法)使 $n-1$ 个变量彼此相等. 下面是某些例子.

例 4.3.1(Pham Kim Hung,Mathlinks)　设 $a_1,a_2,\cdots,a_n$ 是非负实数,满足 $a_1+a_2+\cdots+a_n=n$,证明

$$a_1^4+a_2^4+\cdots+a_n^4-n\geqslant k_n(a_1^3+a_2^3+\cdots+a_n^3-n)$$

其中 k_n 是由下列表达式定义的

$$k_2 = 2, k_3 = 2(\sqrt{63} - 7), k_n = 1 + \frac{n^2}{(n-1)(2n-1)} \quad (n \geq 4)$$

证明 令 $c_n = k_n$，则容易证明 c_n 是递减序列. 我们来证明一个更强的不等式

$$\sum_{i=1}^{n} a_i^4 - n \geq c\left(\sum_{i=1}^{n} a_i^3 - n\right) \quad \forall c \leq c_n$$

在这个不等式中，为构造齐次函数，正好选择 $f(c,x) = x^4 - cx^3$，我们来证明

$$f(c,a_1) + f(c,a_2) + \cdots + f(c,a_n) \geq nf(c,1) \quad \forall c \geq c_n \quad (*)$$

应用 GI 定理，我们知道，只需考虑在 $a_1 = a_2 = \cdots = a_{n-1} = a, c = c_n$ 条件下，不等式 $(*)$ 成立即可. 因此，我们有

$$-n + \sum_{i=1}^{n} a_i^3 = -n + (n-1)a^3 + [n - (n-1)a]^3$$
$$= n(n-1)(a-1)^2[n+1 - (n-2)a]$$

类似地

$$-n + \sum_{i=1}^{n} a_i^4$$
$$= -n + (n-1)a^4 + [n - (n-1)a]^4$$
$$= n(n-1)(a-1)^2[(n^2 - 3n + 3)a^2 - 2(n^2 - n - 1)a + n^2 + n + 1]$$

我们要证明

$$(n^2 - 3n + 3)a^2 - 2(n^2 - n - 1)a + n^2 + n + 1 \geq k[n+1 - (n-2)a]$$

直接求下列表达式 $g_n(a)$ 的最小值

$$g_n(a) = \frac{(n^2 - 3n + 3)a^2 - 2(n^2 - n - 1)a + n^2 + n + 1}{n+1 - (n-2)a}$$

在 $n = 2,3$ 时，我们计算出

$$\min g_2(a) = 2$$
$$\min g_3(a) = 2(\sqrt{63} - 7)$$

对于 $n \geq 4$，我们有

$$k_n = 1 + \frac{n^2}{(n-1)(2n-1)}$$

$$f(a) = (n^2 - 3n + 3)a^2 - 2(n^2 - n - 1)a + n^2 + n + 1 - k[n+1 - (n-2)a]$$
$$= (n^2 - 3n + 3)a^2 + (2 - 2k + kn + 2n - 2n^2)a + n^2 + n + 1 - k(n+1)$$

其导数

$$f'(a) = 2(n^2 - 3n + 3)a - [2n^2 - 2n - 2 + k(n-2)]$$
$$\leq 2(n^2 - 3n + 3) \cdot \frac{n}{n-1} -$$

$$\left\{2n^2 - 2n - 2 + \left[1 + \frac{n^2}{(n-1)(2n-1)}\right](n-2)\right\}$$

$$= -\frac{n^2(7n-23) + 17n - 4}{(n-1)(2n-1)} \leqslant 0$$

所以,$\min g_n(a) = g\left(\dfrac{n}{n-1}\right) = 1 + \dfrac{n^2}{(n-1)(2n-1)}$,不等式得证.

例 4.3.2(Pham Kim Hung,Mathlinks) 设 $x_1, x_2, \cdots, x_n$ 是非负实数,且满足 $x_1 + x_2 + \cdots + x_n = n$,证明

$$\frac{x_1}{k + x_1^2} + \frac{x_2}{k + x_2^2} + \cdots + \frac{x_n}{k + x_n^2} \leqslant \frac{n}{k+1}$$

其中

$$k = \begin{cases} \dfrac{1}{3} & (n=2) \\ \dfrac{n^2 + 2n - 2 - 2\sqrt{(n^2-1)(2n-1)}}{(n-2)^2} & (n \geqslant 3) \end{cases}$$

证明 构造序列 $\{c_n\}$ 如下

$$c_2 = \frac{1}{\sqrt{3}}, c_n = \sqrt{d_n} = \sqrt{\frac{n^2 + 2n - 2 - 2\sqrt{(n^2-1)(2n-1)}}{(n-2)^2}} \quad (n \geqslant 3)$$

不难证明,$\{c_n\}$ 是递增序列. 为证明,$\displaystyle\sum_{i=1}^{n} \frac{x_i}{d_n + x_i^2} \leqslant \frac{n}{d_n + 1}$,我们要证明这个问题的一般情况如下

$$\sum_{i=1}^{n} \frac{x_i}{c^2 + x_i^2} \leqslant \frac{n}{c^2 + 1} \quad \forall c \geqslant c_n \quad (*)$$

因为函数 $f(c,x) = \dfrac{x}{c^2 + x^2}$ 是齐次的,而且 $\{c_n\}$ 是递增序列,由 GI 定理,只需证明,在 $x_1 = x_2 = \cdots = x_{n-1} = u, x_n = n - (n-1)u$ 条件下,$(*)$ 成立即可. 此时,设

$$k \geqslant d_n = \frac{n^2 + 2n - 2 - 2\sqrt{(n^2-1)(2n-1)}}{(n-2)^2}$$

则不等式变成

$$\frac{(n-1)u}{k + u^2} + \frac{n - (n-1)u}{k + [n-(n-1)u]^2} \leqslant \frac{n}{k+1}$$

$$\Leftrightarrow \left[\frac{(n-1)u}{k+u^2} - \frac{n-1}{k+1}\right] + \left\{\frac{n-(n-1)u}{k+[n-(n-1)u]^2} - \frac{1}{k+1}\right\} \leqslant 0$$

$$\Leftrightarrow \frac{(n-1)(1-u)(u-k)}{k+u^2} + \frac{(n-1)(u-1)[n-(n-1)u-k]}{k+[n-(n-1)u]^2} \leqslant 0$$

$$\Leftrightarrow (n-1)(1-u)\{(n-k)[k+(n-(n-1)u)^2] - [n-(n-1)u-k](k+u^2)\} \leqslant 0$$

$$\Leftrightarrow n(n-1)(1-u)^2\{u[n-(n-1)u] - k[n-(n-2)u] - k\} \leqslant 0$$

令
$$g(u) = u[n - (n-1)u] - k[n - (n-2)u] - k$$
$$= -(n-1)u^2 + [k(n-2) + n]u - k(n+1)$$

我们要证明 $g(u) \leqslant 0, \forall u \in \left[0, \dfrac{n}{n-1}\right]$. 如果 $n = 2$, 则
$$g(u) = -u^2 + 2u - 3k = -(u-1)^2 + (1-3k) \leqslant 0$$

如果 $n \geqslant 2$, 容易计算

$$\Delta_g = [k(n-2) + n]^2 - 4k(n-1)(n+1) = (n-2)^2 k^2 - 2(n^2 + 2n - 2)k + n^2$$

方程 $\Delta_g = 0$, 有两个正根

$$k_1 = \frac{n^2 + 2n - 2 - 2\sqrt{(n^2-1)(2n-1)}}{(n-2)^2}$$

$$k_2 = \frac{n^2 + 2n - 2 + 2\sqrt{(n^2-1)(2n-1)}}{(n-2)^2}$$

注意到, $k \geqslant k_1 = d_n$, 由假设即得, 如果 $k \leqslant k_2$, 则 $\Delta_g \leqslant 0$. 所以, $g(u) \leqslant 0$, 不等式得证. 否则, 假设 $k \geqslant k_2$, 由于 $k_2 \geqslant 1$, 因此, $k \geqslant 1$, 且

$$g(u) = u[n - (n-1)u] - [n - (n-2)u] \leqslant 0$$

我们证明了每一种情况, 这就意味着, 不等式已成功证明.

例 4.3.3(Gabriel Dospinescu, Mathlinks Contest)　求最好的正实常数 $k = k_n$, 满足下列不等式

$$\frac{1}{\sqrt{1 + k_n x_1}} + \frac{1}{\sqrt{1 + k_n x_2}} + \cdots + \frac{1}{\sqrt{1 + k_n x_n}} \leqslant n - 1$$

对所有满足 $x_1 x_2 \cdots x_n = 1$ 的正实数 $x_1, x_2, \cdots, x_n$ 成立.

证明　设 $x_1 = x_2 = \cdots = x_n = 1$, 则我们有

$$\frac{n}{\sqrt{1 + k_n}} \leqslant n - 1 \Leftrightarrow k_n \geqslant \frac{2n-1}{(n-1)^2}$$

虽然, 我们要证明不等式

$$\frac{1}{\sqrt{1 + \dfrac{2n-1}{(n-1)^2} \cdot x_1}} + \frac{1}{\sqrt{1 + \dfrac{2n-1}{(n-1)^2} \cdot x_2}} + \cdots + \frac{1}{\sqrt{1 + \dfrac{2n-1}{(n-1)^2} \cdot x_n}} \leqslant n - 1$$

或等价于 $\left(c_n = \dfrac{1}{k_n} = \dfrac{(n-1)^2}{2n-1}\right)$

$$\frac{1}{\sqrt{c_n + x_1}} + \frac{1}{\sqrt{c_n + x_2}} + \cdots + \frac{1}{\sqrt{c_n + x_n}} \leqslant \sqrt{2n-1}$$

但是, 我们可以证明一般问题, 如下

$$\frac{1}{\sqrt{c + x_1}} + \frac{1}{\sqrt{c + x_2}} + \cdots + \frac{1}{\sqrt{c + x_n}} \leqslant \frac{n}{\sqrt{c+1}} \quad \forall c \geqslant c_n \qquad (*)$$

易证序列 $\{c_n\}$ 是增加的,且函数 $f(c,x)=\dfrac{1}{\sqrt{c+x}}$ 是齐次的. 所以,根据 GI 定理,我们只需证明在 $x_1=x_2=\cdots=x_{n-1}=x,x_n=x^{-n+1}$ 的条件下,不等式(*)成立即可,即

$$\frac{n-1}{\sqrt{c+x}}+\frac{1}{\sqrt{c+x^{-n+1}}}\leqslant\frac{n}{\sqrt{c+1}}$$

令 $f(x)$ 是上述不等式左边的表达式,则有

$$f'(x)=-\frac{n-1}{2\left(c+x\right)^{\frac{3}{2}}}+\frac{(n-1)x^{-n}}{2\left(c+x^{-n+1}\right)^{\frac{3}{2}}}$$

注意到

$$f'(x)=0\Leftrightarrow\frac{1}{(c+x)^{\frac{3}{2}}}=\frac{x^{-n}}{(c+x^{-n+1})^{\frac{3}{2}}}\Leftrightarrow(cx^{n-1}+1)^3=x^{n-3}\left(c+x\right)^3$$

考虑函数

$$\begin{aligned}g(x)&=(cx^{n-1}+1)^3-x^{n-3}\left(c+x\right)^3\\&=(x^n-1)(c^3x^{2n-3}+3c^2x^{n-2}+c^3x^{n-3}-1)\end{aligned}$$

由于 $c^3x^{2n-3}+3c^2x^{n-2}+c^3x^{n-3}-1$ 是严格增加的函数,在 $(0,1)$ 内必有唯一的实根. 另外,$g(1)=0$,所以

$$\max_{x\geqslant0}f(x)=\max\{f(0),f(1)\}=\max\left\{\frac{n-1}{\sqrt{c}},\frac{n}{\sqrt{c+1}}\right\}$$

利用条件 $c_n\geqslant\dfrac{(n-1)^2}{2n-1}$,有

$$f(x)\geqslant\max\left\{\frac{n-1}{\sqrt{c}},\frac{n}{\sqrt{c+1}}\right\}=\frac{n}{\sqrt{c+1}}$$

这就表明,当且仅当 n 个数相等或 $n-1$ 个数等于 0,其他数趋于 $+\infty$ 时,等号成立.

例 4.3.4(Pham Kim Hung,Mathlinks) 设 $a_1,a_2,\cdots,a_n$ 是非负实数,且满足 $a_1+a_2+\cdots+a_n=n$,证明

$$n^2\left(\frac{1}{a_1^2}+\frac{1}{a_2^2}+\cdots+\frac{1}{a_n^2}-n\right)\geqslant10(n-1)(a_1^2+a_2^2+\cdots+a_n^2-n)$$

证明 定义序列 $\{d_n\}_{n\geqslant2}$ 如下

$$d_2=3,d_n=\frac{10(n-1)}{n^2}\quad\forall\,n\geqslant3$$

不难证明 $\{d_n\}_{n\geqslant2}$ 是递减的. 对于 $k=d_n$,我们来证明

$$n^2\left(-n+\sum_{i=1}^n\frac{1}{a_i^2}\right)\geqslant10(n-1)\left(-n+\sum_{i=1}^na_i^2\right)$$

$$\Leftrightarrow\sum_{i=1}^ng(a_i)\geqslant nf(1)$$

其中 $g(x) = \dfrac{1}{x^2} - kx^2$. 由 $g(x)$ 我们来构造齐次函数 $f(c, x)$. 取

$$c = \frac{1}{\sqrt[4]{k}}, \quad f(c, x) = c^2 g(x) = \frac{c^2}{x^2} - kc^2 x^2 = \frac{c^2}{x^2} - \frac{x^2}{c^2}$$

我们来证明下面更强的结果

$$\sum_{i=1}^{n} f(c, a_i) \geqslant nf(c, 1) \quad \forall c \geqslant c_n = \frac{1}{\sqrt[4]{d_n}} \tag{$*$}$$

因为, 序列 $\{c_n\}$ 是递增的, 且函数 $f(c, x)$ 是齐次的, 根据 GI 定理可知, 只需证明在 $a_1 = a_2 = \cdots = a_{n-1} = x, c = c_n$ 的条件下, 不等式 $(*)$ 成立即可. 此时, 不等式变成

$$n^2 \left\{ \frac{n-1}{x^2} + \frac{1}{[n-(n-1)x]^2} - n \right\}$$

$$\geqslant 10(n-1) \left\{ (n-1)x^2 + [n-(n-1)x]^2 - n \right\}$$

注意到

$$\text{LHS} = n^3 (n-1)(1-x)^2 \left\{ \frac{1}{x^2[n-(n-1)x]} + \right.$$

$$\left. \frac{1}{x[n-(n-1)x]^2} + \frac{1}{x[n-(n-1)x]} \right\}$$

所以, 只需证明 $h(x) \geqslant \dfrac{10(n-1)}{n^2}$, 其中

$$h(x) = \frac{1}{x^2[n-(n-1)x]} + \frac{1}{x[n-(n-1)x]^2} + \frac{1}{x[n-(n-1)x]}$$

求 $h(x)$ 的一阶导数

$$h'(x) = -\frac{2[n-(n-1)x]-(n-1)x}{x^3[n-(n-1)x]^2} - \frac{[n-(n-1)x]-2(n-1)x}{x^2[n-(n-1)x]^3} -$$

$$\frac{n-2(n-1)x}{x^2[n-(n-1)x]^2}$$

因此可见, $h'(x)$ 和 $g(x)$ 有相同的符号

$$g(x) = -\frac{2n}{x} + 2(n-1) + n-1 + \frac{2(n-1)x}{n-(n-1)x} - n + 2(n-1)x$$

$$= (2n-6) + 2(n-1)x + \frac{2n}{n-(n-1)x} - \frac{2n}{x}$$

由于 $g(x)$ 在 $\left[0, \dfrac{n}{n-1}\right]$ 上是严格增函数, 它有唯一的实根 $x_0 \in \left[0, \dfrac{n}{n-1}\right]$, 所以, 有

$$\min_{0 \leqslant x \leqslant \frac{n}{n-1}} h(x) = h(x_0) \geqslant \frac{1}{x_0^2[n-(n-1)x_0]} + \frac{1}{x_0[n-(n-1)x_0]}$$

$$= \left(\frac{1}{x_0} + 1\right) \cdot \frac{1}{x_0[n-(n-1)x_0]} \geqslant \left(\frac{1}{x_0} + 1\right) \cdot \frac{4(n-1)}{n^2}$$

现证,如果 $n \geqslant 8$,则 $x_0 \leqslant \dfrac{2}{3}$. 采用反证法,假设 $x_0 > \dfrac{2}{3}$,则

$$0 = \frac{g(x_0)}{2} = n - 3 + (n-1)x_0 + \frac{n}{n-(n-1)x_0} - \frac{n}{x_0}$$

$$> n - 3 + \frac{2(n-1)}{3} - \frac{3n}{2} + \frac{n}{n - \frac{2}{3}(n-1)}$$

$$= \frac{n}{6} + \frac{3n}{n+2} - \frac{11}{3} \geqslant 0 \quad (n \geqslant 8)$$

所以,当 $n \geqslant 8$ 时,不等式成立. 下面,只需对 $n \in \{3,4,5,6,7\}$,证明不等式成立即可.

如果 $n \geqslant 4$,类似可证 $x_0 \leqslant \dfrac{3}{4}$(正好检测 $g\left(\dfrac{3}{4}\right) \geqslant 0$). 另外,由 AM-GM 不等式,有

$$x_0 \left[n - (n-1)x_0 \right]^2 \leqslant \frac{4n^3}{27(n-1)}$$

所以

$$h(x) \geqslant \frac{27(n-1)}{4n^3} + \left(\frac{4}{3} + 1 \right) \cdot \frac{4(n-1)}{n^2} \geqslant \frac{10(n-1)}{n^2}$$

对于 $n = 3$,不等式显然成立(注意 $x_0 \geqslant 1$),因为

$$h(x) \geqslant \frac{54}{4 \times 27} + \frac{8 \times 2}{3^2} = \frac{1}{2} + \frac{16}{9} \geqslant \frac{20}{9}$$

这样,对每一个情况,我们证明了不等式.

注 根据这个结果,我们很容易得出下列不等式.

设 $x_1, x_2, \cdots, x_n (2 \leqslant n \leqslant 9)$ 是正实数,且其和为 n,则

$$\frac{1}{x_1^2} + \frac{1}{x_2^2} + \cdots + \frac{1}{x_n^2} \geqslant x_1^2 + x_2^2 + \cdots + x_n^2$$

实际上,如果 $n \leqslant 8$,则 $\dfrac{10(n-1)}{n^2} \geqslant 1$,不等式显然成立. 如果 $n = 9$,则根据前面的证明,容易发现,不等式

$$\frac{1}{x_1^2} + \frac{1}{x_2^2} + \cdots + \frac{1}{x_n^2} - n \geqslant p(x_1^2 + x_2^2 + \cdots + x_n^2 - n)$$

是成立的. 因为

$$p = \frac{10(n-1)}{n^2} + \frac{27(n-1)}{4n^3} = \frac{10 \times 8}{9^2} + \frac{27 \times 8}{4 \times 9^3} = \frac{80}{81} + \frac{1}{36} > 1$$

这就证明了该不等式.

例 4.3.5(Pham Kim Hung,Mathlinks) 设 $a_1, a_2, \cdots, a_n$ 是正实数,且满足 $a_1^2 + a_2^2 + \cdots + a_n^2 = n, k = \sqrt{1 + \dfrac{3}{\sqrt[3]{n-1}}} + \dfrac{2\sqrt{n-1}}{n}$,证明

$$\frac{1}{a_1} + \frac{1}{a_2} + \cdots + \frac{1}{a_n} + k(a_1 + a_2 + \cdots + a_n) \geqslant n(k+1)$$

证明 令

$$d_n = \sqrt{1 + \frac{3}{\sqrt[3]{n-1}}} + \frac{2\sqrt{n-1}}{n}, c_n = \frac{1}{d_n}$$

则不等式变成

$$g(a_1) + g(a_2) + \cdots + g(a_n) \geqslant ng(1)$$

其中 $g(x) = \frac{1}{x} + d_n x$. 换句话说,我们要证明

$$f(c,a_1) + f(c,a_2) + \cdots + f(c,a_n) \geqslant nf(c,1) \quad \forall c \leqslant c_n = \frac{1}{\sqrt{d_n}}$$

其中 $f(c,x) = \frac{c}{x} + \frac{x}{c}$. 由于 $f(c,x)$ 是齐次函数,序列 $\{c_n\}$ 是减少的(因为序列 $\{d_n\}$ 是减少的),所以,由 GI 定理可知,只需在 $a_1 = a_2 = \cdots = a_{n-1} = x, a_n = \sqrt{n - (n-1)x^2}$ 的条件下,证明不等式成立即可. 此时,不等式变成

$$\frac{n-1}{x} + \frac{1}{\sqrt{n-(n-1)x^2}} + k[(n-1)x + \sqrt{n-(n-1)x^2}] \geqslant n(k+1)$$

注意到

$$\frac{n-1}{x} + \frac{1}{\sqrt{n-(n-1)x^2}} - n$$

$$= (n-1)(1-x) \cdot$$

$$\frac{[\sqrt{n-(n-1)x^2} - x][\sqrt{n-(n-1)x^2} + x + 1]}{x\sqrt{n-(n-1)x^2}(\sqrt{n-(n-1)x^2} + 1)}$$

$$(n-1)x + \sqrt{n-(n-1)x^2} - n = (n-1)(x-1) \cdot \frac{\sqrt{n-(n-1)x^2} - x}{\sqrt{n-(n-1)x^2} + 1}$$

最后,我们要证明

$$d_n \geqslant \frac{\sqrt{n-(n-1)x^2} + x + 1}{x\sqrt{n-(n-1)x^2}}$$

由 AM - GM 不等式,有

$$x\sqrt{n-(n-1)x^2} = \frac{1}{\sqrt{n-1}} \cdot \sqrt{n-1} x \cdot \sqrt{n-(n-1)x^2}$$

$$\leqslant \frac{n}{2\sqrt{n-1}}$$

由 Hölder 不等式,有

$$\left(\frac{1}{x} + \frac{1}{\sqrt{n-(n-1)x^2}}\right)^2 \cdot [(n-1)x^2 + n - (n-1)x^2] \geqslant (\sqrt[3]{n-1} + 1)^3$$

$$\Rightarrow \frac{1}{x} + \frac{1}{\sqrt{n-(n-1)x^2}} \geqslant \sqrt{\frac{(\sqrt[3]{n-1}+1)^3}{n}} = \sqrt{1 + \frac{3\sqrt[3]{n-1}+3\sqrt[3]{(n-1)^2}}{(\sqrt[3]{n-1})^3+1}}$$

$$= \sqrt{1 + \frac{3\sqrt[3]{n-1}}{\sqrt[3]{(n-1)^2}-\sqrt[3]{n-1}+1}} \geqslant \sqrt{1 + \frac{3}{\sqrt[3]{n-1}}}$$

由上述之结论,我们很容易推出

$$\frac{1}{x} + \frac{1}{\sqrt{n-(n-1)x^2}} + \frac{1}{x\sqrt{n-(n-1)x^2}} \geqslant \frac{2\sqrt{n-1}}{n} + \sqrt{1 + \frac{3}{\sqrt[3]{n-1}}} \geqslant d_n$$

不等式得证,等号成立的条件是 $a_1 = a_2 = \cdots = a_n = 1$.

注 当 $n=3$ 时,得到如下不等式:

设正实数 a, b, c 满足 $a^2 + b^2 + c^2 = 3$,证明

$$\frac{1}{a} + \frac{1}{b} + \frac{1}{c} + 29(a+b+c) \geqslant 6\sqrt{29}$$

当 $n=4$ 时,得到下列不等式:

设正实数 a, b, c, d 满足 $a^2 + b^2 + c^2 + d^2 = 4$,证明

$$2\left(\frac{1}{a} + \frac{1}{b} + \frac{1}{c} + \frac{1}{d}\right) + \sqrt{30}(a+b+c+d) \geqslant 8 + 4\sqrt{30}$$

从前面的证明可得到一个非常强的不等式:

设 $a_1, a_2, \cdots, a_k$ 是正实数,且满足 $a_1^2 + a_2^2 + \cdots + a_k^2 = k, k$ 是自然数,$k \in \{1, 2, \cdots, 20\}$,证明

$$\frac{1}{a_1} + \frac{1}{a_2} + \cdots \frac{1}{a_k} + 2(a_1 + a_2 + \cdots + a_k) \geqslant 3k$$

在某些困难的情况下,不能直接应用 GI 定理,所以,必须要做一些变换. 这个麻烦的情况,经常出现在不等式不是以常用的形式

$$f(x_1) + f(x_2) + \cdots + f(x_n) \geqslant c$$

出现,也包括其他一些诸如 $x_1 x_2 \cdots x_n, x_1^2 + x_2^2 + \cdots + x_n^2$ 等等表达式(所有变量的组合). 因为,事实上,我们不能使用标准 GI 定理,而只能使用定理背后的思想,客观上也是使 $n-1$ 个变量彼此相等.

例 4.3.6(Vasile Cirtoaje, Old and New Inequalities) 设 $a_1, a_2, \cdots, a_n$ 是非负实数,满足 $a_1 + a_2 + \cdots + a_n = n$,证明

$$(n-1)(a_1^2 + a_2^2 + \cdots + a_n^2) + n a_1 a_2 \cdots a_n \geqslant n^2$$

证明 事实上,不等式可以写成下列形式

$$a_1^2 + a_2^2 + \cdots + a_n^2 - n \geqslant c(1 - a_1 a_2 \cdots a_n) \quad \forall c \leqslant c_n = \frac{n}{n-1} \qquad (1)$$

当 $n=2$ 时,(1)是一个等式. 假设(1)对 n 个数是成立的. 由归纳法,我们来证明对 $n+1$ 个数(1)也成立,即

$$a_1^2 + a_2^2 + \cdots + a_{n+1}^2 - (n+1) \geqslant c(1 - a_1 a_2 \cdots a_{n+1}) \quad \forall c \leqslant c_{n+1} = 1 + \frac{1}{n}$$

$$(2)$$

不失一般性,设 $a_1 \geqslant a_2 \geqslant \cdots \geqslant a_{n+1}$,令 $t = \dfrac{a_1 + a_2 + \cdots + a_n}{n}$,对每一个 $i \in \{1, 2, \cdots, n\}$,设 $b_i = \dfrac{a_i}{t}$,则 $t \geqslant 1$,$b_1 + b_2 + \cdots + b_n = n$,由归纳假设,我们有,对所有 $c' \leqslant c_n$,则

$$b_1^2 + b_2^2 + \cdots + b_n^2 - n \geqslant c'(1 - b_1 b_2 \cdots b_n)$$

将 $a_i = t b_i$ 代入上述不等式,有

$$a_1^2 + a_2^2 + \cdots + a_n^2 - nt^2 \geqslant \frac{c'}{t^{n-2}}(t^n - a_1 a_2 \cdots a_n)$$

$$(3)$$

$$\Rightarrow a_1^2 + a_2^2 + \cdots + a_n^2 + \frac{c' a_1 a_2 \cdots a_n}{t^{n-2}} \geqslant c' t^2 + nt^2$$

(2) 改写成如下形式

$$(a_1^2 + a_2^2 + \cdots + a_n^2 + c a_{n+1} \cdot a_1 a_2 \cdots a_n) + (a_{n+1}^2 - 1) \geqslant c + n \quad (4)$$

由假设条件 $a_1 + a_2 + \cdots + a_{n+1} = n+1$,及 AM-GM 不等式,有

$$a_{n+1} t^n = a_{n+1} \left(\frac{a_1 + a_2 + \cdots + a_n}{n} \right)^n \leqslant \left(\frac{a_1 + a_2 + \cdots + a_{n+1}}{n+1} \right)^{n+1} = 1$$

所以

$$c a_{n+1} t^{n-2} \leqslant \frac{c}{t^2} \leqslant c \leqslant c_{n+1} \leqslant c_n$$

这就是说,我们可以在(4)中使用(3),则只需证明

$$nt^2 + c a_{n+1} t^n + a_{n+1}^2 \geqslant c + n$$

$$\Leftrightarrow n[nt^2 + (n+1-nt)^2 - n] + c[(n+1-nt)t^n - 1] \geqslant 0$$

事实上,只需证明,对 $c = c_{n+1} = 1 + \dfrac{1}{n}$,即

$$n[nt^2 + (n+1-nt)^2] + nt^n(n+1-nt) - (n+1)^2 \geqslant 0$$

$$\Leftrightarrow (n+1-nt)[nt^{n+1} - (n+1)t + 1] \geqslant 0$$

这是显然成立的,因为 $nt^{n+1} + 1 \geqslant (n+1)t$(由 AM-GM 不等式). 这样,我们就证明了原不等式是成立的. 等号成立的条件是所有数都等于1或一个数为0,其他数都为 $\dfrac{n}{n-1}$.

例 **4.3.7**(Pham Kim Hung,Mathlinks) 设 $x_1, x_2, \cdots, x_n$ 是正实数,满足 $x_1 + x_2 + \cdots + x_n = n$,证明

$$\frac{1}{x_1} + \frac{1}{x_2} + \cdots + \frac{1}{x_n} + \frac{2n\sqrt{n-1}}{x_1^2 + x_2^2 + \cdots + x_n^2} \geqslant n + 2\sqrt{n-1}$$

证明　令 $k_n = 2\sqrt{n-1}$，我们采用归纳法证明下列不等式

$$\frac{1}{x_1} + \frac{1}{x_2} + \cdots + \frac{1}{x_n} + \frac{n k_n}{x_1^2 + x_2^2 + \cdots + x_n^2} \geqslant n + k_n \tag{1}$$

当 $n=2$ 时，我们有

$$\frac{1}{x_1} + \frac{1}{x_2} + \frac{2 k_2}{x_1^2 + x_2^2} = \frac{2}{x_1 x_2} + \frac{2}{2 - x_1 x_2} - 4 \geqslant 0$$

假设(1)对 n 个正数成立，我们来证明它对 $n+1$ 个数也成立，即

$$\frac{1}{x_1} + \frac{1}{x_2} + \cdots + \frac{1}{x_{n+1}} + \frac{k(n+1)}{x_1^2 + x_2^2 + \cdots + x_{n+1}^2} \geqslant n + 1 + k \tag{2}$$

其中 $k = k_{n+1} = 2\sqrt{n}$. 不失一般性，设 $x_1 \leqslant x_2 \leqslant \cdots \leqslant x_{n+1}$，令 $t = \dfrac{x_1 + x_2 + \cdots + x_n}{n} \leqslant 1$，对每一个 $i \in \{1,2,\cdots,n\}$，令 $y_i = \dfrac{x_i}{t}$，则

$$y_1 + y_2 + \cdots + y_n = n$$

对于 $p = 2\sqrt{n-1}$，根据归纳假设，我们有

$$\frac{1}{y_1} + \frac{1}{y_2} + \cdots + \frac{1}{y_n} + \frac{np}{y_1^2 + y_2^2 + \cdots + y_n^2} \geqslant n + p$$

$$\Rightarrow \frac{1}{x_1} + \frac{1}{x_2} + \cdots + \frac{1}{x_n} + \frac{pnt}{x_1^2 + x_2^2 + \cdots + x_n^2} \geqslant \frac{n}{t} + \frac{p}{t}$$

设 $A = x_1^2 + x_2^2 + \cdots + x_n^2, a = x_{n+1}$，则只需证明

$$\sum_{i=1}^{n+1} \frac{1}{x_i} + \frac{k(n+1)}{A + a^2} \geqslant \frac{n+p}{t} + \frac{1}{a} - \frac{pnt}{A} + \frac{k(n+1)}{A + a^2} \tag{3}$$

接下来，我们要证明(为使每个 $x_i, i \in \{1,2,\cdots,n\}$ 都等于 t)

$$-\frac{pnt}{A} + \frac{k(n+1)}{A + a^2} \geqslant -\frac{pnt}{nt^2} + \frac{k(n+1)}{nt^2 + a^2} \tag{4}$$

事实上，这个条件等价于(注意到 $A \geqslant nt^2$)

$$ktA(n+1) \leqslant p(A + a^2)(nt^2 + a^2)$$

由于 $A + a^2 \geqslant \dfrac{n+1}{n} \cdot A, nt^2 + a^2 \geqslant n+1 \geqslant (n+1)t$，因此

$$p(A + a^2)(nt^2 + a^2)$$

$$\geqslant \frac{2(n+1)^2 At\sqrt{n-1}}{n}$$

$$\geqslant 2(n+1)At\sqrt{n} \geqslant (n+1)Atk$$

从而(3)成立. 根据(3)和(4)，我们有

$$\sum_{i=1}^{n+1} \frac{1}{x_i} + \frac{k(n+1)}{A + a^2} \geqslant \frac{n+p}{t} + \frac{1}{a} + \left[-\frac{pnt}{nt^2} + \frac{k(n+1)}{nt^2 + a^2}\right] = \frac{n}{t} + \frac{1}{a} + \frac{k(n+1)}{nt^2 + a^2}$$

注意到 $a = n + 1 - nt$，所以

$$\frac{n}{t} + \frac{1}{a} + \frac{k(n+1)}{nt^2+a^2} - (n+1) - k$$

$$= \left(\frac{n}{t} + \frac{1}{n+1-nt} - n - 1\right) + k\left[\frac{n+1}{nt^2+(n+1-nt)^2} - 1\right]$$

$$= n(n+1)(t-1)^2\left[\frac{1}{t(n+1-nt)} - \frac{2\sqrt{n}}{nt^2+(n+1-nt)^2}\right]$$

$$= n(n+1)(t-1)^2 \cdot \frac{(n+1-nt-t\sqrt{n})^2}{t(n+1-nt)\left[nt^2+(n+1-nt)^2\right]} \geqslant 0$$

不等式得证. 等号成立的条件是

$$x_1 = x_2 = \cdots = x_n = 1$$

和

$$x_1 = x_2 = \cdots = x_{n-1} = \frac{n}{\sqrt{n-1}+n-1}, x_n = \frac{n\sqrt{n-1}}{\sqrt{n-1}+n-1}$$

或其轮换.

例 4.3.8(Gabriel Dospinescu, Mathlinks)　设 $x_1, x_2, \cdots, x_n$ 是正实数,
满足 $\frac{1}{x_1} + \frac{1}{x_2} + \cdots + \frac{1}{x_n} = n$, 证明下列不等式

$$x_1 x_2 \cdots x_n - 1 \geqslant \frac{1}{e}(x_1 + x_2 + \cdots + x_n - n)$$

证明　对 n 采用归纳法.

当 $n=2$ 时, 不等式显然成立(易证). 假设不等式对 n 成立, 我们来证明

$$x_1 x_2 \cdots x_{n+1} - 1 \geqslant \frac{1}{e}(x_1 + x_2 + \cdots + x_{n+1} - n - 1)$$

不失一般性, 设 $x_1 \leqslant x_2 \leqslant \cdots \leqslant x_{n+1}$, 令

$$a = x_{n+1}, t = \frac{1}{n}\left(\frac{1}{x_1} + \frac{1}{x_2} + \cdots + \frac{1}{x_n}\right)$$

则 $t \geqslant 1$, 对每一个 $i \in \{1, 2, \cdots, n\}$, 设 $y_i = \frac{x_i}{t}$, 则

$$\frac{1}{y_1} + \frac{1}{y_2} + \cdots + \frac{1}{y_n} = 1$$

根据归纳假设, 有

$$e\left(-1 + \prod_{i=1}^{n} y_i\right) \geqslant -n + \sum_{i=1}^{n} y_i$$

$$\Rightarrow e\left(-t^n + \prod_{i=1}^{n} x_i\right) \geqslant t^{n-1}\left(-nt + \sum_{i=1}^{n} x_i\right)$$

$$\Rightarrow e\prod_{i=1}^{n+1} x_i \geqslant t^{n-1}\left(-nt + \sum_{i=1}^{n} x_i\right)a + eat^n$$

余下,只需证明

$$t^{n-1}a\left(-nt+\sum_{i=1}^{n}x_i\right)+eat^n-e\geqslant -n-1+\sum_{i=1}^{n+1}x_i \tag{1}$$

$$\Leftrightarrow (t^{n-1}a-1)\sum_{i=1}^{n}x_i-nat^n+eat^n-e\geqslant -n-1+a$$

由于 $t\geqslant 1$, $a\geqslant 1$, 所以, $t^{n-1}a-1\geqslant 0$. 由 Cauchy-Schwarz 不等式,有

$$\left(\sum_{i=1}^{n}x_i\right)\left(\sum_{i=1}^{n}\frac{1}{x_i}\right)\geqslant n^2 \Rightarrow \sum_{i=1}^{n}x_i-nt\geqslant 0 \tag{2}$$

$$\Leftrightarrow (t^{n-1}a-1)\sum_{i=1}^{n}x_i\geqslant nt(t^{n-1}a-1)$$

在(1)中替换(2),我们只需证明

$$nt(t^{n-1}a-1)-nat^n+eat^n-e\geqslant -n-1+a$$

$$\Leftrightarrow e(t^na-1)\geqslant na+t-n-1 \tag{3}$$

令 $x=\frac{1}{t}$, $y=\frac{1}{a}$, 由于 $nt+a=n+1$, 则(3)变成

$$e(1-x^ny)\geqslant x^n[ny+x-(n+1)xy]$$

$$\Leftrightarrow e[1-(n+1)x^n-ny]\geqslant x^{n-1}[n(n+1-nx)+x-(n+1)(n+1-nx)]$$

$$\Leftrightarrow e(nx^{n-1}+\cdots+2x+1)(1-x)^2\geqslant n(n+1)x^{n-1}(1-x)^2$$

注意到 $x\leqslant \frac{n+1}{n}$, 所以,我们有

$$f(x)=\frac{nx^{n-1}+\cdots+2x+1}{x^{n-1}}\geqslant f\left(\frac{n+1}{n}\right)=n(n+1)\left(\frac{n}{n+1}\right)^n\geqslant \frac{n(n+1)}{e}$$

不等式得证,等号成立的条件是 $x_1=x_2=\cdots=x_n=1$.

例 4.3.9 设 $a_1,a_2,\cdots,a_n$ 是正实数,满足 $a_1a_2\cdots a_n=1$, 求最好的常数 k, 满足下列不等式

$$\frac{1}{(1+a_1)^k}+\frac{1}{(1+a_2)^k}+\cdots+\frac{1}{(1+a_n)^k}\geqslant \frac{n}{2^k}$$

成立.

解 注意,这个不等式涉及下列许多著名的不等式.

当 $n=4$ 时,是一个知名的不等式(China TST 2004)

$$\frac{1}{(1+a)^2}+\frac{1}{(1+b)^2}+\frac{1}{(1+c)^2}+\frac{1}{(1+d)^2}\geqslant 1 \tag{1}$$

当 $n=3$ 时,这正好是越南 TST2005 的一个不等式

$$\frac{1}{(1+a)^3}+\frac{1}{(1+b)^3}+\frac{1}{(1+c)^3}\geqslant \frac{3}{8} \tag{2}$$

回到原问题. 我们来求 k 的最好可能值. 令 $a_1\to 0$, $a_k\to +\infty$, $\forall k\geqslant 2$, 则

$$\frac{1}{(1+a_1)^k}+\frac{1}{(1+a_2)^k}+\cdots+\frac{1}{(1+a_n)^k}\to 1$$

所以,如果 k 是一个有效的常数,则至少应该满足下列条件

$$1\geqslant\frac{n}{2^k}\Leftrightarrow k\geqslant\log_2 n$$

现在证明 $k=\log_2 n$ 正是我们要找的最好的常数,即,当 $k=\log_2 n$ 时,原不等式总是成立.为了做这件事情,我们提出下列一般化问题.

设 $x_1,x_2,\cdots,x_n$ 是正实数且满足 $x_1x_2\cdots x_n=1$,又设 $a\leqslant 1,k=\log_2 n$ 都是正常数,证明

$$\frac{1}{(a+x_1)^k}+\frac{1}{(a+x_2)^k}+\cdots+\frac{1}{(a+x_n)^k}\geqslant\frac{n}{(a+1)^k}\qquad(1)$$

在给出(1)的完整证明之前,我们先来证明一个命题(你可以认为它是不等式(1)对 $n+1$ 个变量且其中 n 个变量相等的特殊情况).

引理 对 $k\geqslant\log_2 n,0\leqslant a\leqslant 1,x\geqslant 1$,则

$$\frac{n}{(a+x)^k}+\frac{1}{(a+x^{-n})^k}\geqslant\frac{n+1}{(a+1)^k}$$

证明 令 $f(x)=\dfrac{n}{(a+x)^k}+\dfrac{1}{(a+x^{-n})^k}$,其导数为

$$f'(x)=\frac{-nk}{(a+x)^{k+1}}+\frac{nkx^{-n-1}}{(a+x^{-n})^{k+1}}$$

且它和下列函数的符号相反

$$g(x)=(n+1)\ln x+(k+1)\ln(a+x^{-n})-(k+1)\ln(a+x)$$

其导数为

$$g'(x)=\frac{n+1}{x}-\frac{n(k+1)}{ax^{n+1}+x}-\frac{k+1}{a+x}$$

满足 $g'(x)=0$,当且仅当

$$n+1-\frac{n(k+1)}{ax^n+1}-\frac{(k+1)x}{a+x}=0$$

$$\Leftrightarrow a(n-k)x^{n+1}+(n+1)a^2x^n-k(n+1)x+a-ank=0$$

假设 $h(x)$ 表示上式左边的表达式,则

$$h'(x)=a(n-k)(n+1)x^n+n(n+1)a^2x^{n-1}-k(n+1)$$

它至多有一个实根,所以,方程 $h(x)=0$ 不超过两个实根.因此,方程 $g'(x)=0$ 不超过两个实根,进而,方程 $g(x)=0$ 不超过三个实根($x=1$ 当然是它的一个实根),我们来证明,如果 $g(x)$ 有三个实根,那么至少有一个实根不超过 1(换句话说,不超过一个大于 1 的实根).事实上

$$g'(1)=n+1-\frac{n(k+1)}{a+1}-\frac{k+1}{a+1}$$

$$= (n+1)\left(1-\frac{k+1}{a+1}\right) \leqslant 0 \quad (\text{因为 } a \leqslant 1 \leqslant k)$$

而且 $\lim\limits_{x \to 0} g'(x) = +\infty$，因此，方程 $g(x)=0$ 有三个实根，这三个实根不可能同时在 $(1,+\infty)$ 内，这就表明，方程 $g(x)=0$ 有不多于两个根在 $[1,+\infty)$，或者说，由不多于一个大于 1 的实根，注意到 $g'(1) \leqslant 0$，而且 $g(x)$ 的符号和 $f'(x)$ 的符号相反，所以，很容易推出

$$\min_{x \geqslant 1} f(x) = \min\{f(1), \lim_{x \to +\infty} f(x)\} = \min\left\{\frac{n+1}{(a+1)^k}, \frac{1}{a^k}\right\}$$

从条件 $a \leqslant 1$，我们有 $\dfrac{a+1}{a} \geqslant 2$，$\left(\dfrac{a+1}{a}\right)^k \geqslant n+1$，这就是说，对于 $x \geqslant 1$，有

$$f(x) \geqslant \min\left\{\frac{n+1}{(a+1)^k}, \frac{1}{a^k}\right\} = \frac{n+1}{(a+1)^k}$$

这就证明了引理. 下面，我们采用归纳法来证明不等式(1).

当 $n=2$ 时，不难证明(1) 是成立的. 假设对 n 个数(1) 成立，我们来证明对 $n+1$ 个数(1) 也成立.

设 $a \leqslant 1, k \geqslant c_{n+1} = \log_2(n+1)$ 是常数，$x_1, x_2, \cdots, x_{n+1}$ 是满足

$$x_1 x_2 \cdots x_{n+1} = 1$$

的正实数，我们要证明

$$\frac{1}{(a+x_1)^k} + \frac{1}{(a+x_2)^k} + \cdots + \frac{1}{(a+x_{n+1})^k} \geqslant \frac{n+1}{(a+1)^k} \qquad (2)$$

不失一般性，设 $x_1 \geqslant x_2 \geqslant \cdots \geqslant x_{n+1}$，令 $x_1 x_2 \cdots x_n = t^n$，对于每一个 $i \in \{1, 2, \cdots, n\}$，令 $y_i = \dfrac{x_i}{t}$，则 $t \geqslant 1, y_1 y_2 \cdots y_n = 1$，又设 $\alpha = \dfrac{a}{t}$，则 $\alpha \leqslant a \leqslant 1$，对变量 $y_1, y_2, \cdots, y_n$ 及常数 $\alpha \leqslant 1, k \geqslant c_{n+1} = \log_2(n+1) \geqslant c_n = \log_2 n$，应用归纳假设，有

$$\frac{1}{(\alpha+y_1)^k} + \frac{1}{(\alpha+y_2)^k} + \cdots + \frac{1}{(\alpha+y_n)^k} \geqslant \frac{n}{(\alpha+1)^k}$$

$$\Leftrightarrow \frac{1}{\left(\dfrac{a}{t}+\dfrac{x_1}{t}\right)^k} + \frac{1}{\left(\dfrac{a}{t}+\dfrac{x_2}{t}\right)^k} + \cdots + \frac{1}{\left(\dfrac{a}{t}+\dfrac{x_n}{t}\right)^k} \geqslant \frac{n}{\left(\dfrac{a}{t}+1\right)^k}$$

$$\Leftrightarrow \frac{1}{(a+x_1)^k} + \frac{1}{(a+x_2)^k} + \cdots + \frac{1}{(a+x_n)^k} \geqslant \frac{n}{(a+t)^k}$$

所以，只需证明

$$\frac{n}{(a+t)^k} + \frac{1}{(a+x_{n+1})^k} \geqslant \frac{n}{(a+1)^k}$$

这由引理可知是成立的，这样就证明了原不等式是成立的. 等号成立的条件是 $x_1 = x_2 = \cdots = x_n = 1$.

注 根据这个证明，我们建立了一个漂亮的不等式，如下：

设 $x_1, x_2, \cdots, x_n$ 是正实数,满足 $x_1 x_2 \cdots x_n = 1, a$ 和 k 是正常数,且 $a \leqslant 1$,则

$$\frac{1}{(1+x_1)^k} + \frac{1}{(1+x_2)^k} + \cdots + \frac{1}{(1+x_n)^k} \geqslant \min\left\{1, \frac{n}{2^k}\right\}$$

4.4 练 习

1. (Pham Kim Hung, Vasile Cirtoaje Mathlinks) 设 a, b, c, d, e 是非负实数,满足 $a+b+c+d+e = 5$,证明

$$(1+a^2)(1+b^2)(1+c^2)(1+d^2)(1+e^2) \geqslant (1+a)(1+b)(1+c)(1+d)(1+e)$$

2. (Vasile Cirtoaje, Dinh Ngoc An, CPR) 设 $a_1, a_2, \cdots, a_n$ 是非负实数,且满足 $a_1 + a_2 + \cdots + a_n = n$,证明

$$\frac{1}{n+(n-1)a_1^2} + \frac{1}{n+(n-1)a_2^2} + \cdots + \frac{1}{n+(n-1)a_n^2} \geqslant \frac{n}{2n-1}$$

3. 设 $a_1, a_2, \cdots, a_n$ 是正实数,且满足 $a_1 a_2 \cdots a_n = 1$,对于 $p = \dfrac{\sqrt{n-1}}{\sqrt{n}-\sqrt{n-1}}$,证明

$$\frac{1}{(p+a_1)^2} + \frac{1}{(p+a_2)^2} + \cdots + \frac{1}{(p+a_n)^2} \leqslant \frac{n}{(p+1)^2}$$

4. (Vasile Cirtoaje, Crux) 设 $x_1, x_2, \cdots, x_n$ 是非负实数,且满足

$$x_1 x_2 \cdots x_n < 1$$

$$\frac{x_1 + x_2 + \cdots + x_n}{n} = r \geqslant \frac{1}{\dfrac{n}{n-1} + \sqrt{\dfrac{n}{n-1}} + 1}$$

证明下列不等式

$$\frac{\sqrt{x_1}}{1-x_1} + \frac{\sqrt{x_2}}{1-x_2} + \cdots + \frac{\sqrt{x_n}}{1-x_n} \geqslant \frac{n\sqrt{r}}{1-r}$$

5. (Pham Kim Hung, Mathlinks) 设 $a_1, a_2, \cdots, a_n$ 是正实数,且满足 $a_1 a_2 \cdots a_n = 1$,证明

$$\frac{1}{a_1} + \frac{1}{a_2} + \cdots + \frac{1}{a_n} + \frac{4(n-1)}{a_1 + a_2 + \cdots + a_n} \geqslant n + 4 - \frac{4}{n}$$

6. (Pham Kim Hung, Volume I) 设 $a_1, a_2, \cdots, a_n$ 是正实数,且满足 $a_1 + a_2 + \cdots + a_n = n$,证明

$$\frac{1}{a_1} + \frac{1}{a_2} + \cdots + \frac{1}{a_n} - n \geqslant \frac{8(n-1)}{n^2}(1 - a_1 a_2 \cdots a_n)$$

7. (Vasile Cirtoaje, Algebraic Inequalities) 设 $a_1, a_2, \cdots, a_n$ 是正实数,且满

足 $a_1 a_2 \cdots a_n = 1$,对于 $n \geqslant 4$,证明

$$(n-1)(a_1^2 + a_2^2 + \cdots + a_n^2) + n(n+3) \geqslant (2n+2)(a_1 + a_2 + \cdots + a_n)$$

8. (Pham Kim Hung,Mathlinks) 设 $x_1, x_2, \cdots, x_n (n \geqslant 3)$ 是正实数,且满足 $x_1 + x_2 + \cdots + x_n = n$,证明

$$\frac{1}{x_1} + \frac{1}{x_2} + \cdots + \frac{1}{x_n} + \frac{3n}{\sqrt{x_1^2 + x_2^2 + \cdots + x_n^2}} \geqslant n + 3\sqrt{n}$$

9. (Vasile Cirtoaje,Algebraic Inequalities) 设 $x_1, x_2, \cdots, x_n$ 是非负实数,且满足 $x_1 + x_2 + \cdots + x_n = n$,证明

$$(x_1 x_2 \cdots x_n)^{\frac{1}{\sqrt{n-1}}} (x_1^2 + x_2^2 + \cdots + x_n^2) \leqslant n$$

10. (Vasile Cirtoaje,Algebraic Inequalities) 设 $x_1, x_2, \cdots, x_n$ 是非负实数,且满足 $x_1^2 + x_2^2 + \cdots + x_n^2 = \dfrac{n(n-1)}{(n+\sqrt{n-1})^2}$,证明下列不等式

$$\frac{1}{1-x_1} + \frac{1}{1-x_2} + \cdots + \frac{1}{1-x_n} \leqslant n + \sqrt{n-1}$$

11. (Pham Kim Hung,Mathlinks) 设 $x_1, x_2, \cdots, x_n (n \geqslant 3)$ 是非负实数,且满足 $x_1 + x_2 + \cdots + x_n = n$,证明

$$x_1^3 + x_2^3 + \cdots + x_n^3 + \frac{(n+1)^2(n+5)}{1 + x_1^2 + x_2^2 + \cdots + x_n^2} \geqslant n^2 + 7n + 5$$

12. (Pham Kim Hung,Mathlinks) 设 $a_1, a_2, \cdots, a_n$ 是正实数,且满足 $a_1 a_2 \cdots a_n = 1$,证明

$$n^{2n-2}(1+a_1^2)(1+a_2^2)\cdots(1+a_n^2) \leqslant 2^n (a_1 + a_2 + \cdots + a_n)^{2n-2}$$

13. (Pham Kim Hung,Mathlinks) 设 $x_1, x_2, \cdots, x_n$ 是大于 $\dfrac{n-1}{n}$ 的正实数,且满足 $x_1 x_2 \cdots x_n = 1$,证明

$$\frac{1}{1+nx_1} + \frac{1}{1+nx_2} + \cdots + \frac{1}{1+nx_n} + \frac{1}{1+x_1+x_2+\cdots+x_n} \geqslant 1$$

当变量 $x_1, x_2, \cdots, x_n$ 不必大于 $\dfrac{n-1}{n}$ 时,证明这个不等式.

14. (Pham Kim Hung,Volume I) 设 $a_1, a_2, \cdots, a_{2n}$ 是非负实数,满足 $a_1 + a_2 + \cdots + a_{2n} = 2n-1$ 且 $a_1 \geqslant a_2 \geqslant \cdots \geqslant a_{2n}$,证明

$$(a_1^2 + a_2^2)(a_3^2 + a_4^2)\cdots(a_{2n-1}^2 + a_{2n}^2) \leqslant 2^{n-1}$$

经典不等式的使用方法

在熟悉了四个强劲的方法之后,你可能认为我对于经典不等式的使用方法很困惑. 当然,经典不等式方法比前四个方法(包括 SOS、整合变量、反证法和一般归纳法)总是简单,此外,你可能在仅仅使用经典不等式方面非常熟悉,并积累了丰富的经验. 但是,这些是有原因的.

传说在中国古代,有位杰出的侠士有一句谚语,说"无形的战胜有形的". 对我们目前的情况来说,这句话是正确的. 试想一下,诸如整合变量、SOS 等等方法,就是"有形的"或"有形的方法",那么使用经典不等式方法就是真正的"无形的"或"无形的方法".

使用"有形的"解决困难的不等式或许是不可能的,然而,"无形的方法"却可以产生令人难以置信的、漂亮的解法.

如果你是一位学习不等式的初学者,我建议你,首先学习前面介绍的四个强大的方法,之后,再学习经典不等式的方法. 但是,如果说你使用经典不等式很专业,你喜欢凭自己的灵感来解决这些不等式,不需要这四个强大方法的帮助,那么,你必定是一位不等式专家.

使用经典不等式方法来证明不等式,很难确定一个标准和方式,而用四个强大的方法是很机械的. 这就是,为什么把使用经典不等式方法称为"无形的"的原因. 体验它、感受它、发挥它、理解它. 还是让问题自己说话吧!

5.1　系列问题 A:巧妙的应用

　　每一个不等式都有它自己的特点.事实上,每一个优美的不等式,其中都具有某些吸引人的地方,看看它的特别的形式,我们可能找到简单的解法,并不需要更高深的知识.

　　例 5.1.1(Sung Yoon Kim,Mathlinks)　设 a,b,c 是实数,证明

$$a^6 + b^6 + c^6 - 3a^2b^2c^2 \geqslant \frac{1}{2}(a-b)^2(b-c)^2(c-a)^2$$

　　证明　不等式改写成如下形式

$$(a^2+b^2+c^2)\big[(a^2-b^2)^2+(b^2-c^2)^2+(c^2-a^2)^2\big] \geqslant (a-b)^2(b-c)^2(c-a)^2$$

　　由 Cauchy-Schwarz 不等式,我们得到

$$\sum a^2 \cdot \sum (b^2-c^2)^2 \geqslant \Big[\sum a(b^2-c^2)\Big]^2 = (a-b)^2(b-c)^2(c-a)^2$$

不等式得证,等号成立的条件是 $(a,b,c) \sim (1,1,0),(-1,1,0)$ 或 $(1,1,1)$.

　　例 5.1.2(Manlio Marangelli,Old and New Inequalities)　设 x,y,z 是正实数,证明

$$3(x^2y+y^2z+z^2x)(xy^2+yz^2+zx^2) \geqslant xyz(x+y+z)^3$$

　　证明　根据 AM - GM 不等式,有

$$\frac{1}{3} + \frac{x^2y}{x^2y+y^2z+z^2x} + \frac{zx^2}{xy^2+yz^2+zx^2} \geqslant 3x\sqrt[3]{\frac{xyz}{3\sum x^2y \cdot \sum xy^2}}$$

类似可得另外两个不等式,三个不等式相加,有

$$1 + \sum \frac{x^2y}{x^2y+y^2z+z^2x} + \sum \frac{zx^2}{xy^2+yz^2+zx^2}$$

$$\geqslant 3(x+y+z)\sqrt[3]{\frac{xyz}{3\sum x^2y \cdot \sum xy^2}}$$

$$\Rightarrow \sqrt[3]{3\sum x^2y \cdot \sum xy^2} \geqslant (x+y+z)\sqrt[3]{xyz}$$

$$\Rightarrow 3\sum x^2y \cdot \sum xy^2 \geqslant xyz\Big(\sum x\Big)^3$$

所以,不等式得证.等号成立的条件是 $x = y = z$.

　　例 5.1.3(Pham Kim Hung,Mathematics Reflection 2006)　设 a,b,c 是非负实数,证明

$$\frac{a}{\sqrt{a+2b}} + \frac{b}{\sqrt{b+2c}} + \frac{c}{\sqrt{c+2a}} \leqslant \sqrt{\frac{3}{2}} \cdot \sqrt{a+b+c}$$

　　证明　不等式等价于

$$\sum a\sqrt{(b+2c)(c+2a)} \leqslant \sqrt{\frac{3}{2}} \cdot \sqrt{(a+2b)(b+2c)(c+2a)(a+b+c)}$$

由 Cauchy-Schwarz 不等式,我们得到

$$\left[\sum a\sqrt{(b+2c)(c+2a)}\right]^2 = \left[\sum a\sqrt{b+2c} \cdot \sqrt{c+2a}\right]^2$$

$$\leqslant \sum a^2(b+2c) \cdot \sum (c+2a) = 3\sum a \cdot \sum a^2(b+2c)$$

因此,只需证明

$$3\sum a \cdot \sum a^2(b+2c) \leqslant \frac{3}{2}(a+2b)(b+2c)(c+2a)(a+b+c)$$

$$\Leftrightarrow 2\sum a^2(b+2c) \leqslant (a+2b)(b+2c)(c+2a)$$

$$\Leftrightarrow 2\sum a^2b + 4\sum a^2c \leqslant 9abc + 2\sum a^2b + 4\sum a^2c$$

这显然成立,证毕.

例 5.1.4(Vasile Cirtoaje,Crux) 设 a,b,c 是正实数,且满足 $a^2 + b^2 + c^2 = 1$,证明

$$\frac{1}{1-ab} + \frac{1}{1-bc} + \frac{1}{1-ca} \leqslant \frac{9}{2}$$

证明 不等式可以变成如下形式

$$\left(\frac{1}{1-ab}-1\right) + \left(\frac{1}{1-bc}-1\right) + \left(\frac{1}{1-ca}-1\right) \leqslant \frac{3}{2}$$

$$\Leftrightarrow \frac{ab}{1-ab} + \frac{bc}{1-bc} + \frac{ca}{1-ca} \leqslant \frac{3}{2}$$

由 Cauchy-Schwarz 不等式,我们有

$$\frac{a^2}{a^2+c^2} + \frac{b^2}{b^2+c^2} \geqslant \frac{(a+b)^2}{a^2+b^2+2c^2}$$

$$\geqslant \frac{(a+b)^2 - (a-b)^2}{a^2+b^2+2c^2+(a-b)^2}$$

$$= \frac{4ab}{2(a^2+b^2+c^2)-2ab} = \frac{2ab}{1-ab}$$

所以,我们得到

$$3 = \sum \left(\frac{a^2}{a^2+c^2} + \frac{b^2}{b^2+c^2}\right) \geqslant \sum \frac{2ab}{1-ab}$$

等号成立的条件是 $a = b = c = \dfrac{1}{\sqrt{3}}$.

注 使用同样的方法,我们得到四变量的类似的不等式:
设 a,b,c,d 是正实数,且满足 $a^2 + b^2 + c^2 + d^2 = 1$,证明

$$\frac{1}{1-ab} + \frac{1}{1-bc} + \frac{1}{1-cd} + \frac{1}{1-da} + \frac{1}{1-ac} + \frac{1}{1-bd} \leqslant 8$$

关于 n 个变量的类似的不等式(译者)

设 $x_1,x_2,\cdots,x_n$ 是正实数,且满足 $x_1^2+x_2^2+\cdots+x_n^2=1$,证明

$$\sum_{1\leqslant i<j\leqslant n}\frac{1}{1-x_ix_j}\leqslant\frac{n^2}{2}$$

例 5.1.5(Titu Andresscu,Gabriel Dospinescu,Old and New Inequalities)
设 a,b,c 是非负实数,其和为 1,证明

$$(a^2+b^2)(b^2+c^2)(c^2+a^2)\geqslant 8(a^2b^2+b^2c^2+c^2a^2)^2$$

证明　令 $m=\dfrac{1}{a},n=\dfrac{1}{b},p=\dfrac{1}{c}$,则 $\dfrac{1}{m}+\dfrac{1}{n}+\dfrac{1}{p}=1$,我们来证明

$$(m^2+n^2)(n^2+p^2)(p^2+m^2)\geqslant 8(m^2+n^2+p^2)^2$$

$$\Leftrightarrow(m^2+n^2)(n^2+p^2)(p^2+m^2)\left(\frac{1}{m}+\frac{1}{n}+\frac{1}{p}\right)^2\geqslant 8(m^2+n^2+p^2)^2$$

又设 $m^2+n^2=2x,n^2+p^2=2y,p^2+m^2=2z$,则上述不等式变成

$$\sqrt{\frac{xyz}{x+y-z}}+\sqrt{\frac{xyz}{y+z-x}}+\sqrt{\frac{xyz}{z+x-y}}\geqslant x+y+z$$

由四次 Schur 不等式,有

$$\sum x^4+xyz(x+y+z)\geqslant\sum x^3(y+z) \tag{1}$$
$$\Leftrightarrow xyz(x+y+z)\geqslant\sum z^3(x+y-z)$$

由 Hölder 不等式,有

$$\sum(x+y-z)z^3\cdot\left(\sum\frac{1}{\sqrt{x+y-z}}\right)^2\geqslant\left(\sum x\right)^3 \tag{2}$$

$$\Rightarrow\sum(x+y-z)z^3\geqslant\frac{\left(\sum x\right)^3}{\left(\sum\dfrac{1}{\sqrt{x+y-z}}\right)^2}$$

由(1) 和(2),有

$$xyz(x+y+z)\geqslant\frac{\left(\sum x\right)^3}{\left(\sum\dfrac{1}{\sqrt{x+y-z}}\right)^2}$$

$$\Leftrightarrow xyz\left(\sum\frac{1}{\sqrt{x+y-z}}\right)^2\geqslant\left(\sum x\right)^2$$

$$\Leftrightarrow\sum\sqrt{\frac{xyz}{x+y-z}}\geqslant\sum x$$

因此,不等式得证. 等号成立的条件是 $x=y=z$ 或 $a=b=c=\dfrac{1}{3}$.

注　这个问题的非常暴力的方法:展开不等式变形如下

$$(m^2+n^2)(n^2+p^2)(p^2+m^2)\left(\frac{1}{m}+\frac{1}{n}+\frac{1}{p}\right)^2 \geqslant 8\,(m^2+n^2+p^2)^2$$

$$\Leftrightarrow \sum m^2 \cdot \sum m^2 n^2 \cdot \left(\sum \frac{1}{m}\right)^2 \geqslant 8\left(\sum m^2\right)^2 + m^2 n^2 p^2\left(\sum \frac{1}{m}\right)^2$$

$$\Leftrightarrow \sum m^2 \cdot \left[\sum m^2 n^2 \cdot \left(\sum \frac{1}{m}\right)^2 - 8\sum m^2\right] \geqslant m^2 n^2 p^2\left(\sum \frac{1}{m}\right)^2$$

对变量 mn,np,pm 应用四次 Schur 不等式,我们有

$$\sum \frac{m^4}{n^2 p^2} + \sum mn \geqslant 2\sum m^2$$

所以

$$\sum m^2 n^2 \cdot \left(\sum \frac{1}{m}\right)^2 = 2\sum m^2 + \sum \frac{m^2 n^2}{p^2} + 2\sum m^2\left(\frac{n}{p}+\frac{p}{n}\right) + 2\sum mn$$

$$\geqslant 6\sum m^2 + \sum \frac{m^2 n^2}{p^2} + 2\sum mn \geqslant 8\sum m^2 + \sum mn$$

最后,只需证明

$$\sum mn \cdot \sum m^2 \geqslant m^2 n^2 p^2\left(\sum \frac{1}{m}\right)^2$$

$$\Leftrightarrow \sum m^3(n+p) \geqslant \sum m^2 n^2 + \sum m^2 np$$

这最后的不等式,是成立的. 因为,由 AM-GM 不等式,有

$$\sum m^3(n+p) \geqslant 2\sum m^2 n^2, \quad \sum m^3(n+p) \geqslant 2\sum m^2 np$$

例 5.1.6(Kunihiko Chikaya,Mathlinks) 设 p,q,r 是实数,x,y,z 是满足 $x^2+y^2+z^2-xy-yz-zx=3$ 的实数,求表达式

$$(q-r)x+(r-p)y+(p-q)z$$

的最大值.

解 由 Cauchy-Schwarz 不等式,我们有

$$3(q-r)x+3(r-p)y+3(p-q)z$$
$$=3(q-r)x+3(r-p)y+3(p-q)z-$$
$$(x+y+z)\big[(q-r)+(r-p)+(p-q)\big]$$
$$=(q-r)(2x-y-z)+(r-p)(2y-x-z)+(p-q)(2z-x-y)$$
$$\leqslant \sqrt{(q-r)^2+(r-p)^2+(p-q)^2}\,\cdot$$
$$\sqrt{(2x-y-z)^2+(2y-x-z)^2+(2z-x-y)^2}$$
$$=\sqrt{2(p^2+q^2+r^2-pq-qr-rp)\cdot 6(x^2+y^2+z^2-xy-yz-zx)}$$
$$=6\sqrt{p^2+q^2+r^2-pq-qr-rp}$$

所以,表达式 $(q-r)x+(r-p)y+(p-q)z$ 的最大值为

$$6\sqrt{p^2+q^2+r^2-pq-qr-rp}$$

且当$(x-y,y-z,z-x) \sim (p+q-2r,r+q-2p,p+r-2q)$时,达到最大值.

例 5.1.7 设a,b,c是正实数,证明

$$\frac{a}{a^2+bc}+\frac{b}{b^2+ca}+\frac{c}{c^2+ab} \geq \frac{1}{a+b}+\frac{1}{b+c}+\frac{1}{c+a}$$

证明 尽管这个不等式是对称的,在使用Chebyshev不等式之前,把它变成轮换的形式.首先,由于对称性,可以假设$a \geq b \geq c$,把不等式写成轮换的形式如下

$$\left(\frac{a}{a^2+bc}-\frac{1}{a+b}\right)+\left(\frac{b}{b^2+ca}-\frac{1}{b+c}\right)+\left(\frac{c}{c^2+ab}-\frac{1}{c+a}\right) \geq 0$$

$$\Leftrightarrow \sum \frac{b(a-c)}{(a^2+bc)(a+b)} \geq 0$$

注意到$\sum b(a-c)=0$,而且,由于$a \geq b \geq c$,所以,只需证明

$$\frac{1}{(b^2+ca)(b+c)} \geq \frac{1}{(a^2+bc)(a+b)} \tag{1}$$

$$\frac{1}{(c^2+ab)(c+a)} \geq \frac{1}{(b^2+ca)(b+c)} \tag{2}$$

由于$a \geq b \geq c$,因此,(1)是显然成立的.(2)等价于

$$a^3+b^2c \geq c^3+ac^2$$

这也是显然成立的.因为$a \geq b \geq c$.

所以,不等式得证.

例 5.1.8(Pham Kim Hung,Mathlinks) 设a,b,c是非负实数,其和为1,证明

$$\frac{a(b+c)}{c+a}+\frac{b(c+a)}{a+b}+\frac{c(a+b)}{b+c} \geq 1-\max\{(a-b)^2,(b-c)^2,(c-a)^2\}$$

证明 设x,y,z是a,b,c的满足条件$x \geq y \geq z$的一个排列.显然

$$x+y \geq x+z \geq y+z$$

$$x(y+z) \geq y(z+x) \geq z(x+y)$$

由排序不等式,我们有

$$\frac{a(b+c)}{c+a}+\frac{b(c+a)}{a+b}+\frac{c(a+b)}{b+c} \geq \frac{x(y+z)}{x+y}+\frac{y(x+z)}{x+z}+\frac{z(x+y)}{y+z}$$

所以,只需证明

$$\frac{x(y+z)}{x+y}+\frac{z(x+y)}{y+z} \geq x+z-(x-z)^2$$

实际上

$$\frac{x(y+z)}{x+y}+\frac{z(x+y)}{y+z}-(x+z)=\frac{x(z-x)}{x+y}+\frac{z(x-z)}{y+z}$$

$$= \frac{-y(x-z)^2}{(x+y)(y+z)}$$

$$\geqslant -(x-z)^2$$

不等式得证. 等号成立的条件是 $a=b=c$ 或 $c=0,a=\max\{a,b,c\}$.

例 5.1.9(Pham Kim Hung,Mathlinks)　设 a,b,c,d 是正实数,满足 $abcd=1$,证明

$$2^8(a^2+1)(b^2+1)(c^2+1)(d^2+1) \leqslant (a+b+c+d)^6$$

证明　设 $a=x^2,b=y^2,c=z^2,d=t^2$,我们来证明

$$2^8(x^4+1)(y^4+1)(z^4+1)(t^4+1) \leqslant (x^2+y^2+z^2+t^2)^6$$

$$\Leftrightarrow 2^8(x^3+yzt)(y^3+zxt)(z^3+xyt)(t^3+xyz) \leqslant (x^2+y^2+z^2+t^2)^6$$

由 AM - GM 不等式,我们有

$$4(x^3+yzt)(y^3+zxt) \leqslant (x^3+y^3+xzt+yzt)^2$$

$$= (x+y)^2(x^2-xy+y^2+zt)^2$$

$$4(t^3+xyz)(z^3+xyt) \leqslant (z^3+t^3+xyz+xyt)^2$$

$$= (z+t)^2(z^2-zt+t^2+xy)^2$$

再次使用 AM - GM 不等式,我们有

$$4(x^2-xy+y^2+zt)(z^2-zt+t^2+xy) \leqslant (x^2+y^2+z^2+t^2)^2$$

$$(x+y)(z+t)=xz+yt+xt+yz \leqslant x^2+y^2+z^2+t^2$$

组合上面的四个不等式,立即可得所要证明的不等式.

例 5.1.10(Pham Kim Hung,Mathlinks)　设 a,b,c,d 是非负实数,满足 $a^2+b^2+c^2+d^2=4$,证明下列不等式

$$a^3+b^3+c^3+d^3+abc+bcd+cda+dab \leqslant 8$$

证明　由 Cauchy-Schwarz 不等式,我们有

$$a^3+b^3+c^3+d^3+abc+bcd+cda+dab$$

$$=a(a^2+bc)+b(b^2+cd)+c(c^2+da)+d(d^2+ab)$$

$$\leqslant \sqrt{(a^2+b^2+c^2+d^2)[(a^2+bc)^2+(b^2+cd)^2+(c^2+da)^2+(d^2+ab)^2]}$$

接下来,我们来证明

$$(a^2+bc)^2+(b^2+cd)^2+(c^2+da)^2+(d^2+ab)^2 \leqslant (a^2+b^2+c^2+d^2)^2$$

实际上,上面这个不等式等价于

$$a^2b^2+b^2c^2+c^2d^2+d^2a^2+2a^2c^2+2b^2d^2$$

$$\geqslant 2(a^2bc+b^2cd+c^2da+d^2ab)$$

$$\Leftrightarrow (ab-ac)^2+(bc-bd)^2+(cd-ca)^2+(da-db)^2 \geqslant 0$$

不等式得证,等号成立的条件是 $a=b=c=d=1$ 和 $a=2,b=c=d=0$ 及其轮换.

注　使用强大的 SOS 方法,也可以证明这个不等式. 如下

$$(a^2 + b^2 + c^2 + d^2)^3 - (a^3 + b^3 + c^3 + d^3 + abc + bcd + cda + dab)^2$$

$$= 3 \sum a^4 (b^2 + c^2 + d^2) + 5 \sum a^2 b^2 c^2 - 2 \sum a^4 (bc + cd + da) - 2 \sum a^3 bcd -$$

$$\sum a^3 (b^3 + c^3 + d^3) - abcd \sum (ab + bc + ca)$$

另外,有下列恒等式

$$2 \sum a^4 (b^2 + c^2 + d^2) - 2 \sum a^4 (bc + cd + db) = \sum (c^4 + d^4)(a - b)^2$$

$$\sum a^4 (b^2 + c^2 + d^2) - \sum a^3 (b^3 + c^3 + d^3) = \sum a^2 b^2 (a - b)^2$$

$$abcd \sum (a^2 + b^2 + c^2) - abcd \sum (ab + bc + ca) = abcd \sum (a - b)^2$$

所以,不等式可以写成如下形式

$$\sum_{sym} (a - b)^2 S_{ab} + 3 \sum a^2 b^2 c^2 - 2abcd \sum (ab + bc + ca) \geqslant 0$$

其中 $S_{ab} = c^4 + d^4 + a^2 b^2 - \dfrac{2}{3} abcd$,类似地有 $S_{ac}, S_{ad}, S_{bc}, S_{bd}, S_{cd}$.

由 AM - GM 不等式,有

$$S_{ab} = c^4 + d^4 + a^2 b^2 - \frac{2}{3} abcd \geqslant 2c^2 d^2 + a^2 b^2 - \frac{2}{3} abcd \geqslant \left(2\sqrt{2} - \frac{2}{3} \right) abcd \geqslant 0$$

又

$$3 \sum a^2 b^2 c^2 - 2abcd \sum (ab + bc + ca) = \sum_{sym} a^2 b^2 (c - d)^2 \geqslant 0$$

所以,不等式得证. 证毕.

例 5.1.11(Vojtech Jarnik,Crux) 设 $x_1, x_2, \cdots, x_n$ 是正实数,且满足

$$\frac{1}{1 + x_1^2} + \frac{1}{1 + x_2^2} + \cdots + \frac{1}{1 + x_n^2} = 1, 证明不等式$$

$$x_1 + x_2 + \cdots + x_n \geqslant (n - 1) \left(\frac{1}{x_1} + \frac{1}{x_2} + \cdots + \frac{1}{x_n} \right)$$

证明 对每一个 $i \in \{1, 2, \cdots, n\}$,令 $a_i = \dfrac{1}{1 + x_i^2}$,则 $x_i = \sqrt{\dfrac{1 - a_i}{a_i}}$,且

$a_1 + a_2 + \cdots + a_n = 1$,因此,不等式变成如下形式

$$\sum_{i=1}^{n} \sqrt{\frac{1 - a_i}{a_i}} \geqslant (n - 1) \sum_{i=1}^{n} \sqrt{\frac{a_i}{1 - a_i}}$$

$$\Leftrightarrow \sum_{i=1}^{n} \left(\sqrt{\frac{1 - a_i}{a_i}} + \sqrt{\frac{a_i}{1 - a_i}} \right) \geqslant n \sum_{i=1}^{n} \frac{a_i}{1 - a_i}$$

$$\Leftrightarrow \sum_{i=1}^{n} \frac{1}{\sqrt{a_i (1 - a_i)}} \geqslant n \sum_{i=1}^{n} \sqrt{\frac{a_i}{1 - a_i}}$$

对两个序列 $\{a_i\}, \left\{ \dfrac{1}{\sqrt{a_i (1 - a_i)}} \right\}$,应用 Chebyshev 不等式,有

$$\sum_{i=1}^{n} \frac{1}{\sqrt{a_i(1-a_i)}} = \sum_{i=1}^{n} a_i \cdot \sum_{i=1}^{n} \frac{1}{\sqrt{a_i(1-a_i)}} \geqslant n \sum_{i=1}^{n} \sqrt{\frac{a_i}{1-a_i}}$$

不等式得证. 如果 $n=2$, 不等式化为等式. 如果 $n \geqslant 3$, 则等号成立的充要条件是 $a_1 = a_2 = \cdots = a_n$.

例 5.1.12 设 $x_1, x_2, \cdots, x_n$ 是正实数, 且满足 $x_1^2 + x_2^2 + \cdots + x_n^2 = n$, 证明下列不等式

$$\frac{x_1^3}{x_2^2 + x_3^2 + \cdots + x_{n-1}^2} + \frac{x_2^3}{x_3^2 + x_4^2 + \cdots + x_n^2} + \cdots + \frac{x_n^3}{x_1^2 + x_2^2 + \cdots + x_{n-2}^2} \geqslant \frac{n}{n-2}$$

证明 设 S 表示不等式左边的表达式

$$P = x_1(x_2^2 + x_3^2 + \cdots + x_{n-1}^2) + x_2(x_3^2 + x_4^2 + \cdots + x_n^2) + \cdots + x_n(x_1^2 + x_2^2 + \cdots + x_{n-2}^2)$$

由 Cauchy-Schwarz 不等式, 我们有

$$S \cdot P \geqslant (x_1^2 + x_2^2 + \cdots + x_n^2)^2 \qquad (*)$$

另外, P 可以表示成如下形式

$$P = \sum_{k=1}^{n} x_k \cdot \sum_{k=1}^{n} x_k^2 - \sum_{k=1}^{n} x_k^3 - \sum_{k=1}^{n} x_k^2 x_{k+1} = \sum_{k=1}^{n} x_k^2 \left(\sum_{j=1, j \neq k, k+1}^{n} x_j \right)$$

其中 x_{n+i} 表示 x_i. 再次应用 Cauchy-Schwarz 不等式, 有

$$P^2 \leqslant \sum_{k=1}^{n} x_k^2 \left[\sum_{k=1}^{n} x_k^2 \left(\sum_{j \neq k, k+1}^{n} x_j \right)^2 \right]$$

$$\sum_{k=1}^{n} x_k^2 \cdot \left(\sum_{j \neq k, k+1}^{n} x_j \right)^2 \leqslant (n-2) \left[\sum_{k=1}^{n} x_k^2 \left(\sum_{j \neq k, k+1}^{n} x_j^2 \right) \right]$$

$$\sum_{k=1}^{n} (x_k^2 + x_{k+1}^2)^2 \geqslant \frac{4}{n} \left(\sum_{k=1}^{n} x_k^2 \right)^2$$

利用上述不等式, 我们有

$$\sum_{k=1}^{n} x_k^2 \cdot \left(\sum_{j \neq k, k+1}^{n} x_j^2 \right) = \left(\sum_{k=1}^{n} x_k^2 \right)^2 - \sum_{k=1}^{n} x_k^2 \left(\sum_{j \neq k, k+1}^{n} x_j^2 \right)$$

$$\leqslant \left(\sum_{k=1}^{n} x_k^2 \right)^2 - \frac{1}{2} \sum_{k=1}^{n} (x_k^2 + x_{k+1}^2)^2 \leqslant \frac{n-2}{n} \left(\sum_{k=1}^{n} x_k^2 \right)^2$$

所以 $P^2 \leqslant \dfrac{(n-2)^2}{n} \left(\sum\limits_{k=1}^{n} x_k^2 \right)^3$, 由 $(*)$ 立即可得

$$S \geqslant \frac{n}{n-2} \sqrt{\frac{x_1^2 + x_2^2 + \cdots + x_n^2}{n}} = \frac{n}{n-2}$$

当且仅当 $x_1 = x_2 = \cdots = x_n = 1$ 时, 成立等号.

例 5.1.13 设 $x_1, x_2, \cdots, x_n$ 是正实数, 满足 $x_1 x_2 \cdots x_n = 1$, 证明

$$\frac{1}{n-1+x_1} + \frac{1}{n-1+x_2} + \cdots + \frac{1}{n-1+x_n} \leqslant 1$$

证明 令 $a_i^2 = x_i, i \in \{1, 2, \cdots, n\}$，则不等式变成

$$\sum_{i=1}^{n} \frac{1}{n-1+a_i^2} \leqslant 1$$

$$\Leftrightarrow \sum_{i=1}^{n} \left(1 - \frac{n-1}{n-1+a_i^2}\right) \geqslant 1$$

$$\Leftrightarrow \sum_{i=1}^{n} \frac{a_i^2}{n-1+a_i^2} \geqslant 1$$

由 Cauchy-Schwarz 不等式，有

$$\sum_{i=1}^{n} \frac{a_i^2}{n-1+a_i^2} \geqslant \frac{\left(\sum_{i=1}^{n} a_i\right)^2}{\sum_{i=1}^{n} (n-1+a_i^2)}$$

所以，只需证明

$$\left(\sum_{i=1}^{n} a_i\right)^2 \geqslant \sum_{i=1}^{n} (n-1+a_i^2) \Leftrightarrow \sum_{i \neq j} a_i a_j \geqslant n(n-1)$$

这由 AM-GM 不等式是显然成立的(注意到 $a_1 a_2 \cdots a_n = 1$)，等号成立的条件是 $a_1 = a_2 = \cdots = a_n = 1$.

5.2 系列问题 B:聪明的分离

一个难的、非常难的不等式,可以通过分离其中简单的成分,并相加而获得证明.如果你有本书第一卷的话,那么关于对称分离的部分内容,或许给你留下深刻的印象.无论怎样,有关这个"无形方法"的相关技术,我们将在更高水准上讨论这个技术的问题.

例 5.2.1(IMO 2002)　设 a, b, c 是正实数,证明

$$\frac{a}{\sqrt{a^2+8bc}} + \frac{b}{\sqrt{b^2+8ca}} + \frac{c}{\sqrt{c^2+8ab}} \geqslant 1$$

证明　设正实数 r 满足

$$\frac{a}{\sqrt{a^2+8bc}} \geqslant \frac{a^{2r}}{a^{2r} + 2(bc)^r}$$

这个条件等价于

$$a^2 (a^{2r} + 2b^r c^r)^2 \geqslant a^{4r}(a^2 + 8bc)$$

$$\Leftrightarrow b^{2r} c^{2r} + a^{2r} b^r c^r \geqslant 2a^{4r-2} bc$$

由 AM-GM 不等式,有

$$b^{2r} c^{2r} + a^{2r} b^r c^r \geqslant 2a^r b^{\frac{3r}{2}} c^{\frac{3r}{2}}$$

由此可见,我们只需选择实数 r 满足

$$\begin{cases} 4r - 2 = r \\ \dfrac{3}{2}r = 1 \end{cases} \Rightarrow r = \dfrac{2}{3}$$

于是

$$\sum \frac{a}{\sqrt{a^2 + 8bc}} \geqslant \sum \frac{a^{2r}}{a^{2r} + 2(bc)^r} \geqslant \sum \frac{a^{2r}}{a^{2r} + b^{2r} + c^{2r}} = 1$$

不等式得证,等号成立的条件是 $a = b = c$.

例 5.2.2(IMO 2005)   设 a, b, c 是正实数,且满足 $abc = 1$,证明

$$\frac{a^5 - a^2}{a^5 + b^2 + c^2} + \frac{b^5 - b^2}{b^5 + c^2 + a^2} + \frac{c^5 - c^2}{c^5 + a^2 + b^2} \geqslant 0$$

证明   首先,我们来证明,对所有正实数 a, b, c,有

$$\frac{a^5 - a^2}{a^5 + b^2 + c^2} \geqslant \frac{a^2 - \dfrac{1}{a}}{a^2 + b^2 + c^2}$$

实际上,上面的不等式等价于

$$(a^5 - a^2)(a^2 + b^2 + c^2) \geqslant (a^5 + b^2 + c^2)\left(a^2 - \frac{1}{a}\right) \Leftrightarrow \frac{1}{a}(a^3 - 1)^2(b^2 + c^2) \geqslant 0$$

所以,我们有(注意到 $abc = 1$)

$$\sum \frac{a^5 - a^2}{a^5 + b^2 + c^2} \geqslant \sum \frac{a^2 - \dfrac{1}{a}}{a^2 + b^2 + c^2} = \frac{a^2 + b^2 + c^2 - (ab + bc + ca)}{a^2 + b^2 + c^2} \geqslant 0$$

等号成立的条件是 $a = b = c = 1$.

例 5.2.3(Hyun Soo Kim, Mathlinks)   设 a, b, c 是正实数,且满足 $abc = 1$, k 是大于 1 的任意实数,证明

$$\frac{1}{a + b^k + c^k} + \frac{1}{b + c^k + a^k} + \frac{1}{c + a^k + b^k} \leqslant 1$$

证明   设实数 r 满足

$$\frac{1}{a + b^k + c^k} \leqslant \frac{a^{r-1}}{a^r + b^r + c^r}$$

这个条件等价于

$$a^r + b^r + c^r \leqslant a^{r-1}(a + b^k + c^k) \Leftrightarrow (b^r + c^r)(bc)^{r-1} \leqslant b^k + c^k$$

很明显,当我们令 $3r - 2 = k$,即 $r = \dfrac{k+2}{3}$ 时,上面的不等式也是成立的. 于是,有

$$\sum \frac{1}{a + b^k + c^k} \leqslant \sum \frac{a^{r-1}}{a^r + b^r + c^r} = \frac{a^{r-1} + b^{r-1} + c^{r-1}}{a^r + b^r + c^r}$$

由 AM - GM 不等式,有

$$a + b + c \geqslant 3\sqrt[3]{abc} = 3$$

接下来,由 Chebyshev 不等式,我们有

$$3(a^r + b^r + c^r) \geqslant (a + b + c)(a^{r-1} + b^{r-1} + c^{r-1}) \geqslant 3(a^{r-1} + b^{r-1} + c^{r-1})$$

$$\Leftrightarrow a^r + b^r + c^r \geqslant a^{r-1} + b^{r-1} + c^{r-1}$$

因此,不等式得证,等号成立的条件是 $a = b = c = 1$.

例 5.2.4(Faruk Zejnulahi,Crux)　设 a, b, c 是非负实数,满足 $a^2 + b^2 + c^2 = 1$,证明不等式

$$1 \leqslant \frac{a}{1 + bc} + \frac{b}{1 + ca} + \frac{c}{1 + ab} \leqslant \sqrt{2}$$

证明　利用条件 $a^2 + b^2 + c^2 = 1$,我们来证明

$$(a + b + c)^2 \leqslant 2(1 + bc)^2$$

事实上,上面的不等式等价于

$$2(ab + bc + ca) \leqslant 1 + 4bc + 2b^2c^2$$

$$\Leftrightarrow 2a(b + c) \leqslant a^2 + (b + c)^2 + 2b^2c^2$$

$$\Leftrightarrow (b + c - a)^2 + 2b^2c^2 \geqslant 0$$

这显然成立. 因此,我们得到

$$\frac{a}{1 + bc} + \frac{b}{1 + ca} + \frac{c}{1 + ab} \leqslant \frac{\sqrt{2}a}{a + b + c} + \frac{\sqrt{2}b}{a + b + c} + \frac{\sqrt{2}c}{a + b + c} = \sqrt{2}$$

不等式右半部分得证,等号成立的条件是 $a = b = \dfrac{1}{\sqrt{2}}, c = 0$ 或其轮换.

为证明不等式左半部分,注意到

$$a + abc \leqslant a + \frac{a(b^2 + c^2)}{2} = a + \frac{a(1 - a^2)}{2} = 1 - \frac{(a-1)^2(a+2)}{2} \leqslant 1$$

所以

$$\frac{a}{1 + bc} + \frac{b}{1 + ca} + \frac{c}{1 + ab} = \frac{a^2}{a + abc} + \frac{b^2}{b + abc} + \frac{c^2}{c + abc} \geqslant a^2 + b^2 + c^2 = 1$$

不等式左半部分得证,等号成立的条件是 $a = 1, b = c = 0$ 或其轮换.

例 5.2.5　设 a, b, c 是正实数,证明

$$\sqrt{\frac{a^3}{a^3 + (b+c)^3}} + \sqrt{\frac{b^3}{b^3 + (c+a)^3}} + \sqrt{\frac{c^3}{c^3 + (a+b)^3}} \geqslant 1$$

证明　我们来证明,对所有正实数 a, b, c,有

$$\sqrt{\frac{a^3}{a^3 + (b+c)^3}} \geqslant \frac{a^2}{a^2 + b^2 + c^2}$$

事实上,这个不等式等价于

$$\frac{a^3}{a^3 + (b+c)^3} \geqslant \frac{a^4}{(a^2 + b^2 + c^2)^2}$$

$$\Leftrightarrow 2a^2(b^2 + c^2) + (b^2 + c^2)^2 \geqslant a(b+c)^3$$

由于 $8(b^2+c^2)^3 \geqslant (b+c)^6$，所以
$$2a^2(b^2+c^2)+(b^2+c^2)^2 \geqslant 2\sqrt{2a^2(b^2+c^2)^3} \geqslant a(b+c)^3$$
因此
$$\sum \sqrt{\frac{a^3}{a^3+(b+c)^3}} \geqslant \sum \frac{a^2}{a^2+b^2+c^2}=1$$

例 5.2.6（Vasile Cirtoaje, Old and New Inequalities） 设 a,b,c,d 是正实数，满足 $a^2+b^2+c^2+d^2=1$，证明
$$(1-a)(1-b)(1-c)(1-d) \geqslant abcd$$

证明 只需证明下列不等式
$$(1-a)(1-b) \geqslant cd$$

事实上，由 AM-GM 不等式，我们有
$$\frac{1}{2}(a^2+b^2+c^2+d^2)-cd+ab+\frac{1}{2}=\frac{1}{2}(c-d)^2+\frac{1}{2}(a+b)^2+\frac{1}{2} \geqslant a+b$$
$$\Rightarrow 1-cd+ab \geqslant a+b$$
$$\Rightarrow (1-a)(1-b) \geqslant cd$$

于是，不等式得证.

例 5.2.7（Vasile Cirtoaje, Algebraic Inequalities） 设 a,b,c,d 是实数，对于 $k \leqslant \frac{\sqrt{3}-1}{2}$，证明
$$a^4+b^4+c^4+d^4+k(ab^3+bc^3+cd^3+da^3) \geqslant (k+1)(a^3b+b^3c+c^3d+d^3a)$$

证明 首先，我们来证明，对所有实数 x,y，有
$$x^4+kxy^3-(k+1)x^3y \geqslant \frac{1-2k}{4}(x^4-y^4) \qquad (*)$$

事实上，注意到
$$x^4+kxy^3-(k+1)x^3y-\frac{1-2k}{4}(x^4-y^4)$$
$$=\frac{1}{4}(x-y)^2\left[(2k+3)x^2-2xy+(1-2k)y^2\right]$$

因为 $2k+2k^2 \leqslant 1$，所以
$$(2k+3)x^2-2xy+(1-2k)y^2$$
$$=(2k+3)\left(x-\frac{y}{2k+3}\right)^2+\frac{2(1-2k-2k^2)y^2}{2k+3} \geqslant 0$$

因此，$(*)$ 成立. 由 $(*)$，我们有
$$\sum a^4+k\sum ab^3-(k+1)\sum a^3b \geqslant \frac{1-2k}{4}\sum(a^4-b^4)=0$$

不等式得证.

例 5.2.8（Poland MO 2007） 设 a,b,c,d 是正实数，满足

$$\frac{1}{a} + \frac{1}{b} + \frac{1}{c} + \frac{1}{d} = 1$$

证明

$$\sqrt[3]{\frac{a^3+b^3}{2}} + \sqrt[3]{\frac{b^3+c^3}{2}} + \sqrt[3]{\frac{c^3+d^3}{2}} + \sqrt[3]{\frac{d^3+a^3}{2}} \leqslant 2(a+b+c+d) - 4$$

证明　首先证明

$$\sqrt[3]{\frac{a^3+b^3}{2}} \leqslant \frac{a^2+b^2}{a+b}$$

事实上,上面的不等式等价于

$$(a+b)^3(a^3+b^3) \leqslant 2\,(a^2+b^2)^3 \Leftrightarrow (a-b)^4(a^2+ab+b^2) \geqslant 0$$

回到原问题,我们只需证明

$$\sum \frac{a^2+b^2}{a+b} \leqslant 2(a+b+c+d) - 4$$

$$\Leftrightarrow \sum \left(a+b - \frac{ab}{a+b}\right) \geqslant 4$$

$$\Leftrightarrow \sum \frac{1}{\frac{1}{a}+\frac{1}{b}} \geqslant 2$$

由 Cauchy-Schwarz 不等式,并注意条件 $\frac{1}{a} + \frac{1}{b} + \frac{1}{c} + \frac{1}{d} = 1$,则

$$8 \sum \frac{1}{\frac{1}{a}+\frac{1}{b}} = \sum \frac{1}{\frac{1}{a}+\frac{1}{b}} \cdot \sum \left(\frac{1}{a}+\frac{1}{b}\right) \geqslant 16$$

所以,原不等式成立,等号成立的条件是 $a = b = c = d = 1$.

例 5.2.9　设 $x_1, x_2, \cdots, x_n$ 是正实数,且满足 $x_1 x_2 \cdots x_n = 1$,又设 $S = x_1 + x_2 + \cdots + x_n$,证明

$$\frac{1}{1+S-x_1} + \frac{1}{1+S-x_2} + \cdots + \frac{1}{1+S-x_n} \leqslant 1$$

证明　令 $x_i = a_i^n, i \in \{1, 2, \cdots, n\}$, $S_n = a_1 + a_2 + \cdots + a_n$,题设条件变成 $a_1 a_2 \cdots a_n = 1$.

由 AM - GM 不等式,我们有

$1 + S - x_i$

$= 1 + x_1 + x_2 + \cdots + x_{i-1} + x_{i+1} + \cdots + x_n$

$= a_1 a_2 \cdots a_n + a_1^n + a_2^n + \cdots + a_{i-1}^n + a_{i+1}^n + \cdots + a_n^n$

$\geqslant a_1 a_2 \cdots a_n + a_1 a_2 \cdots a_{i-1} a_{i+1} \cdots a_n (a_1 + a_2 + \cdots + a_{i-1} + a_{i+1} + \cdots + a_n) = \dfrac{S_n}{a_i}$

所以

$$\sum_{i=1}^{n} \frac{1}{1+S-x_i} \leqslant \sum_{i=1}^{n} \frac{a_i}{S_n} = 1$$

等号成立的条件是 $a_1 = a_2 = \cdots = a_n = 1$ 或 $x_1 = x_2 = \cdots = x_n = 1$.

例 5.2.10(Romania TST 1998) 设 $a_1, a_2, \cdots, a_n$ 是正实数，满足 $a_1 a_2 \cdots a_n = 1$, 证明

$$\frac{1}{n-1+a_1} + \frac{1}{n-1+a_2} + \cdots + \frac{1}{n-1+a_n} \leqslant 1$$

证明 在前面,这个不等式采用许多方法证明过,看看下面这个意想不到的证明.

设 $a_i = x_i^n, i \in \{1, 2, \cdots, n\}$, 由 AM - GM 不等式,有

$$\begin{aligned}
\frac{n-1}{n-1+a_i} = 1 - \frac{a_i}{n-1+a_i} &= 1 - \frac{x_i^n}{x_i^n + (n-1)x_1 x_2 \cdots x_n} \\
&= 1 - \frac{x_i^{n-1}}{x_i^{n-1} + (n-1)x_1 x_2 \cdots x_{i-1} x_{i+1} \cdots x_n} \\
&\leqslant 1 - \frac{x_i^{n-1}}{x_1^{n-1} + x_2^{n-1} + \cdots + x_n^{n-1}}
\end{aligned}$$

所以,我们有

$$\sum_{i=1}^{n} \frac{n-1}{n-1+a_i} \leqslant \sum_{i=1}^{n} \left(1 - \frac{x_i^{n-1}}{x_1^{n-1} + x_2^{n-1} + \cdots + x_n^{n-1}} \right) = n-1$$

$$\Rightarrow \sum_{i=1}^{n} \frac{1}{n-1+a_i} \leqslant 1$$

不等式得证,等号成立的条件是 $x_1 = x_2 = \cdots = x_n = 1$ 或 $a_1 = a_2 = \cdots = a_n = 1$.

5.3 系列问题 C:难以置信的恒等式

优美的变换在不等式的证明中,总是扮演着重要的角色. 有时候,一个意想不到的恒等式可以帮助我们很快地证明不等式,没有恒等式或许不可能处理这些不等式.下面是一些非常特别,并稍有一点不自然的不等式.

例 5.3.1(Pham Kim Hung, Mathlinks) 设 a, b, c 是正实数,且满足 $abc = 1$, 证明

$$\frac{1}{(1+a)^2} + \frac{1}{(1+b)^2} + \frac{1}{(c+1)^2} + \frac{1}{1+a+b+c} \geqslant 1$$

证明 使用下列恒等式(注意条件 $abc = 1$)

$$\sum \frac{1}{(1+a)^2} + \frac{2}{(1+a)(1+b)(1+c)} - 1 = \frac{a^2 + b^2 + c^2 - 3}{(1+a)^2(1+b)^2(1+c)^2}$$

$$\frac{1}{1+a+b+c} - \frac{2}{(1+a)(1+b)(1+c)} = \frac{ab + bc + ca - a - b - c}{(1+a)(1+b)(1+c)(1+a+b+c)}$$

所以,我们有

$$\frac{1}{(1+a)^2}+\frac{1}{(1+b)^2}+\frac{1}{(1+c)^2}+\frac{1}{1+a+b+c}-1$$

$$=\frac{(a^2+b^2+c^2-3)(a+b+c)+a^2b^2+b^2c^2+c^2a^2-3}{(1+a)^2(1+b)^2(1+c)^2(1+a+b+c)}\geqslant 0$$

例 5.3.2(Vietnam TST 1991) 设 a,b,c 是任意实数,证明

$$(a+b)^4+(b+c)^4+(c+a)^4\geqslant\frac{4}{7}(a^4+b^4+c^4)$$

证明 令 $a+b=2x,b+c=2y,c+a=2z$,则不等式变成

$$\sum a^4=\sum(z+x-y)^4=4\left(\sum x^2\right)^2+16\sum x^2y^2-\left(\sum x\right)^4\leqslant 28\sum x^4$$

这是成立的. 因为

$$\sum x^2y^2\leqslant\sum x^4,\left(\sum x^2\right)^2\leqslant 3\sum x^4$$

例 5.3.3 (Dao Hai Long, Mathematics & Youth Magazine)设 a,b,c 是三个互不相等的实数,证明

$$\left(\frac{a+b}{a-b}\right)^2+\left(\frac{b+c}{b-c}\right)^2+\left(\frac{c+a}{c-a}\right)^2\geqslant 2$$

证明 设 $x=\frac{a+b}{a-b},y=\frac{b+c}{b-c},z=\frac{c+a}{c-a}$,则

$$(x+1)(y+1)(z+1)=(x-1)(y-1)(z-1)\Leftrightarrow xy+yz+zx=-1$$

所以

$$x^2+y^2+z^2\geqslant-2(xy+yz+zx)=2$$

注 1. 类似地,我们可以证明下列不等式:

设 a,b,c 是三个互不相等的实数,证明

$$\frac{a^2}{(b-c)^2}+\frac{b^2}{(c-a)^2}+\frac{c^2}{(a-b)^2}\geqslant 2$$

事实上,令 $x=\frac{a}{b-c},y=\frac{b}{c-a},z=\frac{c}{a-b}$,则

$$(1+x)(1+y)(1+z)=-(1-x)(1-y)(1-z)$$

$$\Rightarrow xy+yz+zx=-1$$

2.原不等式的右边每一项都减去 1,得到下列不等式:

设 a,b,c 是三个互不相等的实数,证明

$$\frac{ab}{(a-b)^2}+\frac{bc}{(b-c)^2}+\frac{ca}{(c-a)^2}\geqslant-\frac{1}{4}$$

所以,我们推出,对所有互不相等的实数 a,b,c,有

$$\frac{a^2+b^2}{(a-b)^2}+\frac{b^2+c^2}{(b-c)^2}+\frac{c^2+a^2}{(c-a)^2}\geqslant\frac{5}{4}$$

因此,有下列不等式:

设 a, b, c 是三个互不相等的实数, 证明

$$(a^2 + b^2 + c^2)\left[\frac{1}{(a-b)^2} + \frac{1}{(b-c)^2} + \frac{1}{(c-a)^2}\right] \geqslant \frac{9}{2}$$

由上面这些不等式, 我们很容易得到下列不等式

$$\frac{a^2 + ab + b^2}{(a-b)^2} + \frac{b^2 + bc + c^2}{(b-c)^2} + \frac{c^2 + ca + a^2}{(c-a)^2} \geqslant \frac{9}{4}$$

或换句话说, 我们有

设 a, b, c 是三个互不相等的实数, 证明

$$\frac{a^3 - b^3}{(a-b)^3} + \frac{b^3 - c^3}{(b-c)^3} + \frac{c^3 - a^3}{(c-a)^3} \geqslant \frac{9}{4}$$

上面这个不等式, 是由 Dao Hai Long 发现, 并发表在 MYM(数学与越南青年杂志).

3. 下面这个类似的不等式是由 Vo Quoc Ba Can 发现的.

设 a, b, c 是三个互不相等的实数, 证明

$$\frac{(1-a^2)(1-b^2)}{(a-b)^2} + \frac{(1-b^2)(1-c^2)}{(b-c)^2} + \frac{(1-c^2)(1-a^2)}{(c-a)^2} \geqslant -1$$

证明并不困难. 实际上, 只要注意下列关系

$$(1-a^2)(1-b^2) = (1-ab)^2 - (a-b)^2$$

$$\frac{1-ab}{a-b} \cdot \frac{1-bc}{b-c} + \frac{1-bc}{b-c} \cdot \frac{1-ca}{c-a} + \frac{1-ca}{c-a} \cdot \frac{1-ab}{a-b} = -1$$

例 5.3.4(IMO 1983) 设 a, b, c 是某三角形的三边长, 证明

$$a^2 b(a-b) + b^2 c(b-c) + c^2 a(c-a) \geqslant 0$$

证明 设 $a = \max\{a, b, c\}$, 则

$$a^2 b(a-b) + b^2 c(b-c) + c^2 a(c-a)$$
$$= a(b+c-a)(b-c)^2 + b(a+b-c)(a-b)(a-c) \geqslant 0$$

这显然是成立的.

例 5.3.5(Vasile Cirtoaje, Moldova TST 2006) 设 a, b, c 是某三角形的三边长, 证明

$$a^2\left(\frac{b}{c} - 1\right) + b^2\left(\frac{c}{a} - 1\right) + c^2\left(\frac{a}{b} - 1\right) \geqslant 0$$

证明 不等式等价于 $\sum a^3 b^2 \geqslant \sum a^3 bc$. 注意到

$$\sum a^2 (b^3 - c^3) = \sum a^2 (b-c)^3$$

则, 我们有(因为 a, b, c 是三角形三边长)

$$2\sum a^3 b^2 - 2\sum a^3 bc = \sum a^3 (b^2 - 2bc + c^2) - \sum a^2 (b^3 - c^3)$$

$$= \sum a^3 (b-c)^2 - \sum a^2 (b-c)^3$$

$$= \sum a^2 (a-b+c)(b-c)^2 \geqslant 0$$

不等式得证. 等号成立的条件是 $a=b=c$.

例 5.3.6(Pham Kim Hung, Mathlinks)　设 a,b,c 是非负实数,且满足 $a+b+c=2$,证明

$$(a^2+bc)(b^2+ca)+(b^2+ca)(c^2+ab)+(c^2+ab)(a^2+bc) \leqslant 3$$

证明　我们有

$$3(a+b+c)^4 - 16[(a^2+bc)(b^2+ca)+(b^2+ca)(c^2+ab)+(c^2+ab)(a^2+bc)]$$

$$=3\Big[\sum a^4 + 4\sum a^3(b+c) + 6\sum a^2b^2 + 12\sum a^2bc\Big] -$$

$$16\Big[\sum a^2b^2 + \sum a^3(b+c) + \sum a^2bc\Big]$$

$$=3\sum a^4 - 4\sum a^3(b+c) + 2\sum a^2b^2 + 20\sum a^2bc$$

$$=16\sum a^2bc + \sum (a+b-c)^2(c+a-b)^2 \geqslant 0$$

不等式得证,等号成立的条件是 $(a,b,c) \sim (1,1,0)$.

例 5.3.7(Vasile, Cirtoaje, Algebraic Inequalities)　设 a,b,c 是任意实数,证明

$$a(a+b)^5 + b(b+c)^5 + c(c+a)^5 \geqslant 0$$

证明　令 $x=b+c, y=c+a, z=a+b$,则不等式变成

$$\frac{1}{2}(x-y+z)x^5 + \frac{1}{2}(x+y-z)y^5 + \frac{1}{2}(-x+y+z)z^5 \geqslant 0$$

$$\Leftrightarrow x^6+y^6+z^6+xy^5+yz^5+zx^5 \geqslant x^5y+y^5z+z^5x$$

$$\Leftrightarrow (x^2+y^2)(x^2-xy-y^2)^2 + (y^2+z^2)(y^2-yz-z^2)^2 +$$

$$(z^2+x^2)(z^2-zx-x^2)^2 \geqslant 0$$

这显然成立,等号成立的条件是 $a=b=c=0$.

例 5.3.8　设 a,b,c 是某三角形三边长,x,y,z 是实数,证明不等式

$$(ya^2+zb^2+xc^2)(za^2+xb^2+yc^2) \geqslant (xy+yz+zx)(a^2b^2+b^2c^2+c^2a^2)$$

证明　不等式等价于

$$\sum x^2b^2c^2 \geqslant \sum yza^2(b^2+c^2-a^2) \Leftrightarrow \sum \frac{x^2}{a^2} \geqslant \sum \frac{yz(b^2+c^2-a^2)}{b^2c^2}$$

因为,a,b,c 是三角形三边长,因此,有余弦定理

$$\cos A = \frac{b^2+c^2-a^2}{2bc}, \cos B = \frac{a^2+c^2-b^2}{2ca}, \cos C = \frac{a^2+b^2-c^2}{2ab}$$

只需证明

$$\sum \frac{x^2}{a^2} \geqslant \sum \frac{2yz\cos A}{bc}$$

$$\Leftrightarrow \left(\frac{x}{a} - \frac{y}{b}\cos C - \frac{z}{c}\cos B\right)^2 + \left(\frac{y}{b}\sin C - \frac{z}{c}\sin B\right)^2 \geqslant 0$$

显然成立,等号成立的条件是 $\frac{x}{a^2} = \frac{y}{b^2} = \frac{z}{c^2}$.

注 令 $x = \frac{1}{b}, y = \frac{1}{c}, z = \frac{1}{a}$,则我们得到 IMO1986 的一个不等式

$$a^2 b(a - b) + b^2 c(b - c) + c^2 a(c - a) \geqslant 0$$

例 5.3.9(Pham Thanh Nam,CPR) 设 a, b, c 是满足条件 $ab + bc + ca \geqslant 3$ 的三个实数,k 取何值时,下列不等式

$$(a^2 + k)(b^2 + k)(c^2 + k) \geqslant (k + 1)^3$$

总是成立?

解 显然,当 $k < 0$ 时,不等式不成立.因为 $k < 0$ 时,我们只要取 $c = 0, a$ 和 b 充分的大.

下面,我们只考虑不等式在 $k \geqslant 0$ 的情况.考虑下列恒等式

$$(a^2 + k)(b^2 + k)(c^2 + k) = [k(a + b + c) - abc]^2 + k(ab + bc + ca - k)^2$$

所以,当 $k = \frac{1}{3}$ 时,有

$$(a^2 + k)(b^2 + k)(c^2 + k) \geqslant k(ab + bc + ca - k)^2 \geqslant k(3 - k)^2 = (k + 1)^3$$

即,当 $k = \frac{1}{3}$ 时,不等式成立.

由 Hölder 不等式,我们推出,如果不等式对 $k \geqslant 0$ 成立,那么对于 $k' \geqslant k$ 也成立.因为

$$(a^2 + k')(b^2 + k')(c^2 + k')$$
$$= [a^2 + k + (k' - k)][b^2 + k + (k' - k)][c^2 + k + (k' - k)]$$
$$\geqslant \left(\sqrt[3]{(a^2 + k)(b^2 + k)(c^2 + k)} + k' - k\right)^3 \geqslant (1 + k')^3$$

如果 $k < \frac{1}{3}$,我们来证明不等式不成立.取

$$ab + bc + ca = 3, k(a + b + c) - abc = 0$$

或取 $a = 1, b + c = 3 - \frac{4k}{k+1}, bc = \frac{4k}{k+1}$,此时,我们有

$$(a^2 + k)(b^2 + k)(c^2 + k) = [k(a + b + c) - abc]^2 + k(ab + bc + ca - k)^2$$
$$= 0 + k(3 - k)^2$$
$$= (1 + k)^3 - (3k - 1)^2$$
$$< (1 + k)^3$$

所以,k 的取值应为 $\left[\frac{1}{3}, +\infty\right)$.

例 5.3.10(Pham Kim Hung,Mathlinks)　设 a,b,c 是实数,证明

$$a^4+b^4+c^4+(\sqrt{3}-1)abc(a+b+c)\geqslant\sqrt{3}(a^3b+b^3c+c^3a)$$

证明　我们使用下列非负表达式

$$E_{a,b,c}=\sum(a^2-2b^2+c^2+kbc-kca)^2\geqslant0$$

$$E_{a,b,c}=6\sum a^4+(2k^2-6)\sum a^2b^2+(6k-2k^2)\sum a^2bc-6k\sum a^3b$$

令 $k=\sqrt{3}$,则有

$$6\sum a^4+6(\sqrt{3}-1)\sum a^2bc-6\sqrt{3}\sum a^3b\geqslant0$$

$$\Leftrightarrow\sum a^4+(\sqrt{3}-1)abc\sum a\geqslant\sqrt{3}\sum a^3b$$

注　1.取 $k=-\sqrt{3}$,则有下列不等式:

对实数 a,b,c,证明

$$a^4+b^4+c^4+\sqrt{3}(a^3b+b^3c+c^3a)\geqslant(\sqrt{3}+1)abc(a+b+c)$$

2.取 $k=3$,我们得到由 Vasile Cirtoaje 建立的知名不等式:

对实数 a,b,c,证明

$$(a^2+b^2+c^2)^2\geqslant3(a^3b+b^3c+c^3a)$$

3.取 $k=-3$,得到下列不等式:

对实数 a,b,c 满足 $a^3b+b^3c+c^3a=0$,证明

$$(a^2+b^2+c^2)^2\geqslant6abc(a+b+c)$$

例 5.3.11(Ji Chen,Mathlinks)　设 x,y,z,u,v 都是实数,证明

$$u^2(\sum x^4-\sum x^2y^2)+v^2(\sum x^2y^2-\sum x^2yz)\geqslant uv[\sum x^2(y+z)-2\sum x^2yz]$$

证明　根据二次型符号的相关定理,上面的关于 u,v 的二次型是非负的,当且仅当

$$A=(\sum x^4-\sum x^2y^2)(\sum x^2y^2-\sum x^2yz)-4[\sum x^2(y+z)-2\sum x^2yz]^2$$

$$=(x-y)^2(y-z)^2(z-x)^2(x+y+z)^2\geqslant0$$

这显然成立.

注　令 $u=v=1$,我们得到 4 次 Schur 不等式.另外,令 $u=4,v=5$,得到例 1.3.4 中的不等式.

例 5.3.12　设 a,b,c,d 是正实数,满足 $a^2+b^2+c^2+d^2=1$,证明

$$(a+b)^4+(b+c)^4+(c+d)^4+(d+a)^4+(a+c)^4+(d+b)^4\leqslant6$$

证明　这个不等式,由下列恒等式直接得到

$$\sum_{\text{sym}}(a+b)^4=6(a^2+b^2+c^2+d^2)^2-\sum_{\text{sym}}(a-b)^4$$

等号成立的条件是 $a=b=c=d=\dfrac{1}{2}$.

例 5.3.13(Pham Kim Hung,Mathlinks)　设 a,b,c,d 是非负实数,且满足 $(a+b+c+d)^2=3(a^2+b^2+c^2+d^2)$,证明下列不等式

$$(a+b+c+d)^3 \leqslant 27(abc+bcd+cda+dab)$$

证明　设 $m=a+b,n=c+d,x=ab,y=cd$,则

$$(m+n)^2=3(m^2+n^2-2x-2y) \Leftrightarrow 3(x+y)=m^2-mn+n^2$$

因此

$$a^3+b^3+c^3+d^3-3(abc+bcd+cda+dab)$$
$$=m^3+n^3-3(x+y)(m+n)$$
$$=m^3+n^3-(m^2-mn+n^2)(m+n)=0$$

根据 Cauchy-Schwarz 不等式,我们有

$$(a^3+b^3+c^3+d^3)(a+b+c+d)$$
$$\geqslant (a^2+b^2+c^2+d^2)^2$$
$$=\frac{1}{9}(a+b+c+d)^4$$
$$\Rightarrow a^3+b^3+c^3+d^3$$
$$\geqslant \frac{1}{9}(a+b+c+d)^3$$
$$\Rightarrow abc+bcd+cda+dab$$
$$\geqslant \frac{1}{27}(a+b+c+d)^3$$

不等式得证,等号成立的条件是 $a=b=c,d=0$ 或其轮换.

例 5.3.14(Pham Kim Hung Mathlinks)　设 a,b,c,d 是实数,且满足 $a+b+c+d=2$,证明

$$a^4+b^4+c^4+d^4-4abcd \geqslant 2(a-b)(c-d)$$

证明　使用下列恒等式

$$2(a^4+b^4+c^4+d^4-4abcd)$$
$$=[(a-b)^2+(c-d)^2][(a+b)^2+(c+d)^2]+(a^2+b^2-c^2-d^2)^2$$

由于 $a+b+c+d=2$,所以

$$(a+b)^2+(c+d)^2 \geqslant \frac{1}{2}(a+b+c+d)^2=2$$

因此

$$2(a^4+b^4+c^4+d^4-4abcd)$$
$$\geqslant 2[(a-b)^2+(c-d)^2] \geqslant 4(a-b)(c-d)$$
$$\Rightarrow a^4+b^4+c^4+d^4-4abcd \geqslant 2(a-b)(c-d)$$

不等式得证,等号成立的条件是 $a=b=c=d$.

例 5.3.15　设 a,b,c,d 是正实数,且满足 $a+b+c+d=abc+bcd+$

$cda + dab$,证明

$$a + b + c + d \geqslant \sqrt{\frac{a^2 + 1}{2}} + \sqrt{\frac{b^2 + 1}{2}} + \sqrt{\frac{c^2 + 1}{2}} + \sqrt{\frac{d^2 + 1}{2}}$$

证明   题设条件变形如下

$$a^3 + a^2(b + c + d) + a(bc + cd + da) + bcd$$
$$= a^2(a + b + c + d) + (a + b + c + d)$$
$$\Rightarrow (a + b)(a + c)(a + d) = (a^2 + 1)(a + b + c + d)$$
$$\Rightarrow \frac{a^2 + 1}{a + b} = \frac{(a + c)(a + d)}{a + b + c + d}$$

所以,我们有

$$\sum \frac{a^2 + 1}{a + b} = \sum \frac{(a + c)(a + d)}{a + b + c + d} = a + b + c + d$$

由 Cauchy-Schwarz 不等式,有

$$a + b + c + d = \sum \frac{a^2 + 1}{a + b} \geqslant \frac{(\sum \sqrt{a^2 + 1})^2}{2(a + b + c + d)}$$

$$\Leftrightarrow a + b + c + d \geqslant \sqrt{\frac{a^2 + 1}{2}} + \sqrt{\frac{b^2 + 1}{2}} + \sqrt{\frac{c^2 + 1}{2}} + \sqrt{\frac{d^2 + 1}{2}}$$

不等式得证,等号成立的条件是 $a = b = c = d = 1$.

5.4   系列问题 D:非齐次化

非齐次不等式是最不寻常的不等式,其证明也是不可想象的. 在其外观、证明方法以及人们创建它们的方式上,总是显得很特别. 很难描述它们的优美,很难对其进行分类,因为它们总是非常新颖、巧妙.

例 5.4.1   设 a, b, c 是正实数,证明

$$\frac{1}{a^3(1 + b^3)} + \frac{1}{b^3(1 + c^3)} + \frac{1}{c^3(1 + a^3)} \geqslant \frac{3}{abc(1 + abc)}$$

证明   注意到下面的变换

$$\frac{a^3 b^3 c^3 + 1}{a^3(1 + b^3)} + 1 = \frac{b^3(1 + c^3)}{1 + b^3} + \frac{a^3 + 1}{a^3(1 + b^3)}$$

则由 AM - GM 不等式,我们有

$$3 + (a^3 b^3 c^3 + 1)\left[\frac{1}{a^3(1 + b^3)} + \frac{1}{b^3(1 + c^3)} + \frac{1}{c^3(1 + a^3)} \right]$$

$$= \sum \frac{a^3 + 1}{a^3(1 + b^3)} + \sum \frac{b^3(1 + c^3)}{1 + b^3} \geqslant \frac{3}{abc} + 3abc$$

另一方面,显然有恒等式

$$\frac{a^3 b^3 c^3 + 1}{abc(abc+1)} = \frac{1}{abc} + abc - 1$$

所以,不等式得证,等号成立的条件是 $a = b = c = 1$.

例 5.4.2(Vasile Cirtoaje,Algebraic Inequalities) 设 a, b, c 是正实数,证明

$$\left(a - 1 + \frac{1}{b}\right)\left(b - 1 + \frac{1}{c}\right) + \left(b - 1 + \frac{1}{c}\right)\left(c - 1 + \frac{1}{a}\right) + \left(c - 1 + \frac{1}{a}\right)\left(a - 1 + \frac{1}{b}\right) \geqslant 3$$

证明 不等式等价于

$$\sum \left(a + \frac{1}{b} - 1\right)\left(b + \frac{1}{c} - 1\right) \geqslant 3$$

$$\Leftrightarrow \sum \left(a + \frac{1}{b}\right)\left(b + \frac{1}{c}\right) \geqslant 2\left(\sum a + \sum \frac{1}{a}\right)$$

在三个数 $a + \frac{1}{b}, b + \frac{1}{c}, c + \frac{1}{a}$ 中,至少有两个数或同时小于等于 2 或同时

大于等于 2. 不失一般性,设这两个数是 $a + \frac{1}{b}, b + \frac{1}{c}$,则

$$\left(a + \frac{1}{b} - 2\right)\left(b + \frac{1}{c} - 2\right) \geqslant 0$$

$$\Rightarrow \left(a + \frac{1}{b}\right)\left(b + \frac{1}{c}\right) + 4 \geqslant 2\left(a + b + \frac{1}{b} + \frac{1}{c}\right)$$

因此,只需证明

$$\left(b + \frac{1}{c}\right)\left(c + \frac{1}{a}\right) + \left(c + \frac{1}{a}\right)\left(a + \frac{1}{b}\right) \geqslant 2\left(c + \frac{1}{a}\right) + 4$$

由 AM - GM 不等式和 Cauchy-Schwarz 不等式,我们有

$$\text{LHS} = \left(c + \frac{1}{a}\right)\left(a + b + \frac{1}{b} + \frac{1}{c}\right)$$

$$= \left(c + \frac{1}{a}\right)\left(b + \frac{1}{b}\right) + \left(c + \frac{1}{a}\right)\left(\frac{1}{c} + a\right)$$

$$\geqslant 2\left(c + \frac{1}{a}\right) + 4 = \text{RHS}$$

例 5.4.3(Le Trung Kien,CPR) 设 a, b, c 是非负实数,证明

$$a^3 + b^3 + c^3 + 4(a + b + c) + 9abc \geqslant 8(ab + bc + ca)$$

证明 由 AM - GM 不等式,我们有

$$8(ab + bc + ca) = 8\sqrt{a + b + c} \cdot \frac{ab + bc + ca}{\sqrt{a + b + c}}$$

$$\leqslant 4(a + b + c) + \frac{4(ab + bc + ca)^2}{a + b + c}$$

所以,只需证明

$$a^3 + b^3 + c^3 + 9abc \geqslant \frac{4(ab+bc+ca)^2}{a+b+c}$$

$$\Leftrightarrow (a^3+b^3+c^3)(a+b+c) + 9abc(a+b+c) \geqslant 4(ab+bc+ca)^2 \quad (*)$$

$$\Leftrightarrow \sum a^4 + \sum a^3(b+c) + abc \sum a \geqslant 4 \sum a^2 b^2$$

由 AM $-$ GM 不等式及 Schur 不等式,有

$$2 \sum a^3(b+c) \geqslant 4 \sum a^2 b^2, \quad \sum a^4 + abc \sum a \geqslant \sum a^3(b+c)$$

因此,($*$) 成立.

例 5.4.4(Wolfgang Berndt,Mathlinks) 对所有实数 a,b,c,证明

$$2(1+abc) + \sqrt{2(1+a^2)(1+b^2)(1+c^2)} \geqslant (1+a)(1+b)(1+c)$$

证明 令 $s=a+b+c, p=ab+bc+ca, q=abc$,则不等式变成

$$2(1+q) + \sqrt{2(1-2p+s^2+p^2+q^2-2sq)} \geqslant 1+s+p+q$$

$$\Leftrightarrow \sqrt{2(1-2p+s^2+p^2+q^2-2sq)} \geqslant s+p-1-q$$

如果 $s+p \leqslant 1+q$,则不等式显然成立.否则,我们来证明

$$2(1-2p+s^2+p^2+q^2-2sq) \geqslant (s+p-1-q)^2$$

$$\Leftrightarrow 1-2p+s^2+p^2+q^2-2sq-2sp+2s+2pq-2q \geqslant 0$$

$$\Leftrightarrow (p+q-1-s)^2 \geqslant 0$$

显然成立.等号成立的条件是:满足下列条件的所有实数 a,b,c

$$a+b+c+1 = ab+bc+ca+abc, \quad ab+bc+ca \geqslant 1$$

例 5.4.5(Pham Kim Hung,Mathlinks) 设 a,b,c 是正实数,证明

$$\frac{a}{1+ab^2} + \frac{b}{1+bc^2} + \frac{c}{1+ca^2} \geqslant \frac{3\sqrt[3]{abc}}{1+abc}$$

证明 存在正实数 k,x,y,z,满足

$$a = \frac{ky}{x}, b = \frac{kz}{y}, c = \frac{kx}{z}$$

则我们有 $xyz = k^3$,不等式变成

$$\frac{ky}{x\left(1+\frac{k^3 z^2}{yx}\right)} + \frac{kz}{y\left(1+\frac{k^3 x^2}{zy}\right)} + \frac{kx}{z\left(1+\frac{k^3 y^2}{xz}\right)} \geqslant \frac{3k}{1+k^3}$$

$$\Leftrightarrow \frac{y^2}{xy+k^3 z^2} + \frac{z^2}{yz+k^3 x^2} + \frac{x^2}{zx+k^3 y^2} \geqslant \frac{3}{1+k^3}$$

由 Cauchy-Schwarz 不等式,有

$$\sum \frac{y^2}{xy+k^3 z^2} = \sum \frac{y^4}{xy^3 + k^3 y^2 z^2} \geqslant \frac{\left(\sum x^2\right)^2}{\sum xy^3 + k^3 \sum y^2 z^2}$$

由下列两个知名的不等式

$$\sum xy^3 \leqslant \frac{1}{3}\left(\sum x^2\right)^2, \quad \sum y^2 z^2 \leqslant \frac{1}{3}\left(\sum x^2\right)^2$$

可知,原不等式成立,当且仅当 $a=b=c$ 时,等号成立.

例 5.4.6(Nguyen Thuc Vu Hoang,CPR) 设 a,b,c 是正实数,证明

$$abc + \sqrt[3]{(1+a^3)(1+b^3)(1+c^3)} \geqslant ab + bc + ca$$

证明 在三个数 $a-1,b-1,c-1$ 中,存在两个数,不妨设为 $a-1,b-1$,它们具有相同的符号,于是

$$(a-1)(b-1) \geqslant 0 \Rightarrow 1+ab \geqslant a+b.$$

由 Hölder 不等式,我们有

$$\sqrt[3]{(1+a^3)(1+b^3)(1+c^3)} = \sqrt[3]{(1+a^3)(1+b^3)(1+c^3)} \geqslant c+ab$$

所以

$$abc + \sqrt[3]{(1+a^3)(1+b^3)(1+c^3)} \geqslant abc + c + ab$$
$$= c(1+ab) + ab \geqslant c(a+b) + ab$$

不等式得证,等号成立的条件是 $a=b=c=1$.

例 5.4.7(Albanian Eagle,Mathlinks) 设 a,b,c 是实数,证明

$$3\sqrt[3]{(a^2+1)(b^2+1)(c^2+1)} \geqslant 4\sqrt[4]{ab+bc+ca}$$

证明 首先证明,对所有实数 x,y,则

$$(x^2+1)(y^2+1) \geqslant \frac{8\sqrt{3}}{9}(x+y) \tag{$*$}$$

事实上,设 $x = \dfrac{p}{\sqrt{3}}, y = \dfrac{q}{\sqrt{3}}$,则上面的不等式变成

$$\left(\frac{p^2}{3}+1\right)\left(\frac{q^2}{3}+1\right) \geqslant \frac{8\sqrt{3}}{9} \cdot \frac{(p+q)}{\sqrt{3}} \Leftrightarrow (p^2+3)(q^2+3) \geqslant 8(p+q)$$

由 Cauchy-Schwarz 不等式,我们有

$$(p^2+3)(q^2+3) = (p^2+1+1+1)(1+q^2+1+1) \geqslant (p+q+2)^2 \geqslant 8(p+q)$$

所以,($*$)成立.应用($*$),我们有

$$3^6(a^2+1)(b^2+1)(c^2+1) \geqslant 2^9 \cdot 3\sqrt{3}(a+b)(b+c)(c+a)$$

利用知名的不等式 $\sqrt[3]{\dfrac{(a+b)(b+c)(c+a)}{8}} \geqslant \sqrt{\dfrac{ab+bc+ca}{3}}$,我们有

$$3^6(a^2+1)(b^2+1)(c^2+1) \geqslant 2^{12}\sqrt{(ab+bc+ca)^3}$$
$$\Rightarrow 3\sqrt[3]{(a^2+1)(b^2+1)(c^2+1)} \geqslant 4\sqrt[4]{ab+bc+ca}$$

例 5.4.8(译者) 设 a,b,c 是正实数,证明

$$\frac{a^3}{(1+ab)^2} + \frac{b^3}{(1+bc)^2} + \frac{c^3}{(1+ca)^2} \geqslant \frac{3abc}{(1+\sqrt[3]{a^2b^2c^2})^2}$$

证明 存在正实数 k,x,y,z，满足 $a=\dfrac{ky}{x},b=\dfrac{kz}{y},c=\dfrac{kx}{z}$，则

$$\frac{k^3 y^3}{x^3\left(1+\dfrac{k^2 z}{x}\right)^2}+\frac{k^3 z^3}{y^3\left(1+\dfrac{k^2 x}{y}\right)^2}+\frac{k^3 x^3}{z^3\left(1+\dfrac{k^2 y}{z}\right)^2}\geqslant\frac{3k^3}{(1+k^2)^2}$$

$$\Leftrightarrow\frac{y^3}{x\,(x+k^2 z)^2}+\frac{z^3}{y\,(y+k^2 x)^2}+\frac{x^3}{z\,(z+k^2 y)^2}\geqslant\frac{3}{(1+k^2)^2}$$

对上式左边应用 Cauchy-Schwarz 不等式，我们有

$$\text{LHS}=\sum\frac{y^4}{xy\,(x+k^2 z)^2}\geqslant\frac{(x^2+y^2+z^2)^2}{\sum xy\,(x+k^2 z)^2}$$

所以，只需证明

$$\frac{(x^2+y^2+z^2)^2}{\sum xy\,(x+k^2 z)^2}\geqslant\frac{3}{(1+k^2)^2}$$

$$\Leftrightarrow(x^2+y^2+z^2)^2\,(1+k^2)^2\geqslant 3\sum xy\,(x+k^2 z)^2$$

$$\Leftrightarrow(x^2+y^2+z^2)^2\,(1+k^2)^2\geqslant 3\Big[\sum x^3 y+(k^4+2k^2)\sum x^2 yz\Big]$$

这可由下面两个不等式推出

$$(x^2+y^2+z^2)^2\geqslant 3(x^3 y+y^3 z+z^3 x)$$

$$(x^2+y^2+z^2)^2\geqslant 3xyz(x+y+z)$$

译者注 本书作者给出本题的不等式(Pham Kim Hung,Mathlinks)是

$$\frac{a}{(1+ab)^2}+\frac{b}{(1+bc)^2}+\frac{c}{(1+ca)^2}\geqslant\frac{3\sqrt[3]{abc}}{(1+\sqrt[3]{a^2 b^2 c^2})^2}$$

用 Bottema 2009 软件验证，这个不等式不成立，反例如下：

如果 $a=\dfrac{1}{7\,090\,104\,736},b=\dfrac{545\,392\,672}{13},c=\dfrac{1}{13}$，则可以计算出

$$\text{LHS}-\text{RHS}=-0.151\,135\,178\,2<0$$

根据作者的解答，译者改编了题目，以适应其解答，特此说明.

例 5.4.9(Math Horizons) 设 a,b,c,d 是实数，证明

$$(1+a^2)(1+b^2)(1+c^2)(1+d^2)\geqslant(a+b+c+d-abc-bcd-cda-dab)^2$$

证明 不等式直接由下列恒等式推出

$$(1+a^2)(1+b^2)(1+c^2)(1+d^2)$$

$$=(a+b+c+d-abc-bcd-cda-dab)^2+$$

$$(1+abcd-ab-bc-cd-da-ac-bd)^2$$

事实上，对任意实数 x,y,z,t，易证

$$(x^2+y^2)(z^2+t^2)=(xz+yt)^2+(xt-yz)^2$$

所以

$$(1+a^2)(1+b^2)(1+c^2)(1+d^2)$$
$$=(1+a^2)(b^2+1)(1+c^2)(d^2+1)$$
$$=[(a+b)^2+(1-ab)^2][(c+d)^2+(1-cd)^2]$$
$$=[(a+b)(c+d)-(1-ab)(1-cd)]^2+$$
$$[(a+b)(1-cd)+(c+d)(1-ab)]^2$$
$$=(1+abcd-ab-bc-cd-da-ac-bd)^2+$$
$$(a+b+c+d-abc-bcd-cda-dab)^2$$

例 5. 4. 10(Vasile Cirtoaje,Algebraic Inequalities) 设 a,b,c,d 是非负实数,证明

$$\frac{(1+a^3)(1+b^3)(1+c^3)(1+d^3)}{(1+a^2)(1+b^2)(1+c^2)(1+d^2)} \geqslant \frac{1+abcd}{2}$$

证明 对于非负实数 x,我们有

$$(1+x^3)(1+x) \geqslant (1+x^2)^2 \Rightarrow \left(\frac{1+x^3}{1+x^2}\right)^2 \geqslant \frac{1+x^3}{1+x}$$

$$2(x^2-x+1)^2-(x^4+1)=(x-1)^4 \geqslant 0 \Rightarrow \left(\frac{1+x^3}{1+x}\right)^2 \geqslant \frac{1+x^4}{2}$$

于是,我们得到

$$\frac{1+x^3}{1+x^2} \geqslant \sqrt[4]{\frac{1+x^4}{2}}$$

由 Hölder 不等式,我们有

$$\prod \frac{1+a^3}{1+a^2} \geqslant \prod \sqrt[4]{\frac{1+a^4}{2}} \geqslant \frac{1+abcd}{2}$$

不等式得证. 等号成立的条件是 $a=b=c=d=1$ 或 $a=b=c=d=0$.

例 5. 4. 11(Pham Kim Hung,Mathlinks) 设 a,b,c,d 是正实数,证明

$$\frac{1}{a(1+b)}+\frac{1}{b(1+c)}+\frac{1}{c(1+d)}+\frac{1}{d(1+a)} \geqslant \frac{16}{1+8\sqrt{abcd}}$$

证明 设 $a=\frac{ky}{x},b=\frac{kz}{y},c=\frac{kt}{z},d=\frac{kx}{t}$,则不等式变成

$$\frac{1}{\frac{ky}{x}\cdot\left(1+\frac{kz}{y}\right)}+\frac{1}{\frac{kz}{y}\cdot\left(1+\frac{kt}{z}\right)}+\frac{1}{\frac{kt}{z}\cdot\left(1+\frac{kx}{t}\right)}+\frac{1}{\frac{kx}{t}\cdot\left(1+\frac{ky}{x}\right)}$$

$$\geqslant \frac{16}{1+8k^2} \Leftrightarrow \frac{x}{y+kz}+\frac{y}{z+kt}+\frac{z}{t+kx}+\frac{t}{x+ky} \geqslant \frac{16k}{8k^2+1}$$

由 Cauchy-Schwarz 不等式,我们有

$$\frac{x}{y+kz}+\frac{y}{z+kt}+\frac{z}{t+kx}+\frac{t}{x+ky}$$

$$=\frac{x^2}{xy+kzx}+\frac{y^2}{yz+kyt}+\frac{z^2}{zt+kxz}+\frac{t^2}{xt+kyt}$$

$$\geqslant\frac{(x+y+z+t)^2}{(x+z)(y+t)+2k(xz+yt)}$$

(1) 第一种情况 $k\leqslant 1$. 我们有

$$(x+z)(y+t)+2k(xz+yt)$$

$$\leqslant(x+z)(y+t)+\frac{k}{2}(x+z)^2+\frac{k}{2}(y+t)^2$$

$$=\frac{k}{2}(x+y+z+t)^2+(1-k)(x+z)(y+t)$$

$$\leqslant\frac{k}{2}(x+y+z+t)^2+\frac{1-k}{4}(x+y+z+t)^2$$

$$=\left(\frac{k}{2}+\frac{1-k}{4}\right)(x+y+z+t)^2=\frac{1+k}{4}(x+y+z+t)^2$$

而且

$$\frac{4}{k+1}-\frac{16k}{8k^2+1}=\frac{4(2k-1)^2}{(k+1)(8k^2+1)}\geqslant 0$$

所以

$$\frac{x}{y+kz}+\frac{y}{z+kt}+\frac{z}{t+kx}+\frac{t}{x+ky}\geqslant\frac{4}{1+k}\geqslant\frac{16k}{8k^2+1}$$

(2) 第二种情况 $k\geqslant 1$. 类似地,我们有

$$(x+z)(y+t)+2k(xz+yt)\leqslant\frac{k}{2}(x+y+z+t)^2+(1-k)(x+z)(y+t)$$

$$\leqslant\frac{k}{2}(x+y+z+t)^2$$

所以

$$\frac{x}{y+kz}+\frac{y}{z+kt}+\frac{z}{t+kx}+\frac{t}{x+ky}-\frac{16k}{8k^2+1}\geqslant\frac{2}{k}-\frac{16k}{8k^2+1}=\frac{2}{k(8k^2+1)}>0$$

综上所述,不等式得证.

例 5.4.12(Vasile Cirtoaje,Mathlinks)　设 a,b,c,d 是正实数,证明

$$\frac{1}{a(1+b)}+\frac{1}{b(1+a)}+\frac{1}{c(1+d)}+\frac{1}{d(1+c)}\geqslant\frac{16}{1+8\sqrt{abcd}}$$

证明　设 $ab=m^2,a=\dfrac{mx}{y},b=\dfrac{my}{x}(m,x,y>0)$,则

$$\frac{1}{a(1+b)}+\frac{1}{b(1+a)}=\frac{y}{mx\left(1+\dfrac{my}{x}\right)}+\frac{x}{my\left(1+\dfrac{mx}{y}\right)}$$

$$= \frac{y}{mx + m^2 y} + \frac{x}{my + m^2 x}$$

$$\geq \frac{(x+y)^2}{2mxy + m^2(x^2 + y^2)}$$

如果 $m \geq 1$,则

$$\frac{(x+y)^2}{2mxy + m^2(x^2 + y^2)} \geq \frac{1}{m^2}$$

否则,如果 $m \leq 1$,则

$$\frac{(x+y)^2}{2mxy + m^2(x^2 + y^2)} \geq \frac{2}{m + m^2}$$

因此,我们得到

$$\frac{1}{a(1+b)} + \frac{1}{b(1+a)} \geq \min\left\{\frac{1}{m^2}, \frac{2}{m+m^2}\right\}$$

类似地,设 $cd = n^2 (n \geq 0)$,则

$$\frac{1}{c(1+d)} + \frac{1}{d(1+c)} \geq \min\left\{\frac{1}{n^2}, \frac{2}{n+n^2}\right\}$$

所以,只需证明下面两个不等式

$$\frac{2}{m+m^2} + \frac{2}{n+n^2} \geq \frac{16}{1+8mn} \tag{1}$$

$$\frac{1}{m^2} + \frac{2}{n+n^2} \geq \frac{16}{1+8mn} \tag{2}$$

易证不等式(1)是成立的.因为其去分母之后变成

$$m + n + m^2 + n^2 + 4mn(m-n)^2 + 4mn(m^2 + n^2) \geq 8mn$$

由于 $4mn^3 + n \geq 3mn, 4nm^3 + n \geq 3mn, m^2 + n^2 \geq 2mn$,所以(1)成立,或者

$$(1) \Leftrightarrow (4 + 32mn)\left(\frac{m+n}{2} - \sqrt{mn}\right)^2 +$$

$$2(4\sqrt{mn} + 1 + 32mn\sqrt{mn})\left(\frac{m+n}{2} - \sqrt{mn}\right) +$$

$$2\sqrt{mn}(\sqrt{mn} + 1)(2\sqrt{mn} - 1)^2 \geq 0$$

下面来证明(2),去分母之后,(2)变成

$$8mn(m-n)^2 + 8mn^2 + 8m^3 n + 2m^2 + n^2 + n \geq 16m^2 n$$

由于

$$8m^3 n + 8mn \geq 16m^2 n, m^2 + n^2 \geq 2mn, m^2 + n + 8mn^2 \geq 6mn$$

所以,(2)也成立.

由(1)(2)以及 $\frac{1}{m^2} + \frac{1}{n^2} \geq \frac{16}{1+8mn}, \forall m, n > 0$ 可知,原不等式成立.等号

成立的条件是 $a=b=c=d=\dfrac{1}{2}$.

虽然非齐次不等式作为不规则类型的不等式看待,但在上面的例子中,我们演示了用常规的方法来分解非齐次性,这些方法包括比较的方法(如例 5.4.2,5.4.6)、聪明的分离(如例 5.4.7,5.4.10)或某些难以置信的恒等式(如例 5.4.4,5.4.9). 最后,也是最重要的方法是使用某些中间变量,如 $a=\dfrac{kx}{y}$,$b=\dfrac{ky}{z}$,$c=\dfrac{kz}{x}$,之后,关于 a,b,c 的非齐次不等式就转化为关于 x,y,z 的齐次不等式,这种手法在例 5.4.1,5.4.5,5.4.8,5.4.11 和 5.4.12 中都有体现.

有关不等式的文章

第 6 章

本书完成时长达 350 多页，与 GIL 出版社商讨之后，我决定删去第 6 章（约 100 多页）的内容，仅保留标题. 这主要是考虑到降低印刷成本，让更多的读者能阅读到本书. 第 6 章的全部内容，放在互联网上，你可以自由地下载，下载地址是 www. gil. ro/eng/sii.

第 6 章是本书最重要的章节之一，因为它是由许多有趣的关于不等式方面的文章所组成的. 其中涉及本书前 5 章介绍的 5 个方法，因此，阅读完前 5 章，再看看第 6 章是很有必要的. 另外，它也是得到本书之前，你作为读者来评论本书的一个很好的指示，阅读这一章，也可以很好地理解其他章节.

注意，没有作者和 GIL 出版社的许可，不管出于何种理由，用于商业目的出版或发布本章的内容，都是非法的. 更多的相关信息，请联系出版社或作者.

下面是第 6 章的目录，我想，你已经下载了本章的全部内容.

读者发表的文章

第 7 章

　　作者欢迎你,聪明的读者.如果你有意的话,请把你有趣的文章发布到本书上,文章请用英文书写,以任何风格和格式写好后寄给我,同时注明你的姓名和地址,以便于我尽可能地标明你的权利,我非常感谢你能做这件事情.

　　正好有两篇文章,选择在这里发布.一篇是"不确定整合变量法",另一篇是 SOS - Schur 方法.两位作者都是越南年轻的学生.真情地希望,在不久的将来,有更多、更漂亮的文章发布在这里,以补充本章的内容.的确,这项工作将有助于使本书成为你更加密切和友好的朋友.我一直期待着并能欣赏到你的作品.

　　我的 Email 地址是 Phamhung. stanford@mail.com 和 Pham_KimHung@Yahoo.com;我的家庭住址是 Doi 6-Dai Loc-Yen Chinh-Y Yen-Nam Dinh-Viennam. 我在斯坦福大学校园的地址是 Hung Pham,Lagunita Court,E116,326 斯坦修女街,斯坦福大学,CA94305. 你也可以把文章发到 GIL 出版社:P. O. Box44,邮政编码 3450200,Zalau,罗马尼亚.

172

7.1 引 言[①]

本书(越南版 2006) 在酝酿过程中,得到了来自世界各地优秀学生的许多帮助.一些优美的、新颖的不等式的发现,补充了某些问题的不足.这其中,我最推崇的是"不确定整合变量法"和 UMV 定理,是由我的朋友 Dinh Ngoc An 推荐给我的.这篇文章的作者是高校数学专业的学生 Ninh Binh,Vietnam,Luong Van Tuy.起初,我使用了某些数学定理证明了 UMV 定理,但是,使用第 2 章中介绍的一般整合变量法的引理,我们可以使用初等数学的知识恰当地证明了它(之后,我知道 Vasile Cirtoaje 在他的书中,介绍了 AC 方法,这个方法和 UMV 方法非常相似.但无论如何,它们都是独立发现的),和 Dinh An 讨论之后,纠正了其中某些小错误,决定把这部分内容介绍给读者.

7.2 从一个简单的性质出发

在实数集合中,我们有两个很明显的性质,这就是下面两个命题.

命题 1 对任何实数 a 和 b,下面两个不等式

$$a \geqslant b$$
$$a \leqslant b$$

至少有一个必定是成立的.

命题 2 对任何实数 a,b,c,满足 $b \geqslant c$,则下列两个不等式

$$b \geqslant a$$
$$a \leqslant c$$

有一个必定成立.

上面两个命题,没啥可说的,它们非常简单.我们来看看,这两个简单的命题是如何解决本书第一卷凸函数一节中的两个知名的问题.我想,你或许会惊讶的!

例 7.2.1 设 $x_1,x_2,\cdots,x_n \in [1,2]$,求

$$f(x_1,x_2,\cdots,x_n) = (x_1 + x_2 + \cdots + x_n)\left(\frac{1}{x_1} + \frac{1}{x_2} + \cdots + \frac{1}{x_n}\right)$$

的最大值.

---

① 读者提供的文章 1:"不确定整合变量法".

解 设 $S_i = \sum_{j \neq i} x_j$，$T_i = \sum_{j \neq i} \frac{1}{x_j}$，$i \in \{1, 2, \cdots, n\}$，则我们有

$$f(x_1, x_2, \cdots, x_n) - f(x_1, x_2, \cdots, x_{i-1}, 1, x_{i+1}, \cdots, x_n)$$

$$= (x_i + S_i)\left(T_i + \frac{1}{x_i}\right) - (1 + S_i)(1 + T_i) = (x_i - 1)\left(T_i - \frac{S_i}{x_i}\right)$$

类似地

$$f(x_1, x_2, \cdots, x_n) - f(x_1, x_2, \cdots, x_{i-1}, 2, x_{i+1}, \cdots, x_n)$$

$$= (x_i + S_i)\left(T_i + \frac{1}{x_i}\right) - (2 + S_i)\left(\frac{1}{2} + T_i\right) = (x_i - 2)\left(T_i - \frac{S_i}{2x_i}\right)$$

很明显,下面两个不等式

$$T_i \leqslant \frac{S_i}{x_i} \tag{1}$$

$$T_i \geqslant \frac{S_i}{2x_i} \tag{2}$$

至少有一个必定成立,所以

$$f(x_1, x_2, \cdots, x_n) \leqslant \max\{f(x_1, x_2, \cdots, x_{i-1}, 1, x_{i+1}, \cdots, x_n),$$
$$f(x_1, x_2, \cdots, x_{i-1}, 2, x_{i+1}, \cdots, x_n)\}$$

这一步意味着,我们尝试整合变量 x_i，$i \in \{1, 2, \cdots, n\}$ 为 1 和 2. 所以,我们断定,存在 $a_1, a_2, \cdots, a_n \in \{1, 2\}$，使得

$$f(x_1, x_2, \cdots, x_n) \leqslant f(a_1, a_2, \cdots, a_n) \quad \forall x_1, x_2, \cdots, x_n \in [1, 2]$$

设 $t \leqslant n$ 是序列 $a_1, a_2, \cdots, a_n$ 中 1 的个数,则

$$f(a_1, a_2, \cdots, a_n) = \frac{1}{2}(2n - t)(n + t) = \begin{cases} \dfrac{9}{8}n^2 & (n \text{ 是偶数}) \\ \dfrac{9n^2 - 1}{8} & (n \text{ 是奇数}) \end{cases}$$

例 7.2.2 设 $x_1, x_2, \cdots, x_n \in [1, 2]$，求

$$f(x_1, x_2, \cdots, x_n) = \frac{x_1^n + x_2^n + \cdots + x_n^n}{x_1 x_2 \cdots x_n}$$

的最大值.

解 设 $S_i = \sum_{j \neq i} x_j^n$，$i \in \{1, 2, \cdots, n\}$，容易推出

$$f(x_1, x_2, \cdots, x_n) \leqslant f(x_1, x_2, \cdots, x_{i-1}, 1, x_{i+1}, \cdots, x_n) \Leftrightarrow S_i \geqslant \sum_{j=0}^{n-2} x_j^{n-1-j} \tag{1}$$

$$f(x_1, x_2, \cdots, x_n) \leqslant f(x_1, x_2, \cdots, x_{i-1}, 2, x_{i+1}, \cdots, x_n) \Leftrightarrow S_i \leqslant \sum_{j=0}^{n-2} 2^j x_j^{n-1-j} \tag{2}$$

注意到

$$\sum_{j=0}^{n-2} x_j^{n-1-j} \leqslant \sum_{j=0}^{n-2} 2^j x_j^{n-1-j}$$

于是,上面两个条件(1)(2)至少有一个必定成立. 换句话说

$$f(x_1,x_2,\cdots,x_n) \leqslant \max\{f(x_1,x_2,\cdots,x_{i-1},1,x_{i+1},\cdots,x_n),$$
$$f(x_1,x_2,\cdots,x_{i-1},2,x_{i+1},\cdots,x_n)\}$$

所以,$f(x_1,x_2,\cdots,x_n)$ 的最大值必定在 $(a_1,a_2,\cdots,a_n),a_i \in \{1,2\},i \in \{1,2,\cdots,n\}$ 达到. 所以

$$\max f(x_1,x_2,\cdots,x_n) = \frac{2^n+n-1}{2}$$

7.3 不确定整合变量法

上述两个例子很简单,你可以很容易用凸函数方法来解决. 不管怎样,下述的不确定整合变量法(简写为:UMV,其主要思想是把变量整合到 a 或 b)是帮助我们建立 UMV 定理的主要方式,这也是本文写作的主要内容.

定理 11(UMV 定理)   假设 f 是定义在 $[a,b]^n \subset \mathbf{R}^n \mapsto \mathbf{R}$ 上的连续的对称函数,满足

$$f(x_1,x_2,\cdots,x_n) \geqslant \min\left\{f\left(\frac{x_1+x_2}{2},\frac{x_1+x_2}{2},x_3,\cdots,x_n\right),f(x_1+x_2,0,x_3,\cdots,x_n)\right\}$$

令 $s = x_1 + x_2 + \cdots + x_n$,则

$$f(x_1,x_2,\cdots,x_n) \geqslant \min_{1\leqslant k\leqslant n}\left\{f\left(\frac{s}{k},\frac{s}{k},\cdots,\frac{s}{k},0,\cdots,0\right)\right\}$$

证明   为使用完全初等方法证明这个定理,在此,我们要使用一般整合变量法引理(在第 2 章关于整合变量法,参阅 SMV 定理一节). 考虑下列变换:

(1) 从 $\{x_1,x_2,\cdots,x_n\}$ 中选出最大值和最小值,分别记为 α 和 β.

(2) 如果 $f(\cdots,\alpha,\cdots,\beta,\cdots) \geqslant f(\cdots,\frac{\alpha+\beta}{2},\cdots,\frac{\alpha+\beta}{2},\cdots)$,我们用 $\frac{\alpha+\beta}{2}$ 来替换 α 和 β,但不能改变它们在序列中的次序.

(3) 如果 $f(\cdots,\alpha,\cdots,\beta,\cdots) \geqslant f(\cdots,0,\cdots,\alpha+\beta,\cdots)$,则过程结束.

如果这个过程永不终结,由一般整合变量法引理,我们推出,所有数 x_i 趋于相同的极限 $x = \frac{x_1+x_2+\cdots+x_n}{n} = \frac{s}{n}$. 因此

$$f(x_1,x_2,\cdots,x_n) \geqslant f\left(\frac{s}{n},\frac{s}{n},\cdots,\frac{s}{n}\right)$$

这就是我们所要的结果. 如果这个过程有限步之后结束,我们可以把这种情况看作是在初始序列中有一个数等于 0,重新考虑剩余的 $n-1$ 个数,借助于简单的归纳法,就可以得到我们所需要的结果.

可以说 UMV 方法是两个整合变量经典方式的自然结合:中心整合变量法

（整合变量到它的算术平均值）和外围整合变量法（整合变量到它的边界）. 不管怎样，UMV 拥有特别的优势. 事实上，因为整合变量的其他方法经常尝试整合变量到 $n-1$ 个变量相等的情况，余下的事情（考虑在 $n-1$ 个变量相等情况下的不等式）在某些困难的问题中，可能非常复杂. 如果我们可以证明条件不等式

$$f(x_1,x_2,\cdots,x_n) \geqslant \min\left\{f\left(\frac{x_1+x_2}{2},\frac{x_1+x_2}{2},x_3,\cdots,x_n\right),f(x_1+x_2,0,x_3,\cdots,x_n)\right\}$$

成立，那么，使用 UMV 定理，我们就可以假设 k 个变量相等，而 $n-k$ 个变量都等于 0，一般说来，余下的事情就非常简单了；另一方面，UMV 定理的一个特殊优势是它不会被变量个数所限制，三个变量或 n 变量的情况几乎是一样的；而且，为证明条件不等式，UMV 定理总是关联一系列陌生的和特别的恒等式，所以，它给出的证明可能是意想不到的简单，下面是它漂亮的应用.

例 7.3.1（Vasile Cirtoaje，Algebraic Inequalities） 设 $a_1,a_2,\cdots,a_n$ 是非负实数，满足 $a_1+a_2+\cdots+a_n=n$，证明

$$(n-1)(a_1^2+a_2^2+\cdots+a_n^2)+na_1a_2\cdots a_n \geqslant n^2$$

证明 考察下列函数

$$f(a_1,a_2,\cdots,a_n)=(n-1)(a_1^2+a_2^2+\cdots+a_n^2)+na_1a_2\cdots a_n$$

我们有下列两个恒等式

$$f(a_1,a_2,\cdots,a_n)-f\left(\frac{a_1+a_2}{2},\frac{a_1+a_2}{2},a_3,\cdots,a_n\right)$$

$$=\frac{n(a_1-a_2)^2}{4}\left[\frac{2(n-1)}{n}-a_3a_4\cdots a_n\right]$$

$$f(a_1,a_2,\cdots,a_n)-f(0,a_1+a_2,a_3,\cdots,a_n)$$

$$=-na_1a_2\left[\frac{2(n-1)}{n}-a_3a_4\cdots a_n\right]$$

其中出现了公共因子 $\dfrac{2(n-1)}{n}-a_3a_4\cdots a_n$，真是奇怪，不可想象. 我们立即可以推出，下列两个不等式中

$$\begin{cases}f(a_1,a_2,\cdots,a_n)\geqslant f\left(\dfrac{a_1+a_2}{2},\dfrac{a_1+a_2}{2},a_3,\cdots,a_n\right)\\ f(a_1,a_2,\cdots,a_n)\geqslant f(0,a_1+a_2,a_3,\cdots,a_n)\end{cases}$$

至少有一个成立.

换句话说，我们有

$$f(a_1,a_2,\cdots,a_n)\geqslant \min\left\{f\left(\frac{a_1+a_2}{2},\frac{a_1+a_2}{2},a_3,\cdots,a_n\right),f(0,a_1+a_2,a_3,\cdots,a_n)\right\}$$

由 UMV 定理，我们只需证明不等式在 n 个数 $a_1,a_2,\cdots,a_n$ 中至少有一个等于 0，或者它们全部都等于 1 时，成立即可.

如果 $a_1 = a_2 = \cdots = a_n = 1$，则不等式是显然成立的；如果 $a_n = 0$，则不等式变成

$$(n-1)(a_1^2 + a_2^2 + \cdots + a_{n-1}^2) \geqslant n^2$$

$$\Leftrightarrow (n-1)(a_1^2 + a_2^2 + \cdots + a_{n-1}^2) \geqslant (a_1 + a_2 + \cdots + a_{n-1})^2$$

由 Cauchy-Schwarz 不等式，这是显然成立的. 等号成立的条件是 $a_1 = a_2 = \cdots = a_n = 1$ 或 $a_1 = a_2 = \cdots = a_{n-1} = \dfrac{n}{n-1}, a_n = 0$ 或其轮换.

例 7.3.2(Dinh Ngoc An,CPR) 求最好的正实常数 $k = k_m$，对所有非负实数 $x_1, x_2, \cdots, x_n$，且满足 $x_1 + x_2 + \cdots + x_n = n$，下列不等式

$$(1 + mx_1)(1 + mx_2)\cdots(1 + mx_n) \leqslant (m+1)^n + k_m(x_1 x_2 \cdots x_n - 1)$$

成立.

解 设

$$f_m(x_1, x_2, \cdots, x_n) = (1 + mx_1)(1 + mx_2)\cdots(1 + mx_n) - k_m x_1 x_2 \cdots x_n$$

令 $S_{ij} = \prod\limits_{l \neq i,j}(1 + mx_l)$，$T_{ij} = \prod\limits_{l \neq i,j} x_l$，$i \neq j \in \{1, 2, \cdots, n\}$，为方便起见，记 $S = S_{ij}$，$T = T_{ij}$，则不等式

$$f_m(x_1, \cdots, x_i, \cdots, x_j, \cdots, x_n) \leqslant f_m\left(x_1, \cdots, \frac{x_i + x_j}{2}, \cdots, \frac{x_i + x_j}{2}, \cdots, x_n\right)$$

成立,当且仅当

$$S\left\{(1 + mx_i)(1 + mx_j) - \left[1 + m\left(\frac{x_i + x_j}{2}\right)^2\right]\right\} + k_m T\left[\left(\frac{x_i + x_j}{2}\right)^2 - x_i x_j\right] \leqslant 0$$

$$\Leftrightarrow \frac{-Sm^2}{4}(x_i - x_j)^2 + \frac{k_m T}{4}(x_i - x_j)^2 \leqslant 0$$

$$\Leftrightarrow k_m T \leqslant Sm^2$$

$$(1)$$

另一方面,不等式

$$f_m(x_1, \cdots, x_i, \cdots, x_j, \cdots, x_n) \leqslant f_m(x_1, \cdots, 0, \cdots, x_i + x_j, \cdots, x_n)$$

成立,当且仅当

$$S\{(1 + mx_i)(1 + mx_j) - [1 + m(x_i + x_j)]\} - k_m T x_i x_j \leqslant 0$$

$$\Leftrightarrow Sm^2 x_i x_j - k_m T x_i x_j \leqslant 0 \qquad\qquad (2)$$

$$\Leftrightarrow k_m T \geqslant Sm^2$$

不等式(1)(2)至少有一个必定成立,所以,我们有

$$f_m(x_1, \cdots, x_i, \cdots, x_j, \cdots, x_n)$$

$$\leqslant \max\left\{f_m\left(x_1, \cdots, \frac{x_i + x_j}{2}, \cdots, \frac{x_i + x_j}{2}, \cdots, x_n\right), f_m(x_1, \cdots, 0, \cdots, x_i + x_j, \cdots, x_n)\right\}$$

根据 UMV 定理，我们有，表达式 $f_m(x_1, x_2, \cdots, x_n)$ 的最大值,当且仅当 $x_1 = x_2 = \cdots = x_n$ 或 $x_1, x_2, \cdots, x_n$ 中至少有一个等于 0 时,达到.

如果 $x_1 = x_2 = \cdots = x_n$，则不等式显然成立. 如果 $x_n = 0$，则不等式变成

$$(1 + mx_1)(1 + mx_2)\cdots(1 + mx_{n-1}) \leqslant (m+1)^n - k_m$$

其中 $x_1 + x_2 + \cdots + x_{n-1} = n$，上式表达式右边，由 AM-GM 不等式可知，其最

大值是 $\left(1 + \dfrac{mn}{n-1}\right)^{n-1}$，所以，我们有

$$\max f_m(x_1, x_2, \cdots, x_n) = \max\left\{(m+1)^n - k_m, \left(1 + \dfrac{mn}{n-1}\right)^{n-1}\right\}$$

k_m 的最好可能值是 $(m+1)^n - \left(1 + \dfrac{mn}{n-1}\right)^{n-1}$.

注 对于 $n = 4, m = 3$，得到例 2.3.3 如下：

设 x, y, z, t 是非负实数，满足 $x + y + z + t = 4$，则

$$(1 + 3x)(1 + 3y)(1 + 3z)(1 + 3t) \leqslant 125 + 131xyzt$$

例 7.3.3(Nguyen Minh Duc, IMO shortlist) 设 a, b, c, d 是非负实数，且

满足 $a + b + c + d = 1$，证明

$$abc + bcd + cda + dab \leqslant \frac{1}{27} + \frac{176}{27}abcd$$

证明 设

$$f(a, b, c, d) = abc + bcd + cda + dab - \frac{176}{27}abcd$$

$$= ab(c + d) + cd(a + b) - \frac{176}{27}abcd$$

不等式 $f(a, b, c, d) \leqslant f\left(\dfrac{a+b}{2}, \dfrac{a+b}{2}, c, d\right)$ 等价于

$$(c + d)\left[db - \frac{(a+b)^2}{4}\right] + \frac{176}{27}cd\left[\frac{(a+b)^2}{4} - db\right] \leqslant 0$$

$$\Leftrightarrow \frac{176}{27}cd \leqslant c + d$$

不等式 $f(a, b, c, d) \leqslant f(0, a + b, c, d)$ 等价于

$$ab\left(c + d - \frac{176}{27}cd\right) \leqslant 0 \text{ 或者 } c + d \leqslant \frac{176}{27}cd$$

由上面的结果，有

$$f(a, b, c, d) \leqslant \max\left\{f\left(\frac{a+b}{2}, \frac{a+b}{2}, c, d\right), f(0, a+b, c, d)\right\}$$

根据 UMV 定理，$f(a, b, c, d)$ 的最大值在 $a = b = c = d = \dfrac{1}{4}$ 或四个数 a, b,

c, d 中有一个为 0 时达到. 如果 $a = b = c = d = \dfrac{1}{4}$，则不等式显然成立；另外，如

果 $d = 0$，则不等式变成

$$abc \leqslant \frac{1}{27} \quad (a+b+c=1)$$

由 AM - GM 不等式,这也是成立的. 从而原不等式得证.

例 7.3.4 设 $x_1, x_2, \cdots, x_n$ 是非负实数,其和为 n,求最好的正常数 $k = k_n$,使得下列不等式成立

$$x_1 x_2 \cdots x_n \left(\frac{1}{x_1} + \frac{1}{x_2} + \cdots + \frac{1}{x_n} \right) \leqslant n + k_n (x_1 x_2 \cdots x_n - 1)$$

解 设

$$A = x_3 x_4 \cdots x_n, \quad B = \sum_{i=3}^{n} \prod_{j=3, j \neq i}^{n} x_j$$

$$f(x_1, x_2, \cdots, x_n) = \prod_{i=1}^{n} x_i \left(\sum_{i=1}^{n} \frac{1}{x_i} \right) - k_n \left(\prod_{i=1}^{n} x_i - 1 \right) - n$$

$$= (x_1 + x_2) A + x_1 x_2 (B - k_n A) - k_n + n$$

则不等式 $f(x_1, x_2, \cdots, x_n) \leqslant f\left(\frac{x_1 + x_2}{2}, \frac{x_1 + x_2}{2}, x_3, \cdots, x_n \right)$ 成立,当且仅当 $B \geqslant k_n A$. 另外,不等式 $f(x_1, x_2, \cdots, x_n) \leqslant f(0, x_1 + x_2, x_3, \cdots, x_n)$ 成立,当且仅当 $B \leqslant k_n A$. 两个不等式 $B \geqslant k_n A$ 和 $B \leqslant k_n A$ 至少有一个必定成立. 所以,我们有

$$f(x_1, x_2, \cdots, x_n) \leqslant \max \left\{ f\left(\frac{x_1 + x_2}{2}, \frac{x_1 + x_2}{2}, x_3, \cdots, x_n \right), f(0, x_1 + x_2, x_3, \cdots, x_n) \right\}$$

根据 UMV 定理,函数 f 当且仅当 $x_1 = x_2 = \cdots = x_n$ 或 $x_1 x_2 \cdots x_n = 0$ 时,达到最大值.

当 $x_1 = x_2 = \cdots = x_n$ 时,由 AM - GM 不等式,很容易得到不等式 $f \leqslant 0$,当且仅当 $k_n \leqslant n - \left(\frac{n}{n-1} \right)^{n-1}$. 所以,最好(最大值)可能的正实常数 k_n 是 $n - \left(\frac{n}{n-1} \right)^{n-1}$.

注 前一个例子(例 7.3.3)是本题的一个特例($n=4$ 的情况). 另外,注意到,对所有的 $n \in \mathbf{N}$,有

$$\left(\frac{n}{n-1} \right)^{n-1} = \left(1 + \frac{1}{n-1} \right)^{n-1} < \mathrm{e}$$

所以,我们推出如下不等式:

设 $x_1, x_2, \cdots, x_n$ 是非负实数,其和为 n,证明

$$x_1 x_2 \cdots x_n \left(\frac{1}{x_1} + \frac{1}{x_2} + \cdots + \frac{1}{x_n} + \mathrm{e} \right) \leqslant n x_1 x_2 \cdots x_n + \mathrm{e}$$

例 7.3.5(Dinh Ngoc An, CPR) 设 $x_1, x_2, \cdots, x_n$ 是非负实数,其和为 n,k 是任意一个正常数,求下列表达式

$$S_{k,p} = \sum_{1 \leqslant i_1 < i_2 < \cdots < i_p \leqslant n} x_{i_1}^k x_{i_2}^k \cdots x_{i_p}^k$$

的最大值.

解 容易推出

$$S_{1,p} = \sum_{1 \leqslant i_1 < i_2 < \cdots < i_p \leqslant n} x_{i_1} x_{i_2} \cdots x_{i_p} \leqslant C_n^p$$

所以,对所有 $k \leqslant 1$,下列不等式成立

$$S_{k,p} = \sum_{1 \leqslant i_1 < i_2 < \cdots < i_p \leqslant n} x_{i_1}^k x_{i_2}^k \cdots x_{i_p}^k \leqslant C_n^p$$

对于 $k \geqslant 1$,令

$$A = \sum_{3 \leqslant i_1 < i_2 < \cdots < i_{p-2} \leqslant n} (x_{i_1} x_{i_2} \cdots x_{i_{p-2}})^k, B = \sum_{3 \leqslant i_1 < i_2 < \cdots < i_{p-1} \leqslant n} (x_{i_1} x_{i_2} \cdots x_{i_{p-1}})^k$$

考察函数 $f(x_1, x_2, \cdots, x_n) = \sum\limits_{1 \leqslant i_1 < i_2 < \cdots < i_p \leqslant n} x_{i_1}^k x_{i_2}^k \cdots x_{i_p}^k$,我们来证明

$$f(x_1, x_2, \cdots, x_n) \leqslant \max \left\{ f\left(\frac{x_1 + x_2}{2}, \frac{x_1 + x_2}{2}, x_3, \cdots, x_n\right), f(0, x_1 + x_2, x_3, \cdots, x_n) \right\}$$

事实上,不等式

$$f(x_1, x_2, \cdots, x_n) \leqslant f\left(\frac{x_1 + x_2}{2}, \frac{x_1 + x_2}{2}, x_3, \cdots, x_n\right) \tag{1}$$

成立,当且仅当

$$x_1^k x_2^k A + (x_1^k + x_2^k) B - \left(\frac{x_1 + x_2}{2}\right)^{2k} A - 2 \left(\frac{x_1 + x_2}{2}\right)^k B \leqslant 0$$

或者

$$\frac{\left(\dfrac{x_1 + x_2}{2}\right)^{2k} - x_1^k x_2^k}{x_1^k + x_2^k - 2 \left(\dfrac{x_1 + x_2}{2}\right)^k} \geqslant \frac{B}{A}$$

不等式

$$f(x_1, x_2, \cdots, x_n) \leqslant f(0, x_1 + x_2, x_3, \cdots, x_n) \tag{2}$$

成立,当且仅当

$$x_1^k x_2^k A + (x_1^k + x_2^k) B - (x_1 + x_2)^k B \leqslant 0$$

或者

$$\text{上式} \Leftrightarrow \frac{x_1^k x_2^k}{(x_1 + x_2)^k - (x_1^k + x_2^k)} \leqslant \frac{B}{A}$$

根据 AM - GM 不等式,我们有(因为 $k \geqslant 1$)

$$x_1^k + x_2^k \geqslant 2 \left(\frac{x_1 + x_2}{2}\right)^{2k} \geqslant 2 x_1^k x_2^k$$

所以

$$\frac{\left(\dfrac{x_1+x_2}{2}\right)^{2k}}{x_1^k x_2^k} \geqslant 1 \geqslant \frac{(x_1+x_2)^k - 2\left(\dfrac{x_1+x_2}{2}\right)^k}{(x_1+x_2)^k - (x_1^k+x_2^k)}$$

$$\Rightarrow \frac{\left(\dfrac{x_1+x_2}{2}\right)^{2k} - x_1^k x_2^k}{x_1^k x_2^k} \geqslant \frac{x_1^k + x_2^k - 2\left(\dfrac{x_1+x_2}{2}\right)^k}{(x_1+x_2)^k - (x_1^k+x_2^k)}$$

这表明,不等式(1)和(2)至少有一个必成立. 换句话说

$$f(x_1,x_2,\cdots,x_n) \leqslant \max\left\{f\left(\frac{x_1+x_2}{2},\frac{x_1+x_2}{2},x_3,\cdots,x_n\right),f(0,x_1+x_2,x_3,\cdots,x_n)\right\}$$

根据 UMV 定理,我们得到

$$\max f(x_1,x_2,\cdots,x_n) = \max_{t \in \{0,1,2,\cdots,n-1\}} C_{n-t}^p \left(\frac{n}{n-t}\right)^{kp}$$

注　这个一般的不等式概括了许多有趣的类似的结果. 例如,对于 $n=3$,$k=2$,我们有下列不等式:

设 a,b,c 是非负实数,且 $a+b+c=3$,则

$$(ab)^k + (bc)^k + (ca)^k \leqslant \max\left\{3,\left(\frac{3}{2}\right)^{2k}\right\}$$

对于 $n=4,k=3$ 和 2,我们有下列不等式:

设 a,b,c,d 是非负实数,且满足 $a+b+c+d=4$,则

$$(abc)^k + (bcd)^k + (cda)^k + (dab)^k \leqslant \max\left\{4,\left(\frac{4}{3}\right)^{3k}\right\}$$

设 a,b,c,d 是非负实数,且满足 $a+b+c+d=4$,则

$$(ab)^k + (bc)^k + (cd)^k + (da)^k + (ac)^k + (bd)^k \leqslant \max\left\{6,2^{2k},3\left(\frac{4}{3}\right)^{2k}\right\}$$

例 7. 3. 6(Pham Kim Hung,Mathlinks)　设 a,b,c,d 是非负实数,且满足 $a^2+b^2+c^2+d^2=1$,则

$$ab + bc + cd + da + ac + bd \geqslant 24(a^2 b^2 c^2 + b^2 c^2 d^2 + c^2 d^2 a^2 + d^2 a^2 b^2) \cdot$$

证明　令

$$m=\sqrt{a^2+b^2},n=\sqrt{\frac{a^2+b^2}{2}}$$

$$f(a,b,c,d)=24(a^2 b^2 c^2 + b^2 c^2 d^2 + c^2 d^2 a^2 + d^2 a^2 b^2) -$$
$$(ab + bc + cd + da + ac + bd)$$

容易证明

$$f(a,b,c,d) - f(m,0,c,d) = 24(c^2+d^2)a^2 b^2 - (c+d)(a+b-\sqrt{a^2+b^2}) - ab$$

$$= ab\left[24(c^2+d^2)ab - \frac{2(c+d)}{a+b+\sqrt{a^2+b^2}} - 1\right]$$

和

$$f(a,b,c,d) - f(n,n,c,d) = 24(c^2 + d^2)\left[a^2b^2 - \left(\frac{a^2+b^2}{2}\right)^2\right] -$$
$$(c+d)(a+b-\sqrt{2(a^2+b^2)}) -$$
$$\left(ab - \frac{a^2+b^2}{2}\right)$$
$$= \frac{(a-b)^2}{4}\left[-24(c^2+d^2)(a+b)^2 + \right.$$
$$\left.\frac{4(c+d)}{a+b+\sqrt{2(a^2+b^2)}} + 2\right]$$

设

$$M = 24(c^2+d^2)ab - \frac{2(c+d)}{a+b+\sqrt{a^2+b^2}} - 1$$

$$N = -24(c^2+d^2)(a+b)^2 + \frac{4(c+d)}{a+b+\sqrt{2(a^2+b^2)}} + 2$$

显然我们有

$$2M + N = -24(c^2+d^2)(a^2+b^2) - \frac{4(\sqrt{2}-1)(c+d)\sqrt{a^2+b^2}}{(a+b+\sqrt{a^2+b^2})(a+b+\sqrt{2(a^2+b^2)})}$$
$$< 0$$

所以,M 或 N 中必定有一个非正.换句话说

$$f(a,b,c,d) \leqslant \max\{f(m,0,c,d), f(n,n,c,d)\}$$

根据 UMV 定理,我们推出,表达式 $f(a,b,c,d)$ 达到最大值,当且仅当 $a = b = c = d$ 或 $a = b = c, d = 0$ 或 $a = b, c = d = 0$ 或 $b = c = d = 0$,对于这些情况,不等式显然是成立的.等号成立的条件是 $a = b = c = d = \frac{1}{2}$.

7.4 三次不等式的应用

使用 UMV 定理,我们来证明一个一般化定理,它可以帮助我们证明所有的三次 n 变量对称不等式.这个定理的一个更强的应用是关于非齐次不等式,这在过去是非常困难的问题.首先,我们来证明一个实用的命题(可以把它看作是 Ho Joo Lee 定理的一个改进)

命题 1 设 F 是一个变量为 $x_1, x_2, \cdots, x_n$ 的齐次对称多项式,其次数不超过 3,证明:不等式 $F(x_1, x_2, \cdots, x_n) \geqslant 0$ 成立,当且仅当

$$F(1,0,\cdots,0) \geqslant 0, F(1,1,\cdots,0) \geqslant 0, \cdots, F(1,1,\cdots,1,0) \geqslant 0, F(1,1,\cdots,1) \geqslant 0$$

证明 设 $t = \dfrac{x_1 + x_2}{2}, x = x_1, y = x_2$,且

$$F(x_1,x_2,\cdots,x_n)=a\sum_{i=1}^n x_i^3+b\sum_{i<j}x_ix_j(x_i+x_j)+c\sum_{i<j<k}x_ix_jx_k$$

令 $A=\sum_{i=3}^n x_i$，$B=\sum_{i=3}^n x_i^2$，$C=\sum_{2<i<j}x_ix_j$，则我们有

$$F(x_1,x_2,\cdots,x_n)-F(2t,0,x_3,\cdots,x_n)$$

$$=a[x^3+y^3-(x+y)^3]+bxy(x+y)+b[x^2+y^2-(x+y)^2]A+xyA$$

$$=xy[-3a(x+y)+b(x+y)-2bA+A]$$

另外

$$F(x_1,x_2,\cdots,x_n)-F(t,t,x_3,\cdots,x_n)$$

$$=a\left[x^3+y^3-\frac{(x+y)^3}{4}\right]+b(x+y)\left[xy-\frac{(x+y)^2}{4}\right]+$$

$$b\left[x^2+y^2-\frac{(x+y)^2}{2}\right]A+\left[xy-\frac{(x+y)^2}{4}\right]A$$

$$=\frac{(x-y)^2}{4}[3a(x+y)-b(x+y)+2bA-A]$$

根据上面两个关系式，我们可以推出，下面两个不等式至少有一个成立

$$F(x_1,x_2,\cdots,x_n)\geqslant F(2t,0,x_3,\cdots,x_n)$$

$$F(x_1,x_2,\cdots,x_n)\geqslant F(t,t,x_3,\cdots,x_n)$$

令 $t=\dfrac{x_1+x_2+\cdots+x_n}{n}$，根据 UMV 定理，我们得到不等式

$$F(x_1,x_2,\cdots,x_n)\geqslant 0$$

成立，当且仅当

$$F\left(\frac{t}{n},0,\cdots,0\right)\geqslant 0$$

$$F\left(\frac{t}{n},\frac{t}{n},\cdots,0\right)\geqslant 0$$

$$\vdots$$

$$F\left(\frac{t}{n},\frac{t}{n},\cdots,\frac{t}{n},0\right)\geqslant 0$$

$$F\left(\frac{t}{n},\frac{t}{n},\cdots,\frac{t}{n}\right)\geqslant 0$$

因为不等式是齐次的，令 $t=n$，即得我们所需的结果.

这一节的主要定理如下

定理 12 考虑下列对称表达式（不必是齐次的）

$$F(x_1,x_2,\cdots,x_n)=a\sum_{i=1}^n x_i^3+b\sum_{i<j}x_ix_j(x_i+x_j)+$$

$$c\sum_{i<j<k}x_ix_jx_k+d\sum_{i=1}^n x_i^2+e\sum_{i<j}x_ix_j+f\sum_{i=1}^n x_i+g$$

对于 $t = x_1 + x_2 + \cdots + x_n$，则不等式 $F(x_1, x_2, \cdots, x_n) \geqslant 0$ 对所有非负实数 $x_1, x_2, \cdots, x_n$ 成立，当且仅当

$$F\left(\frac{t}{n}, 0, \cdots, 0\right) \geqslant 0$$

$$F\left(\frac{t}{n}, \frac{t}{n}, \cdots, 0\right) \geqslant 0$$

$$\vdots$$

$$F\left(\frac{t}{n}, \frac{t}{n}, \cdots, \frac{t}{n}, 0\right) \geqslant 0$$

$$F\left(\frac{t}{n}, \frac{t}{n}, \cdots, \frac{t}{n}\right) \geqslant 0$$

证明　固定和式 $x_1 + x_2 + \cdots + x_n = t = \mathrm{const}$，我们来证明 $F(x_1, x_2, \cdots, x_n) \geqslant 0$，对所有 $t > 0$ 成立. 事实上，我们可以把表达式 F 写成如下形式

$$F(x_1, x_2, \cdots, x_n) = a\sum_{i=1}^{n} x_i^3 + b\sum_{i<j} x_i x_j (x_i + x_j) + c\sum_{i<j<k} x_i x_j x_k +$$

$$\left(\frac{d}{t}\sum_{i=1}^{n} x_i^2 + \frac{e}{t}\sum_{i<j} x_i x_j\right)\sum_{i=1}^{n} x_i +$$

$$\frac{f}{t^2}\left(\sum_{i=1}^{n} x_i\right)^3 + \frac{g}{t^3}\left(\sum_{i=1}^{n} x_i\right)^3 \quad （注意\ t\ 是常数）$$

因此可见，$F(x_1, x_2, \cdots, x_n)$ 表示成了齐次的形式，根据命题 1，我们即得结论 $F \geqslant 0$，当且仅当

$$F\left(\frac{t}{n}, 0, \cdots, 0\right) \geqslant 0$$

$$F\left(\frac{t}{n}, \frac{t}{n}, \cdots, 0\right) \geqslant 0$$

$$\vdots$$

$$F\left(\frac{t}{n}, \frac{t}{n}, \cdots, \frac{t}{n}, 0\right) \geqslant 0$$

$$F\left(\frac{t}{n}, \frac{t}{n}, \cdots, \frac{t}{n}\right) \geqslant 0$$

下面是定理的直接推论，是关于三变量不等式最简单、最容易的应用.

推论 5　考虑下列对称非齐次表达式

$$F(a, b, c) = m\sum a^3 + n\sum a^2(b+c) + pabc + q\sum a^2 + r\sum ab + s\sum a + t$$

对 $u = a + b + c$，证明不等式 $F(a, b, c) \geqslant 0$ 成立，当且仅当

$$F\left(\frac{u}{3}, \frac{u}{3}, \frac{u}{3}\right) \geqslant 0$$

$$F\left(\frac{u}{2}, \frac{u}{2}, 0\right) \geqslant 0$$

$$F(u,0,0) \geqslant 0$$

上面的定理,在证明三次对称不等式方面扮演着重要的角色(包括齐次的或非齐次的),前面的例子可以从这个定理直接推出. 事实上,使用这个定理,如何证明这种类型的不等式,你看看下面的例子就能明白.

例 7.4.1(Sun Yoon Kim,Mathlinks) 设 a,b,c 是非负实数,证明

$$a^3 + b^3 + c^3 + ab + bc + ca + 1$$

$$\geqslant 2(a^2 + b^2 + c^2) + (-a+b+c)(a-b+c)(a+b-c)$$

证明 由于这个不等式是三次对称非齐次,所以,我们只需考虑下列三种情况:

(1)第一种情况 $a=b=c=t$,此时,不等式变成

$$2t^3 + 1 \geqslant 3t^2$$

这由 AM - GM 不等式可知,显然成立. 等号成立的条件是 $a=b=c=1$.

(2)第二种情况 $a=b=t,c=0$,此时,不等式变成

$$2t^3 + 1 \geqslant 3t^2$$

也是显然成立的. 等号成立的条件是 $a=b=1,c=0$ 或其轮换.

(3)第三种情况 $a=t,b=c=0$,此时,不等式变成

$$2t^3 + 1 \geqslant 2t^2$$

由于 $2t^3 + 1 = t^3 + t^3 + 1 \geqslant 3t^2 \geqslant 2t^2$,所以 $2t^3 + 1 \geqslant 2t^2$.

综上所述,原不等式成立.

注 下面是一个更强的不等式:

设 a,b,c 是非负实数,证明

$$\sum a^3 + \sum ab + 1 \geqslant 2\sum a^2 + \left(1 - \frac{4\sqrt{6}}{9}\right)\prod(a+b-c) + \frac{4\sqrt{6}}{9}abc$$

这可由上面类似的证明方法得到. 注意,不等式等号成立的条件有三种情况

$(a,b,c) = (1,1,1)$ 或 $(1,1,0)$ 或 $\left(\sqrt[3]{\dfrac{9}{2\sqrt{6}}},0,0\right)$ 及其轮换.

例 7.4.2(Le Trung Kien,CPR) 设 a,b,c 是非负实数,证明

$$a^2 + b^2 + c^2 + \sqrt{2}abc + (1+\sqrt{2})^2 \geqslant (2+\sqrt{2})(a+b+c)$$

证明 因为不等式是三次对称非齐次,所以,我们只需考虑下列三种情况.

(1)第一种情况 $a=b=c=t$,此时不等式变成

$$3t^2 + \sqrt{2}t^3 + (1+\sqrt{2})^2 \geqslant 3(2+\sqrt{2})t$$

$$\Leftrightarrow \frac{\sqrt{2}}{2} \cdot (2t + 4 + 3\sqrt{2})(t-1)^2 \geqslant 0$$

这显然成立,等号成立的条件是 $a=b=c=1$.

(2)第二种情况 $a=b=t,c=0$,此时,不等式变成

$$2t^2 + (1+\sqrt{2})^2 \geqslant 2(2+\sqrt{2})t$$

$$\Leftrightarrow \frac{1}{2}(2+\sqrt{2}-2t)^2 \geqslant 0$$

显然成立,等号成立的条件是 $a=b=1+\dfrac{1}{\sqrt{2}}, c=0$ 及其轮换.

(3)第三种情况 $a=t,b=c=0$,此时,不等式变成

$$t^2 + (1+\sqrt{2})^2 \geqslant (2+\sqrt{2})t$$

这由 AM-GM 不等式可知,是成立的.无等号成立的条件.

例 7.4.3(Gabriel Dospinescu,Marian Tetiva,Old and New Inequalities)
设 a,b,c 是非负实数,证明

$$a^2 + b^2 + c^2 + 2abc + 3 \geqslant (a+1)(b+1)(c+1)$$

证明 照例,我们只考虑下列三种情况,证明不等式成立即可.

(1)第一种情况 $a=b=c=t$,此时,不等式变成

$$3t^2 + 2t^3 + 3 \geqslant (t+1)^3 \Leftrightarrow (t+2)(t-1)^2 \geqslant 0$$

这显然成立,等号成立的条件是 $a=b=c=1$.

(2)第二种情况 $a=b=t,c=0$,此时,不等式变成

$$2t^2 + 3 \geqslant (t+1)^2 \Leftrightarrow (t-1)^2 + 1 \geqslant 0$$

这显然成立,无等号成立的条件.

(3)第三种情况 $a=t,b=c=0$,此时,不等式变成

$$t^2 + 3 \geqslant t+1 \Leftrightarrow \left(t-\frac{1}{2}\right)^2 + \frac{7}{4} \geqslant 0$$

这显然成立,无等号成立的条件.

综上所述,原不等式成立.

例 7.4.4(Pham Kim Hung,Mathlinks)设 a,b,c 是非负实数,证明

$$a^3 + b^3 + c^3 + ab + bc + ca + 2 \geqslant 2abc + a^2 + b^2 + c^2 + a + b + c$$

证明 我们只需考虑下列三种情况:

(1)第一种情况 $a=b=c=t$,此时,不等式变成

$$\text{LHS} - \text{RHS} = t^3 + 2 - 3t = (t+2)(t-1)^2 \geqslant 0$$

这显然成立,等号成立的条件是 $a=b=c=1$.

(2)第二种情况 $a=b=t,c=0$,此时,不等式变成

$$\text{LHS} - \text{RHS} = 2t^3 + 2 - t^2 - 2t = 2(t+1)(t-1)^2 + t^2 \geqslant 0$$

这显然成立,无等号成立的条件.

(3)第三种情况 $a=t,b=c=0$,此时,不等式变成

$$\text{LHS} - \text{RHS} = t^3 + 2 - t^2 - t = (t+1)(t-1)^2 + 1 \geqslant 0$$

这显然成立,无等号成立的条件.

综上所述,原不等式成立.

例 7.4.5(Pham Kim Hung,Mathlinks) 设 a,b,c,d 是非负实数,证明

$$\sum a(a-1)^2 + 2\left(1+\sqrt{\frac{32}{27}}\right) \geqslant \sum a^2 - \sum abc$$

证明 因为不等式是三次对称不等式,所以,我们只考虑下列情况:

(1) 第一种情况 $a=b=c=d=t$,此时,不等式变成

$$\text{LHS} - \text{RHS} = 4t(t-1)^2 + 2 + \frac{8}{9}\sqrt{6} - 4t^2 + 4t^3$$

$$= \left[4\left(t - \frac{9+\sqrt{6}}{12}\right)^2 + \frac{1+2\sqrt{6}}{4}\right]\left(2t + \frac{\sqrt{6}}{3}\right) \geqslant 0$$

显然成立.

(2) 第二种情况 $a=b=c=t,d=0$,此时,不等式变成

$$\text{LHS} - \text{RHS} = 3t(t-1)^2 + 2 + \frac{8}{9}\sqrt{6} - 3t^2 + t^3$$

$$= \left(\frac{7+3\sqrt{5}}{2}t + \frac{9+5\sqrt{5}}{8}\right)\left[(3-\sqrt{5})t - 1\right]^2 +$$

$$\frac{7-5\sqrt{5}}{8} + \frac{8\sqrt{6}}{9} \geqslant 0$$

显然成立.

(3) 第三种情况 $a=b=t,c=d=0$,此时,不等式变成

$$\text{LHS} - \text{RHS} = 2t(t-1)^2 + 2 + \frac{8}{9}\sqrt{6} - 2t^2$$

$$= \frac{2}{27}(3t + 2\sqrt{6} - 3)(-3t + 3 + \sqrt{6})^2 \geqslant 0$$

显然成立,等号成立的条件是 $a=b=1+\dfrac{\sqrt{6}}{3},c=d=0$ 及其轮换.

(4) 第四种情况 $a=t,b=c=d=0$,此时不等式变成

$$\text{LHS} - \text{RHS} = t(t-1)^2 + 2 + \frac{8}{9}\sqrt{6} - t^2$$

$$= \left(\frac{5+2\sqrt{6}}{3}t + \frac{9+4\sqrt{6}}{9}\right)\left[(3-\sqrt{6})t - 1\right]^2 + 1 + \frac{4}{9}\sqrt{6} \geqslant 0$$

综上所述,原不等式成立.等号成立的条件是 $a=b=1+\dfrac{\sqrt{6}}{3},c=d=0$ 及其轮换.

例 7.4.6(Pham Kim Hung,Mathlinks) 设 $a_1,a_2,\cdots,a_n(n \geqslant 3)$ 是非负实数,证明

$$\sum_{i=1}^{n} a_i^2 + (n-1) \sum_{i<j<k} a_i a_j a_k + 1 \geqslant 2 \sum_{i<j} a_i a_j$$

证明　因为不等式是三次齐次不等式,所以,我们可以假定所有的 n 个数都相等或某些为 0. 如果 $a_1 = a_2 = \cdots = a_n = x$,则不等式变成

$$\frac{1}{6} n (n-1)^2 (n-2) x^3 - n(n-2)x^2 + 1 \geqslant 0$$

由 AM - GM 不等式,我们有

$$\frac{1}{6} n (n-1)^2 (n-2) x^3 + 1$$

$$= \frac{1}{12} n (n-1)^2 (n-2) x^3 + \frac{1}{12} n (n-1)^2 (n-2) x^3 + 1$$

$$\geqslant 3 \sqrt[3]{\frac{1}{144} n^2 (n-1)^4 (n-2)^2 x^6}$$

$$\geqslant n(n-2)x^2$$

如果 $a_n = 0$,则不等式变成对 $n-1$ 个数的情况,由简单的归纳法可证.

注　采用相同的方法,可以证明下列不等式:

设 $a_1, a_2, \cdots, a_n (n \geqslant 3)$ 是非负实数,证明

$$2 + \sum_{i=1}^{n} a_i^2 + (n-2) \sum_{i<j<k} a_i a_j a_k \geqslant \sum_{i<j} a_i a_j + \sum_{i=1}^{n} a_i$$

7.5　引　言[①]

本书的越南版本(只有一卷,350 多页)在 2006 年 8 月份已在越南出版了. 从那以后,我收到了许多关于本书的内容和一些想法的稿件,其中一个被称为"SOS - Schur 方法",的确适合本书的主要内容. 这个方法最近为许多读者发现,它自然地联系到两个知名的定理:SOS 定理和 Schur 不等式.

在前面的某些部分,我们有时使用下列表达式来证明不等式

$$M (a-b)^2 + N(c-a)(c-b) \geqslant 0$$

这个表达式,即包括了 SOS 类型形式 $(a-b)^2$,也包括了 Schur 类型的形式 $(c-a)(c-b)$. 所以,这个方法有个可爱的名称"SOS-Schur",它有显著的改进和大量的应用,是由三个学生贡献的,他们是越南 Hai Phone,Tran Phu 的优秀高中生:Bach Ngoc Thanh Cong,Nguyen Vu Tuan,Nguyen Trung Kien. 他们把这个漂亮的文章送给老师:Nguyen Huu Phien,Dang Xuan Son 和 Bach Ngoc

---

[①]　读者提供的文章 2:"SOS - Schur 方法".

Cuong. 现在,我们就来学习这部分内容.

7.6 SOS - Schur 表示

让我们开始吧! 这个方法的主要目的是把要证明的不等式表示成下列形式

$$M(a-b)^2 + N(c-a)(c-b) \geqslant 0$$

然后,利用某些方法,我们来尝试证明:如果 $c = \min\{a,b,c\}$(或 $\max\{a,b,c\}$),则 M,N 都是非负的. 作为 SOS 方法,如果把某个不等式写成这种形式,确实需要进行一番解释. 为简单起见,我们考虑下面这个表达式

$$a^2 + b^2 + c^2 - (ab + bc + ca)$$

如何把它表示成 SOS - Schur 形式呢?

我来回答这个显然的问题,即

$$a^2 + b^2 + c^2 - (ab + bc + ca) = (a-b)^2 + (c-a)(c-b) \geqslant 0$$

对于 Schur 不等式,有如下表示

$$\sum a(a-b)(a-c) = (a+b-c)(a-b)^2 + c(c-a)(c-b) \geqslant 0$$

根据这个思路,我们给出下列知名不等式的一个非常简单的证法.

例 7.6.1(Mathlinks,eontest) 证明:对所有正实数 a,b,c,有

$$\frac{a}{b} + \frac{b}{c} + \frac{c}{a} \geqslant \frac{c+a}{a+b} + \frac{a+b}{b+c} + \frac{b+c}{c+a}$$

证明 不失一般性,设 $c = \min\{a,b,c\}$,对所有正实数 a,b,c,我们总有

$$\frac{a}{b} + \frac{b}{c} + \frac{c}{a} - 3 = \frac{1}{ab}(a-b)^2 + \frac{1}{ca}(c-a)(c-b)$$

所以,原不等式可以写成如下形式

$$\left[\frac{1}{ab} - \frac{1}{(a+c)(b+c)}\right](a-b)^2 + \left[\frac{1}{ca} - \frac{1}{(a+b)(a+c)}\right](c-a)(c-b) \geqslant 0$$

这是显然成立的,因为 $c = \min\{a,b,c\}$. 等号成立的条件是 $a=b=c$.

把一个表达式转换成 SOS - Schur 形式的方法,基本上类似于我们常用的 SOS 的表示方法. 一个好的建议是,你可能要尝试处理某些熟悉的不等式. 例如,我们来处理下面的表达式

$$F = a^2 b(a-b) + b^2 c(b-c) + c^2 a(c-a)$$

(这个不等式出现在 IMO1986,详情是这样的:如果 a,b,c 是某三角形的三边长,证明 $F \geqslant 0$) 为把它表示成 SOS - Schur 形式,我们的做法如下

$$F = a^2 b(a-b) + b^2 c(b-c) + c^2 a(c-a)$$
$$= (a^2 b - ab^2)(a-b) + ab^2(a-c+c-b) + b^2 c(b-c) + c^2 a(c-a)$$

189

$$= ab(a-b)^2 + (b^2c - b^2a)(b-c) + (c^2a - b^2a)(c-a)$$
$$= ab(a-b)^2 + (ac + bc - b^2)(c-a)(c-b)$$

为了使用转换方法,把不等式写成标准 SOS-Schur 形式,我们在下面再次给出某些恒等式,以便使用.(为简短起见,令 $X = (a-b)^2$,$Y = (c-a)(c-b)$)

(1) 多项式:

$$a^2 + b^2 + c^2 - (ab + bc + ca) = X + Y.$$

$$a^3 + b^3 + c^3 - 3abc = (a+b+c)X + (a+b+c)Y.$$

$$(a+b)(b+c)(c+a) - 8abc = 2cX + (a+b)Y.$$

$$ab^2 + bc^2 + ca^2 - 3abc = cX + bY.$$

$$\sum a^4 - \sum a^2 b^2 = (a+b)^2 X + (a+c)(b+c)Y.$$

$$\sum a^2 b^2 - abc(a+b+c) = c^2 X + abY.$$

$$\sum a^4 - \sum a^3 b = (a^2 + ab + b^2)X + (b^2 + bc + c^2)Y.$$

$$2\sum a^4 - \sum a^3(b+c) = 2(a^2 + ab + b^2)X + (a^2 + b^2 + ac + bc^2 + 2c^2)Y.$$

(2) 分式:

$$\sum \frac{a}{b} - 3 = \frac{X}{ab} + \frac{Y}{ac}.$$

$$\sum \left(\frac{a}{b} + \frac{b}{a}\right) - 6 = \frac{2}{ab} \cdot X + \frac{a+b}{abc} \cdot Y.$$

$$\sum \frac{a^2}{b} - \sum a = \frac{a+b}{ab} \cdot X + \frac{b+c}{ac} \cdot Y.$$

$$\sum \frac{a^2 + bc}{b+c} - \sum a = \frac{a+b}{(a+c)(b+c)} \cdot X + \frac{1}{a+b} \cdot Y.$$

$$\sum \frac{a}{b+c} - \frac{3}{2} = \frac{1}{(a+c)(b+c)} \cdot X + \frac{a+b+2c}{2(a+b)(b+c)(c+a)} \cdot Y.$$

$$\sum \frac{a^2}{b+c} - \frac{1}{2}\sum a = \frac{a+b+c}{(a+c)(b+c)} \cdot X + \frac{(a+b+c)(a+b+2c)}{2(a+b)(b+c)(c+a)} \cdot Y.$$

$$\sum \frac{a+kb}{a+kc} - 3 = \frac{k^2}{(c+ka)(c+kb)} \cdot X + \frac{k[(k^2 - k + 1)a + (k-1)b + kc]}{(a+kc)(b+ka)(c+kb)} \cdot Y.$$

作为热身你可以自己尝试解决下面的例子.这对你理解 SOS-Schur 表示方法的确是很有必要的.

例 7.6.2 求出下列表达式的 SOS-Schur 标准表示:

(1) $a^4 + b^4 + c^4 - abc(a+b+c)$;

(2) $a^3 b + b^3 c + c^3 a - abc(a+b+c)$;

(3) $(a+b)(b+c)(c+a) - 8abc$.

解 (1) 可得

$$a^4 + b^4 + c^4 - abc(a+b+c)$$

$$= (a^2 - b^2)^2 + c^2 (a-b)^2 + (a^2 - c^2)(b^2 - c^2) + ab(c^2 + ab - ca - bc)$$

$$= (a-b)^2 [(a+b)^2 + c^2] + [ab + (c+a)(c+b)](c-a)(c-b)$$

或者(译者)利用已知的 SOS - Schur 表示

$$\sum a^4 - \sum a^2 b^2 = (a+b)^2 (a-b)^2 + (a+c)(b+c)(c-a)(c-b)$$

$$\sum a^2 b^2 - abc(a+b+c) = c^2 (a-b)^2 + ab(c-a)(c-b)$$

所以

$$a^4 + b^4 + c^4 - abc(a+b+c)$$

$$= \left(\sum a^4 - \sum a^2 b^2 \right) + \left(\sum a^2 b^2 - abc(a+b+c) \right)$$

$$= [(a+b)^2 + c^2] (a-b)^2 + [(a+c)(b+c) + ab](c-a)(c-b)$$

（2）可得

$$a^3 b + b^3 c + c^3 a - abc(a+b+c)$$

$$= a^2 b(a-c) + b^2 c(b-a) + c^2 a(c-b)$$

$$= (a^2 b - a^2 c)(a-c) + (b^2 c - a^2 c)(b-a) + (c^2 a - a^2 c)(c-b)$$

$$= (c-a)(c-b)(a^2 + ac) + c(a+b) (a-b)^2$$

（3）可得

$$(a+b)(b+c)(c+a) - 8abc$$

$$= a (b-c)^2 + b (c-a)^2 + c (a-b)^2$$

$$= (a-c) (b-c)^2 + (b-c) (c-a)^2 + c[(a-b)^2 + (b-c)^2 + (c-a)^2]$$

$$= (a-c)(b-c)(a+b-2c) + 2c (a-b)^2 + 2c(c-a)(c-b)$$

$$= 2c (a-b)^2 + (a+b)(c-a)(c-b)$$

一般地，一个公共的计算方法用于每一个问题是十分必要的. 为了找到这个公共的方法，我们借助于 SOS 的标准表示方法. 现假设有下列对称表达式

$$F = S_a (b-c)^2 + S_b (c-a)^2 + S_c (a-b)^2$$

如何将其转化为 SOS - Schur 形式呢？借助上面的例子（3）的计算方法，你自己可以找到答案. 事实上，注意到

$$\sum (a-b)^2 = 2 (a-b)^2 + 2(c-a)(c-b)$$

所以

$$F = (S_a - S_c) (b-c)^2 + (S_b - S_c) (c-a)^2 + S_c \sum (a-b)^2$$

$$= \left[\frac{(b-c)(S_a - S_c)}{a-c} + \frac{(a-c)(S_b - S_c)}{b-c} + 2S_c \right] (c-a)(c-b) + 2S_c (a-b)^2$$

注意到，如果原不等式（多项式）F 是对称的，那么 S_a，S_b 是半对称多项式. 换句话说，两个分式 $\dfrac{S_a - S_c}{a-c}$，$\dfrac{S_b - S_c}{b-c}$ 是"真正"的多项式，所以，F 具有一个真实的

表示,因此,我们得到

$$M = 2S_c, N = \frac{(b-c)(S_a - S_c)}{a-c} + \frac{(a-c)(S_b - S_c)}{b-c} + 2S_c$$

另外,从 SOS 表达式,我们有 SOS - Schur 表示如下

$$2F = (S_a + S_b)(c-a)(c-b) + (S_b + S_c)(a-b)(a-c) + (S_c + S_a)(b-a)(b-c)$$

这个形式也给出了 SOS - Schur 表示形式的其他方法,如下

$$2F = (S_a + S_b)(c-a)(c-b) + (a-b)^2 \left[S_c + \frac{c(S_a - S_b)}{a-b} + \frac{aS_b - bS_a}{a-b} \right]$$

在第 1 章 SOS 方法中,我们已经证明了,每一个满足 $F(a,a,a) = 0$ 的对称多项式,都有一个标准 SOS 表示,根据上面的把一个表达式从 SOS 形式到 SOS - Schur 形式的两个变换,我们有下面的一个命题.

命题 2　满足 $F(a,a,a) = 0$ 的每一个对称多项式 $F(a,b,c)$,都有一个 SOS - Schur 表示(注意其表示形式不是唯一的).

7.7　SOS - Schur **方法的应用**

例 7.7.1(Nguyen Van Thach,Mathlinks)　设 a,b,c 是非负实数,证明

$$\frac{c+a}{a+b} + \frac{a+b}{b+c} + \frac{b+c}{c+a} + \frac{3(ab+bc+ca)}{(a+b+c)^2} \geqslant 4$$

证明　不失一般性,假设 $c = \min\{a,b,c\}$,根据下列恒等式

$$\sum \frac{a+b}{b+c} - 3 = \frac{(a-b)^2}{(a+c)(b+c)} + \frac{(c-a)(c-b)}{(a+b)(b+c)}$$

$$3(ab+bc+ca) - (a+b+c)^2 = -(a-b)^2 - (c-a)(c-b)$$

我们有

$$M = \frac{1}{(a+c)(b+c)} - \frac{1}{(a+b+c)^2} \geqslant 0$$

$$N = \frac{1}{(a+b)(b+c)} - \frac{1}{(a+b+c)^2} \geqslant 0$$

当且仅当 $a = b = c$ 时,等号成立.

例 7.7.2(Nguyen Van Thach,Mathlinks)　设 a,b,c 是非负实数,证明

$$\frac{a^2}{b^2} + \frac{b^2}{c^2} + \frac{c^2}{a^2} + \frac{8(ab+bc+ca)}{a^2+b^2+c^2} \geqslant 11$$

证明　不失一般性,设 $c = \min\{a,b,c\}$,我们有

$$\sum \frac{a^2}{b^2} - 3 = \frac{(a+b)^2(a-b)^2}{a^2b^2} + \frac{(a+c)(b+c)(c-a)(c-b)}{a^2c^2}$$

所以,不等式可改写成

$$\left[\frac{(a+b)^2}{a^2b^2}-\frac{8}{a^2+b^2+c^2}\right](a-b)^2+\left[\frac{(a+c)(b+c)}{a^2c^2}-\frac{8}{a^2+b^2+c^2}\right](c-a)(c-b)\geqslant 0$$

因此

$$M=\frac{(a+b)^2}{a^2b^2}-\frac{8}{a^2+b^2+c^2},N=\frac{(a+c)(b+c)}{a^2c^2}-\frac{8}{a^2+b^2+c^2}$$

由 AM – GM 不等式,我们有

$$(a^2+b^2+c^2)(a+b)^2\geqslant 2ab\cdot 4ab=8a^2b^2\Rightarrow M\geqslant 0$$

$$(a+c)(b+c)(a^2+b^2+c^2)\geqslant 2c(a+c)(a^2+2c^2)$$

$$=2c(a+c)\left(\frac{a^2}{3}+\frac{a^2}{3}+\frac{a^2}{3}+2c^2\right)$$

$$\geqslant 4c\sqrt{ac}\cdot 4\sqrt[4]{\frac{2a^6c^2}{27}}=\frac{16\sqrt[4]{6}}{3}a^2c^2>8a^2c^2\Rightarrow N\geqslant 0$$

所以,M 和 N 都是非负的,由此可见,原不等式是成立的.

例 7.7.3 设 a,b,c 是非负实数,证明

$$\frac{a+2b}{c+2b}+\frac{b+2c}{a+2c}+\frac{c+2a}{b+2a}\geqslant 3$$

证明 我们有

$$\sum\frac{a+kc}{a+kb}-3=\left(\frac{b+ka}{b+kc}-1\right)+\left(\frac{a+kc}{a+kb}-\frac{c+ka}{c+kb}\right)+\left(\frac{c+kb}{c+ka}+\frac{c+ka}{c+kb}-2\right)$$

$$=\frac{k(a-c)}{b+kc}-\frac{k(a-c)(a-b+kb+c)}{(a+kb)(c+kb)}+\frac{k^2(a-b)^2}{(c+ka)(c+kb)}$$

$$=\frac{k^2(a-b)^2}{(c+ka)(c+kb)}+\frac{k[(k-1)a+(k^2-k+1)b+kc](c-a)(c-b)}{(b+kc)(a+kb)(c+kb)}$$

令 $k=\dfrac{1}{2}$,即得原不等式的 SOS – Schur 表示,设 $c=\max\{a,b,c\}$,显然有

$$M=\frac{k^2}{(c+ka)(c+kb)}=\frac{1}{4(c+\frac{1}{2}a)(c+\frac{1}{2}b)}\geqslant 0$$

$$N=\frac{k[(k-1)a+(k^2-k+1)b+kc]}{(b+kc)(a+kb)(c+kb)}=\frac{-\frac{1}{2}a+\frac{3}{4}b+\frac{1}{2}c}{2(b+\frac{1}{2}c)(a+\frac{1}{2}b)(c+\frac{1}{2}b)}\geqslant 0$$

从而,原不等式成立,等号成立的条件是 $a=b=c$.

例 7.7.4 设 a,b,c 是正实数,证明

$$\frac{a^2}{b}+\frac{b^2}{c}+\frac{c^2}{a}\geqslant\frac{3(a^3+b^3+c^3)}{a^2+b^2+c^2}$$

证明 不失一般性,设 $c=\min\{a,b,c\}$,我们有

$$\sum\frac{a^2}{b}-\sum a=\sum\frac{a^2-b^2}{b}=\left(\frac{a^2-b^2}{b}+\frac{b^2-a^2}{a}\right)+\frac{b^2-c^2}{c}+\frac{c^2-a^2}{a}-\frac{b^2-a^2}{a}$$

$$= \frac{(a+b)(a-b)^2}{ab} + \frac{(b+c)(c-a)(c-b)}{ca}$$

类似地

$$\frac{3(a^3+b^3+c^3)}{a^2+b^2+c^2} - (a+b+c) = \frac{2(a+b)(a-b)^2}{a^2+b^2+c^2} + \frac{(a+b+2c)(c-a)(c-b)}{a^2+b^2+c^2}$$

所以,不等式可以改写成

$$M(a-b)^2 + N(c-a)(c-b) \geqslant 0$$

其中

$$M = \frac{a+b}{ab} - \frac{2(a+b)}{a^2+b^2+c^2}, N = \frac{b+c}{ac} - \frac{a+b+2c}{a^2+b^2+c^2}$$

当然,$M \geqslant 0$. 另外,$N \geqslant 0$. 因为

$$(a^2+b^2+c^2)(b+c) \geqslant 2c(a^2+b^2+c^2) = c\left[a^2 + \left(\frac{a^2}{8}+2b^2\right) + \left(\frac{a^2}{2}+2c^2\right) + \frac{3a^2}{8}\right]$$

$$\geqslant c(a^2+ab+2ac) = ca(a+b+2c)$$

所以,原不等式成立. 当且仅当 $a=b=c$ 时,等号成立.

例 7.7.5(Pham Kim Hung,Sang Tao Bat Dang Thuc) 设 a,b,c 是非负实数,证明

$$\frac{(a+b)(b+c)(c+a)}{abc} + \frac{4\sqrt{2}(ab+bc+ca)}{a^2+b^2+c^2} \geqslant 8+4\sqrt{2}$$

证明 不失一般性,设 $c = \max\{a,b,c\}$,我们有

$$\frac{(a+b)(b+c)(c+a)}{abc} - 8 = \frac{2(a-b)^2}{ab} + \frac{(a+b)(c-a)(c-b)}{abc}$$

$$\frac{ab+bc+ca}{a^2+b^2+c^2} - 1 = -\frac{(a-b)^2}{a^2+b^2+c^2} - \frac{(c-a)(c-b)}{a^2+b^2+c^2}$$

于是,我们得到

$$M = \frac{1}{ab} - \frac{4\sqrt{2}}{a^2+b^2+c^2}, N = \frac{a+b}{abc} - \frac{4\sqrt{2}}{a^2+b^2+c^2}$$

根据 AM - GM 不等式,有

$$2(a^2+b^2+c^2) \geqslant 2(a^2+2b^2) \geqslant 4\sqrt{2}ab \Rightarrow M \geqslant 0$$

$$(a+b)(a^2+b^2+c^2) \geqslant 2\sqrt{ab}(2ab+c^2) \geqslant 2\sqrt{ab} \cdot 2\sqrt{2abc^2} = 4\sqrt{2}abc \Rightarrow N \geqslant 0$$

所以,不等式得证,等号成立的条件是 $a=b=c$ 或 $a=b=\dfrac{c}{\sqrt{2}}$ 及其轮换.

例 7.7.6(Iran 1996 Inequality) 设 x,y,z 是非负实数,证明

$$(xy+yz+zx)\left[\frac{1}{(x+y)^2} + \frac{1}{(y+z)^2} + \frac{1}{(z+x)^2}\right] \geqslant \frac{9}{4}$$

证明 设 $a=y+z, b=z+x, c=x+y, c=\max\{a,b,c\}$,则 $a+b \geqslant c$,不等式变成

$$(2ab+2bc+2ca-a^2-b^2-c^2)\left(\frac{1}{a^2}+\frac{1}{b^2}+\frac{1}{c^2}\right)\geqslant\frac{9}{4}$$

$$\Leftrightarrow 2(ab+bc+ca-a^2-b^2-c^2)\left(\frac{1}{a^2}+\frac{1}{b^2}+\frac{1}{c^2}\right)+$$

$$\left[(a^2+b^2+c^2)\left(\frac{1}{a^2}+\frac{1}{b^2}+\frac{1}{c^2}\right)-9\right]\geqslant 0$$

$$\Leftrightarrow M\,(a-b)^2+N(c-a)(c-b)\geqslant 0$$

其中

$$M=\frac{2\,(a+b)^2}{a^2b^2}-\frac{2(a^2b^2+b^2c^2+c^2a^2)}{a^2b^2c^2}$$

$$N=\frac{(a^2+b^2)(a+c)(b+c)}{a^2b^2c^2}-\frac{2(a^2b^2+b^2c^2+c^2a^2)}{a^2b^2c^2}$$

所以,只需证明 $M,N\geqslant 0$. 由于

$$2c^2\,(a+b)^2-2(a^2b^2+b^2c^2+c^2a^2)=2abc^2+2ab(c^2-ab)\geqslant 0$$

$$(a^2+b^2)(a+c)(b+c)-2(a^2b^2+b^2c^2+c^2a^2)$$

$$=ab\,(a-b)^2+c(a^2+b^2)(a+b-c)\geqslant 0$$

所以,$M,N\geqslant 0$. 不等式得证,等号成立的条件是 $x=y=z$ 或 $x=y,z=0$ 及其轮换.

例 7.7.7(Bach Ngoc Thanh Cong,CPR) 设 a,b,c 是非负实数,常数 $k\in\left[\frac{1}{4},\frac{1}{2}\right]$,证明

$$k\left[\frac{3(a^2b+b^2c+c^2a)}{(ab+bc+ca)(a+b+c)}-1\right]\geqslant\frac{a}{a+b}+\frac{b}{b+c}+\frac{c}{c+a}-\frac{3}{2}$$

证明 不失一般性,假设 $c=\min\{a,b,c\}$,则我们有

$$\frac{a}{a+b}+\frac{b}{b+c}+\frac{c}{c+a}-\frac{3}{2}=\frac{(a-b)(c-a)(c-b)}{2(a+b)(b+c)(c+a)}$$

$$\frac{3(a^2b+b^2c+c^2a)}{(ab+bc+ca)(a+b+c)}-1$$

$$=\frac{c\,(a-b)^2}{(ab+bc+ca)(a+b+c)}+\frac{(2a-b)(c-a)(c-b)}{(ab+bc+ca)(a+b+c)}$$

不等式改写成 SOS - Schur 形式 $M\,(a-b)^2+N(c-a)(c-b)\geqslant 0$,其中

$$M=\frac{kc}{(ab+bc+ca)(a+b+c)}\geqslant 0$$

$$N=\frac{k(2a-b)}{(ab+bc+ca)(a+b+c)}+\frac{b-a}{2(a+b)(b+c)(c+a)}$$

所以,只需证明 $N\geqslant 0$ 即可. 事实上,设

$$f(k)=\frac{k(2a-b)}{(ab+bc+ca)(a+b+c)}+\frac{b-a}{2(a+b)(b+c)(c+a)}$$

由于 $f(k)$ 是 k 的线性函数,注意到 $k \in \left[\dfrac{1}{4}, \dfrac{1}{2}\right]$,所以,只需证明

$$f\left(\frac{1}{4}\right) = \frac{b\left[a^2(b-c) + b^2(c+a) + c^2(a+b) + 4abc\right]}{4(ab+bc+ca)(a+b+c)(a+b)(b+c)(c+a)} \geqslant 0$$

$$f\left(\frac{1}{2}\right) = \frac{a\left[b^2(a+2c) + a^2(b+c) + c^2(a+b) + abc\right]}{2(ab+bc+ca)(a+b+c)(a+b)(b+c)(c+a)} \geqslant 0$$

由于 $c = \min\{a, b, c\}$,所以,这是显然成立的,从而 $N \geqslant 0$.

不等式得证,等号成立的条件是 $a = b = c$.

例 7.7.8(Vo Quoc Ba Can,Mathlinks) 设 a, b, c 是非负实数,证明

$$\left(\frac{a^2}{b} + \frac{b^2}{c} + \frac{c^2}{a}\right)^2 \geqslant 3\left(\frac{a^3}{b} + \frac{b^3}{c} + \frac{c^3}{a}\right)$$

证明 设 $c = \max\{a, b, c\}$,我们有

$$\sum \frac{a^2}{b} - \sum a = \frac{(a+b)(a-b)^2}{ab} + \frac{(b+c)(c-a)(c-b)}{ac}$$

$$\sum \frac{a^3}{b} - \sum a^2 = \frac{(a^2+ab+b^2)(a-b)^2}{ab} + \frac{(b^2+bc+c^2)(c-a)(c-b)}{ac}$$

不等式可以改写成如下形式

$$\left[\left(\sum \frac{a^2}{b}\right)^2 - \left(\sum a\right)^2\right] - 3\left(\sum \frac{a^3}{b} - \sum a^2\right) - \left[3\sum a^2 - (a+b+c)^2\right] \geqslant 0$$

我们得到

$$M = \left(\frac{a^2}{b} + \frac{b^2}{c} + \frac{c^2}{a} + a + b + c\right) \cdot \frac{a+b}{ab} - \frac{3(a^2+b^2+ab)}{ab} - 2$$

$$N = \left(\frac{a^2}{b} + \frac{b^2}{c} + \frac{c^2}{a} + a + b + c\right) \cdot \frac{b+c}{ac} - \frac{3(b^2+c^2+bc)}{ac} - 2$$

显然,$M \geqslant 0$. 因为

$$abM \geqslant 2(a+b+c)(a+b) - 2ab - 3(a^2+b^2+ab)$$
$$= 2ac + 2bc - a^2 - b^2 - ab \geqslant 0$$

另外

$$acN = a^2 + \frac{a^2c}{b} + \frac{b^3}{c} + \frac{bc^2}{a} + \frac{c^3}{a} + ab - ac - b^2 - 2c^2 - bc \geqslant 0$$

可由下列不等式相加得到

$$\frac{b^3}{2c} + \frac{b^3}{2c} + \frac{4c^2}{27} \geqslant b^2$$

$$a^2 + \frac{c^2}{4} \geqslant ac$$

$$\frac{a^2c}{b} + \frac{bc^2}{a} + \frac{64c^3}{125a} \geqslant \frac{12}{5}c^2 > \left(1 + \frac{1}{4} + \frac{4}{27}\right)c^2$$

$$\frac{c^3}{4a} + ab \geqslant 2\sqrt{bc^3} > bc$$

$$\left(1 - \frac{64}{125} - \frac{1}{4}\right)\frac{c^3}{a} \geqslant 0$$

不等式得证,等号成立的条件是 $a=b=c$.

7.8　一个特别的技术

首先,SOS - Schur 方法是基于一个非常简单的基本表示形式

$$f(a,b,c) = M(a-b)^2 + N(c-a)(c-b) \geqslant 0 \qquad \text{如果} M, N \geqslant 0$$

但是,对于某些问题,我们不能马上得出 $M, N \geqslant 0$. 实际上,某些问题,我们可以很容易得到 $M \geqslant 0$,但 $N \geqslant 0$,并不容易证明. 这个意外的情况,促使我们不得不重新考虑原始方法,那么如何处理这个情况呢? 惊讶,答案就在下面这个显然的关系中

$$(c-a)(c-b)(a-b)^2 - (a-b)^2(c-a)(c-b) = 0$$

事实上,如果我们要证明

$$f(a,b,c) = M(a-b)^2 + N(c-a)(c-b) \geqslant 0$$

我们可以选择一个实数 p,并把不等式写成如下形式

$$f(a,b,c) = [M - p(c-a)(c-b)](a-b)^2 + [N + p(a-b)^2](c-a)(c-b) \geqslant 0$$

发明了本方法的人的这个明确的想法的确是一个很大的突破. 正好,看看下面的例子,你将看到它的功效.

例 7.8.1(IMO 1986)　设 a,b,c 是某三角形的三边长,证明

$$a^2 b(a-b) + b^2 c(b-c) + c^2 a(c-a) \geqslant 0$$

证明　设 $c = \max\{a,b,c\}$,我们有

$$\begin{aligned}
F &= \text{LHS} - \text{RHS} = a^2 b(a-b) + b^2 c(b-c) + c^2 a(c-a) \\
&= [a^2 b(a-b) - ab^2(a-b)] + [ab^2(a-c) - ab^2(b-c)] + \\
&\quad [b^2 c(b-c) - c^2 a(a-c)] \\
&= ab(a-b)^2 + (ab + ac - b^2)(c-a)(c-b)
\end{aligned}$$

根据恒等式

$$(c-a)(c-b)(a-b)^2 - (a-b)^2(c-a)(c-b) = 0$$

我们有

$$\begin{aligned}
F &= [ab - (c-a)(c-b)](a-b)^2 + [ab + ac - b^2 + (a-b)^2](c-a)(c-b) \\
&= c(a+b-c)(a-b)^2 + a(a+c-b)(c-a)(c-b) \geqslant 0
\end{aligned}$$

等号成立的条件是 $a=b=c$.

例 7.8.2(Nguyen Vu Tuan,CPR)　设 a,b,c 是某三角形的三边长,证明

$$\frac{a}{b} + \frac{b}{c} + \frac{c}{a} \geqslant \frac{2(a^2 + b^2 + c^2)}{ab + bc + ca} + 1$$

证明　容易把不等式改写成如下形式

$$M_1 (a-b)^2 + N_1(c-a)(c-b) \geqslant 0$$

其中　　　　$M_1 = \dfrac{1}{ab} - \dfrac{2}{ab+bc+ca}, N_1 = \dfrac{1}{ac} - \dfrac{2}{ab+bc+ca}$

所以

$$M_1 (a-b)^2 + N_1(c-a)(c-b) = M(a-b)^2 + N(c-a)(c-b)$$

其中

$$M = M_1 + \dfrac{(c-a)(c-b)}{ab(ab+bc+ca)} = \dfrac{1}{ab} - \dfrac{2}{ab+bc+ca} + \dfrac{(c-a)(c-b)}{ab(ab+bc+ca)}$$

$$= \dfrac{c^2}{ab(ab+bc+ca)}$$

$$N = N_1 - \dfrac{(a-b)^2}{ab(ab+bc+ca)} = \dfrac{1}{ac} - \dfrac{2}{ab+bc+ca} - \dfrac{(a-b)^2}{ab(ab+bc+ca)}$$

$$= \dfrac{ab^2 + abc - ca^2}{abc(ab+bc+ca)}$$

不失一般性,设 $c = \min\{a,b,c\}$,显然 $M \geqslant 0$. 另外,由于

$$ab^2 + abc = ab(b+c) > a^2 b > a^2 c$$

所以, $N \geqslant 0$. 从而,不等式得证. 等号成立的条件是 $a = b = c$.

　　注　使用相同的条件,我们可以用同样的方法证明下列更强的不等式

$$\dfrac{a}{b} + \dfrac{b}{c} + \dfrac{c}{a} \geqslant \dfrac{9(a^2+b^2+c^2)}{4(ab+bc+ca)} + \dfrac{3}{4}$$

　　例 7.8.3(Pham Kim Hung,Mathlinks)　设 a,b,c 是某三角形的三边长,证明

$$\dfrac{a}{b} + \dfrac{b}{c} + \dfrac{c}{a} \geqslant \dfrac{2a}{b+c} + \dfrac{2b}{c+a} + \dfrac{2c}{a+b}$$

　　证明　注意到

$$\dfrac{2a}{b+c} + \dfrac{2b}{c+a} + \dfrac{2c}{a+b} - 3 = \dfrac{2(a-b)^2}{(a+c)(b+c)} + \dfrac{(a+b+2c)(c-a)(c-b)}{(a+b)(b+c)(c+a)}$$

所以,我们可以把不等式写成如下形式

$$M_1 (a-b)^2 + N_1(c-a)(c-b) \geqslant 0$$

其中

$$M_1 = \dfrac{1}{ab} - \dfrac{2}{(a+c)(b+c)}, N_1 = \dfrac{1}{ac} - \dfrac{a+b+2c}{(a+b)(b+c)(c+a)}$$

　　不失一般性,设 $c = \min\{a,b,c\}$,由于

$$(c-a)(c-b)(a-b)^2 - (a-b)^2(c-a)(c-b) = 0$$

所以,不等式等价于

$$\left[M_1 + \dfrac{(c-a)(c-b)}{ab(a+c)(b+c)} \right](a-b)^2 + \left[N_1 - \dfrac{(a-b)^2}{ab(a+c)(b+c)} \right](c-a)(c-b) \geqslant 0$$

显然

$$M = M_1 + \frac{(c-a)(c-b)}{ab(a+c)(b+c)}$$

$$= \frac{1}{ab} - \frac{2}{(a+c)(b+c)} + \frac{(c-a)(c-b)}{ab(a+c)(b+c)}$$

$$= \frac{2c^2}{ab(c+a)(b+c)} \geqslant 0$$

所以,只需证明

$$N = N_1 - \frac{(a-b)^2}{ab(a+c)(b+c)} = \frac{1}{ac} - \frac{a+b+2c}{(a+b)(b+c)(c+a)} - \frac{(a-b)^2}{ab(a+c)(b+c)} \geqslant 0$$

$$\Leftrightarrow b(a+b)(b+c)(c+a) - abc(a+b+2c) \geqslant c(a+b)(a-b)^2$$

$$\Leftrightarrow c(a+b)(2ab-a^2) + ab^2(a+b) + c^2(b^2-ab) \geqslant 0 \qquad (*)$$

如果 $b \geqslant a$,则不等式($*$)显然成立;否则,如果 $a \geqslant b$,则 $a \leqslant b+c \leqslant 2b$,不等式($*$)也成立. 因此,原不等式成立,等号成立的条件是 $a=b=c$.

例 7.8.4(Nguyen Vu Tuan,CPR) 证明对所有非负实数 a,b,c,有

$$\frac{6(a^2+b^2+c^2)}{(a+b+c)^2} + \frac{8abc}{(a+b)(b+c)(c+a)} \geqslant 3$$

证明 不失一般性,设 $c=\min\{a,b,c\}$,不等式的 SOS - Schur 形式如下

$$M_1(a-b)^2 + N_1(c-a)(c-b) \geqslant 0$$

其中

$$M_1 = \frac{4}{(a+b+c)^2} - \frac{2c}{(a+b)(b+c)(c+a)}$$

$$N_1 = \frac{4}{(a+b+c)^2} - \frac{1}{(a+c)(b+c)}$$

显然

$$M_1(a-b)^2 + N_1(c-a)(c-b) = M(a-b)^2 + N(c-a)(c-b)$$

其中

$$M = M_1 - \frac{(c-a)(c-b)}{(a+c)(b+c)(a+b+c)^2}$$

$$N = N_1 + \frac{(a-b)^2}{(a+c)(b+c)(a+b+c)^2} = \frac{c(2a+2b+3c)}{(a+c)(b+c)(a+b+c)^2}$$

显然,$N \geqslant 0$. 不等式 $M \geqslant 0$ 等价于

$$3c(a+b)^2 + 3ab(a+b) - c^2(a+b) - 2c^3 \geqslant 0$$

这是成立的,因为 $c=\min\{a,b,c\}$. 等号成立的条件是 $a=b=c$ 或 $a=b,c=0$ 及其轮换.

例 7.8.5(Nguyen Vu Tuan,CPR) 设 a,b,c 是非负实数,证明

$$\frac{a^2+b^2+c^2}{ab+bc+ca} + \frac{3(a^3b+b^3c+c^3a)}{a^2b^2+b^2c^2+c^2a^2} \geqslant 4$$

证明 不失一般性,设 $c=\min\{a,b,c\}$,照例,我们把不等式写成

$$M(a-b)^2+N(c-a)(c-b)\geqslant 0$$

其中

$$M=\frac{1}{ab+bc+ca}+\frac{3ab}{a^2b^2+b^2c^2+c^2a^2}-\frac{(4ab+7ac+7bc)(c-a)(c-b)}{(a^2b^2+b^2c^2+c^2a^2)(ab+bc+ca)}$$

$$N=\frac{1}{ab+bc+ca}+\frac{3(ab+ac-b^2)}{a^2b^2+b^2c^2+c^2a^2}+\frac{(4ab+7ac+7bc)(a-b)^2}{(a^2b^2+b^2c^2+c^2a^2)(ab+bc+ca)}$$

接下来,我们来证明,$M,N\geqslant 0$.事实上,由假设条件 $c=\min\{a,b,c\}$,因为

$$(a^2b^2+b^2c^2+c^2a^2)+3ab(ab+bc+ca)-(4ab+7ac+7bc)(c-a)(c-b)$$
$$=c^2(a-b)^2+c^2(7a^2+7b^2+10ab-7ac-7bc)\geqslant 0$$

所以,$M\geqslant 0$.

如果 $a\geqslant b$,由于 $\dfrac{3(ab+ac-b^2)}{a^2b^2+b^2c^2+c^2a^2}\geqslant 0$,所以,$N\geqslant 0$;如果 $a\leqslant b$,则 $N\geqslant 0$ 等价于

$$A=(a^2b^2+b^2c^2+c^2a^2)+3(ab+ac-b^2)(ab+bc+ca)+$$
$$(4ab+7ac+7bc)(a-b)^2$$
$$=ab(2a-b)^2+c^2(a^2+b^2)+3a^2bc+$$
$$c(a+b)(7a^2+4b^2+3ac-11ab)$$

由于 $3a^2bc\geqslant\dfrac{3c(a+b)a^2}{2}$,则

$$A\geqslant ab(2a-b)^2+\frac{3c(a+b)a^2}{2}+c(a+b)(7a^2+4b^2+3ac-11ab)$$

$$=ab(2a-b)^2+c(a+b)\left[\left(\frac{11}{4}a-2b\right)^2+\frac{15}{16}a^2\right]\geqslant 0$$

所以,原不等式得证;等号成立的条件是 $a=b=c$ 或 $(a,b,c)\sim(1,2,0)$.

例 7.8.6(Nguyen Vu Tuan,CPR) 设 a,b,c 是非负实数,$k=\dfrac{3\sqrt{3}}{2}-1$,证明

$$\frac{a+b}{b+c}+\frac{b+c}{c+a}+\frac{c+a}{a+b}+\frac{k(a^2b+b^2c+c^2a)}{ab^2+bc^2+ca^2}\geqslant 3+k$$

证明 设 $c=\min\{a,b,c\}$,不等式写成 SOS - Schur 形式如下

$$f(a,b,c)=M(a-b)^2+N(c-a)(c-b)$$

其中

$$M=\frac{1}{(a+c)(b+c)}-\frac{(c-a)(c-b)}{a^2b^2}=\frac{c^2(b^2+a^2-c^2)}{a^2b^2(c+a)(b+c)}$$

$$N=\frac{1}{(a+b)(b+c)}+\frac{k(a-b)}{ab^2+bc^2+ca^2}+\frac{(a-b)^2}{a^2b^2}$$

很明显,$M \geqslant 0$. 不等式 $N \geqslant 0$ 等价于(去分母之后)

$$A = ab^2 + bc^2 + ca^2 + k(a^2 - b^2)(b + c) +$$

$$\left(b + \frac{c^2}{a} + \frac{ca}{b}\right)\left(1 + \frac{b}{a} + \frac{c}{a} + \frac{c}{b}\right)(a - b)^2 \geqslant 0$$

显然

$$A \geqslant ab^2 + ca^2 + k(a^2 - b^2)(b + c) + (b + \frac{b^2}{a} + \frac{bc}{a} + \frac{ca}{b} + 2c)$$

$$= \left[ab^2 + ka^2b - kb^3 + \left(b + \frac{b^2}{a}\right)(a - b)^2\right] +$$

$$\left[ca^2 + kca^2 - kb^2c + c\left(\frac{b}{a} + \frac{a}{b} + 2\right)(a - b)^2\right]$$

$$= \frac{b}{a}\left[(k + 1)a^3 + b^3 - (k + 1)ab^2\right] +$$

$$\frac{c}{ab}\left[a^4 + (k + 1)a^3b - 2a^2b^2 - kab^3 + b^4\right]$$

注意到,如果 $a \geqslant b$,则显然有 $N \geqslant 0$;所以,我们可以假设 $a \leqslant b$,对于 $k = \frac{3\sqrt{3}}{2} - 1$ 和 $t \geqslant 1$,容易利用导数求出 $f(t) = t^3 - (k + 1)t^2 + k + 1$,当 $t = \sqrt{3}$ 时,达到最小值,且 $f(\sqrt{3}) = 0$;另外,$t^4 - kt^3 - 2t^2 + (k + 1)t + 1 > 0(t \geqslant 1)$,所以,我们都得到 $A \geqslant 0 \Rightarrow N \geqslant 0$. 因此,不等式得证,等号成立的条件是 $a = b = c$ 或 $(a, b, c) \sim (1, \sqrt{3}, 0)$.

注 由于 $\dfrac{a^3b + b^3c + c^3a}{a^2b^2 + b^2c^2 + c^2a^2} \geqslant \dfrac{a^2b + b^2c + c^2a}{ab^2 + bc^2 + ca^2}$,所以,我们都得到

设 a, b, c 是正实数,证明:$k = \dfrac{3\sqrt{3}}{2} - 1$ 是下列不等式

$$\frac{a + b}{b + c} + \frac{b + c}{c + a} + \frac{c + a}{a + b} + k \cdot \frac{a^3b + b^3c + c^3a}{a^2b^2 + b^2c^2 + c^2a^2} \geqslant 3 + k$$

成立的最好的常数.

例 7.8.7(Nguyen Vu Tuan, CPR) 设 a, b, c 是非负实数,$k = \dfrac{2\sqrt{2} - 1}{2}$,证明

$$\frac{a}{b + c} + \frac{b}{c + a} + \frac{c}{a + b} \geqslant k\left(\frac{a^2b + b^2c + c^2a}{ab^2 + bc^2 + ca^2} - 1\right) + \frac{3}{2}$$

证明 不失一般性,设 $c = \min\{a, b, c\}$,把不等式写成如下形式

$$M(a - b)^2 + N(c - a)(c - b) \geqslant 0$$

其中

$$M = \frac{1}{(a + c)(b + c)} - \frac{(ab + b^2 + 5ca)(c - a)(c - b)}{(ab^2 + bc^2 + ca^2)(a + b)(b + c)(c + a)}$$

$$N = \frac{a+b+2c}{2(a+b)(b+c)(c+a)} + \frac{k(b-a)}{ab^2+bc^2+ca^2} +$$
$$\frac{(ab+b^2+5ca)(a-b)^2}{(ab^2+bc^2+ca^2)(a+b)(b+c)(c+a)}$$

当然

$$M(ab^2+bc^2+ca^2)(a+b)(b+c)(c+a)$$
$$=(a+b)(ab^2+bc^2+ca^2)-(ab+b^2+5ac)(c-a)(c-b)$$
$$=c(a^3+b^3-3a^2b+2ab^3)+5ac^2(b-c)+5a^2c^2$$
$$\geqslant c(a^3+b^3-3a^2b+2ab^3)\geqslant 0$$

令 $t=\dfrac{b}{a}$, 如果 $t\geqslant 1$, 则显然 $N\geqslant 0$. 考虑 $0<t\leqslant 1$ 的情况, 则

$$2(ab^2+bc^2+ca^2)(a+b)(b+c)(c+a)N$$
$$=(a+b+2c)(ab^2+bc^2+ca^2)+2k(b^2-a^2)(a+c)(b+c)+$$
$$2(ab+b^2+5ca)(a-b)^2$$
$$=(a+b)[ab^2+2kab(b-a)+2b(a-b)^2]+$$
$$[2bc^3+2c^2a^2+abc^2+b^2c^2+2kc^2(b^2-a^2)]+$$
$$c[2ab^2+a^3+a^2b+2k(b^2-a^2)(a+b)+10a(a-b)^2]$$
$$\geqslant c[(11-2k)a^3-(2k+19)a^2b+(2k+12)ab^2+2kb^3]+$$
$$b(a+b)[(2-2k)a^2+(2k-3)ab+2b^2]$$

设
$$P=(2-2k)a^2+(2k-3)ab+2b^2=a^2[(2-2k)+(2k-3)t+2t^2]=a^2g(t)$$
通过对函数 $g(t)$, 求导数等运算, 我们得到

$$\min_{t\in[0,1]}g(t)=g\left(\frac{3-2k}{4}\right)=g\left(\frac{\sqrt{2}-1}{\sqrt{2}}\right)=0$$

设
$$Q=(11-2k)a^3-(2k+19)a^2b+(2k+12)ab^2+2kb^3$$
$$=a^3[(11-2k)-(2k+19)t+(2k+12)t^2+2kt^3]=a^3h(t)$$

容易证明, 当 $t\in[0,1]$ 时, $h(t)\geqslant 0$, 所以, $Q\geqslant 0\Rightarrow N\geqslant 0$.

所以, 原不等式成立. 等号成立的条件是 $a=b=c$ 或 $(a,b,c)\sim$ $\left(1,\dfrac{\sqrt{2}-1}{\sqrt{2}},0\right)$.

例 7.8.8 (Bach Ngoc Thanh Cong, CPR) 　设 a,b,c 是非负实数, $k=\dfrac{3}{\sqrt[3]{4}}-$ 1, 证明

$$\frac{a^3+b^3+c^3}{a^2b+b^2c+c^2a}+\frac{3kabc}{ab^2+bc^2+ca^2}\geqslant 1+k$$

证明　设 $c = \min\{a, b, c\}$，不等式改写成 SOS - Schur 形式如下

$$M(a-b)^2 + N(c-a)(c-b) \geqslant 0$$

其中

$$M = \frac{a+b}{a^2b + b^2c + c^2a} - \frac{kc}{ab^2 + bc^2 + ca^2} - \frac{(ab + b^2 + 4bc)(c-a)(c-b)}{(a^2b + b^2c + c^2a)(ab^2 + bc^2 + ca^2)}$$

$$N = \frac{b+c}{a^2b + b^2c + c^2a} - \frac{kb}{ab^2 + bc^2 + ca^2} + \frac{(ab + b^2 + 4bc)(a-b)^2}{(a^2b + b^2c + c^2a)(ab^2 + bc^2 + ca^2)}$$

去分母，我们有

$$(a^2b + b^2c + c^2a)(ab^2 + bc^2 + ca^2)M$$
$$= (a+b)(ab^2 + bc^2 + ca^2) + kc(a^2b + b^2c + c^2a) -$$
$$(ab + b^2 + 4bc)(c-a)(c-b)$$
$$= bc(a-b)^2 + \left[(a^3c - kac^3) + (4-k)b^2c^2 + (1-k)a^2bc\right] +$$
$$4bc^2(a-c) \geqslant 0$$

类似地

$$(a^2b + b^2c + c^2a)(ab^2 + bc^2 + ca^2)N$$
$$= (b+c)(ab^2 + bc^2 + ca^2) - kb(a^2b + b^2c + c^2a) + (ab + b^2 + 4bc)(a-b)^2$$
$$= b[a^3 + b^3 - (k+1)a^2b] + c(a^2 + b^2 - kab) + bc[5a^2 + (4-k)b^2 - 7ab] \geqslant 0$$

由 AM - GM 不等式，有

$$\frac{a^3}{2} + \frac{a^3}{2} + b^3 \geqslant \frac{3a^2b}{\sqrt[3]{4}} = (k+1)a^2b$$

$$a^2 + b^2 \geqslant 2ab \geqslant kab$$

$$5a^2 + (4-k)b^2 \geqslant 2\sqrt{5(4-k)}\, ab \geqslant 7ab$$

将上述不等式相加，即得 $N \geqslant 0$. 所以，原不等式成立，等号成立的条件是 $a = b = c$ 或 $(a, b, c) \sim (\sqrt[3]{2}, 1, 0)$.

例 7.8.9(Nguyen Vu Tuan, CPR)　设 a, b, c 是非负实数，证明

$$\frac{3(a^3 + b^3 + c^3)}{(a^2 + b^2 + c^2)(a + b + c)} + 4\left(\frac{a}{a+b} + \frac{b}{b+c} + \frac{c}{c+a}\right) \geqslant 7$$

证明　设 $c = \min\{a, b, c\}$，不等式变成如下形式

$$M(a-b)^2 + N(c-a)(c-b) \geqslant 0$$

其中

$$M = \frac{2(a+b)}{(a^2 + b^2 + c^2)(a+b+c)} - \frac{2(c-a)(c-b)}{(a^2 + b^2 + c^2)(a+c)(b+c)}$$

$$N = \frac{a+b+2c}{(a^2 + b^2 + c^2)(a+b+c)} + \frac{2(a-b)}{(a+b)(b+c)(c+a)} + \frac{2(a-b)^2}{(a^2 + b^2 + c^2)(a+c)(b+c)}$$

容易证明 $M \geqslant 0$. 下面证明 $N \geqslant 0$. 注意到

$$N \geqslant \frac{1}{a^2 + b^2 + c^2} + \frac{2(a-b)}{(a+b)(b+c)(c+a)} + \frac{2(a-b)^2}{(a^2 + b^2 + c^2)(a+c)(b+c)}$$

所以

$$(a^2 + b^2 + c^2)(a+b)(b+c)(c+a)N$$

$$\geqslant (a+b)(b+c)(c+a) + 2(a-b)(a^2+b^2+c^2) + 2(a+b)(a-b)^2$$

$$= 3a^3 + ab^2 - 3a^2b + (a+b)c^2 + c(a+b)^2 + 2ac^2 - 2bc^2$$

$$\geqslant 3a^3 + ab^2 - 3a^2b = 3a\left(a - \frac{b}{2}\right)^2 + \frac{ab^2}{4} \geqslant 0$$

从而,原不等式成立;当且仅当 $a=b=c$,等号成立.

注 使用相同的方法,我们可以证明下列类似的不等式.

(Nguyen Vu Tuan,Bach Ngoc Thanh Cong,CPR) 对所有非负实数 a,b, c,有:

当 $k = 2\sqrt{3}$ 时,证明

$$\frac{3(a^2+b^2+c^2)}{(a+b+c)^2} + k\left(\frac{a}{a+b} + \frac{b}{b+c} + \frac{c}{c+a}\right) \geqslant 1 + \frac{3}{2}k$$

当 $k = 2\sqrt{9+6\sqrt{3}}$ 时,证明

$$\frac{a^2+b^2+c^2}{ab+bc+ca} + k\left(\frac{a}{a+b} + \frac{b}{b+c} + \frac{c}{c+a}\right) \geqslant 1 + \frac{3}{2}k$$

当 $k = 18$ 时,证明

$$\frac{8(a^3+b^3+c^3)}{3(a+b)(b+c)(c+a)} + k\left(\frac{a}{a+b} + \frac{b}{b+c} + \frac{c}{c+a}\right) \geqslant 1 + \frac{3}{2}k$$

当 $k = 20.991\ 051\ 40$ 时,证明

$$\frac{8(a^3+b^3+c^3)}{(ab+bc+ca)(a+b+c)} + k\left(\frac{a}{a+b} + \frac{b}{b+c} + \frac{c}{c+a}\right) \geqslant 1 + \frac{3}{2}k$$

当 $k = 18.936\ 605\ 43$ 时,证明

$$\frac{a^3+b^3+c^3}{a^2b+b^2c+c^2a} + k\left(\frac{a}{a+b} + \frac{b}{b+c} + \frac{c}{c+a}\right) \geqslant 1 + \frac{3}{2}k$$

例 7.8.10(Bach Ngoc Thanh Cong,CPR) 设 a,b,c 是非负实数,对所有 $k \geqslant \dfrac{1}{2}$,证明

$$\frac{a}{a+b} + \frac{b}{b+c} + \frac{c}{c+a} - \frac{3}{2} \geqslant k\left(\frac{3abc}{a^2b+b^2c+c^2a} - 1\right)$$

证明 设 $c = \min\{a,b,c\}$,不等式改写成

$$M(a-b)^2 + N(c-a)(c-b) \geqslant 0$$

其中

$$M = \frac{kc}{a^2b+b^2c+c^2a} - \frac{kc(c-a)(c-b)}{(a^2b+b^2c+c^2a)(a+c)(b+c)}$$

$$N = \frac{a-b}{2(a+b)(b+c)(c+a)} + \frac{ka}{a^2b+b^2c+c^2a} + \frac{kc(a-b)^2}{(a^2b+b^2c+c^2a)(a+c)(b+c)}$$

显然

$$M=\frac{kc}{a^2b+b^2c+c^2a}-\frac{kc(c-a)(c-b)}{(a^2b+b^2c+c^2a)(a+c)(b+c)}$$

$$=\frac{2kc^2(a+b)}{(a^2b+b^2c+c^2a)(c+a)(b+c)}\geqslant 0$$

为证明 $N\geqslant 0$，注意到

$$2(a^2b+b^2c+c^2a)(a+b)(b+c)(c+a)N$$

$$=(a^2b+b^2c+c^2a)(a-b)+2ka(a+b)(b+c)(c+a)+2kc(a+b)(a-b)^2$$

$$=(2k-1)(a^2b^2+abc^2+b^3c)+(2k+1)(a^3b+a^2c^2)+2ka^2bc+4ka^3c+ab^2c\geqslant 0$$

因此，$N\geqslant 0$. 所以，原不等式成立，等号成立的条件是 $a=b=c$.

例 7. 8. 11（Nguyen Vu Tuan,CPR）　设 a,b,c 是非负实数，$k=\frac{1}{4}$，证明

$$k\left(\frac{a^3b+b^3c+c^3a}{a^2b^2+b^2c^2+c^2a^2}-1\right)\geqslant\frac{a}{a+b}+\frac{b}{b+c}+\frac{c}{c+a}-\frac{3}{2}$$

证明　设 $c=\min\{a,b,c\}$，不等式变形为

$$M(a-b)^2+N(c-a)(c-b)\geqslant 0$$

其中

$$M=\frac{ab}{4(a^2b^2+b^2c^2+c^2a^2)}-\frac{(a+2c)(b+2c)(c-a)(c-b)}{4(a^2b^2+b^2c^2+c^2a^2)(a+c)(b+c)}$$

$$=\frac{c^2(ca+bc+a^2+b^2-2c^2)}{2(a^2b^2+b^2c^2+c^2a^2)(c+a)(b+c)}$$

$$N=\frac{ab+ac-b^2}{4(a^2b^2+b^2c^2+c^2a^2)}+\frac{b-a}{2(a+b)(b+c)(c+a)}+$$

$$\frac{(a+2c)(b+2c)(a-b)^2}{4(a^2b^2+b^2c^2+c^2a^2)(a+c)(b+c)}$$

易证 $M\geqslant 0$. 下证不等式 $N\geqslant 0$. 注意到

$$4(a^2b^2+b^2c^2+c^2a^2)(a+b)(b+c)(c+a)N$$

$$=(ab+ac-c^2)\prod(a+b)+2(b-a)\sum a^2b^2+$$

$$(a+b)(a+2c)(b+2c)(a-b)^2$$

$$\geqslant[(ab-b^2)(a+b)(b+c)(c+a)+2(b-a)a^2b^2+ab(a+b)(a-b)^2]+$$

$$c[(ab-b^2)(a+b)^2+a(a+b)ab+2(a^2-b^2)^2]+$$

$$c^2[(a+b)(ab-b^2)+a(a+b)^2+2(b-a)(a^2+b^2)+4(a+b)(a-b)^2]$$

$$=a^2b(a-b)^2+c(2a^4+b^4+2a^3b-ab^3-2a^2b^2)+c^2(3a^3+5b^3+a^2b-5ab^2)$$

$$\geqslant\frac{c}{2}[(2a^2-b^2)^2+b(a+b)(2a-b)^2+ab^3]+$$

$$c[2a^3+4b^3+(a+3b)(a-b)^2]\geqslant 0$$

于是，$N\geqslant 0$. 原不等式得证，等号成立的条件是 $a=b=c$ 或 $a=b,c=0$ 或其轮

换.

注 容易证明,$k=\dfrac{1}{4}$ 是本题不等式成立的最佳常数. 类似地,我们有如下不等式(事实上,$k=1$ 是其最佳常数)

$$k\left(\frac{a^3b+b^3c+c^3a}{a^2b^2+b^2c^2+c^2a^2}-1\right)\geqslant\frac{a^2b+b^2c+c^2a}{ab^2+bc^2+ca^2}-1$$

例 7.8.12(Bach Ngoc Thanh Cong, CPR) 设 a,b,c 是非负实数, 对所有 $k\leqslant\dfrac{4}{5}$, 证明

$$\frac{a^3+b^3+c^3}{a^2b+b^2c+c^2a}-1\geqslant k\left(\frac{a^2+b^2+c^2}{ab+bc+ca}-1\right)$$

证明 不失一般性, 设 $c=\min\{a,b,c\}$, 不等式写成 SOS - Schur 形式
$$M(a-b)^2+N(c-a)(c-b)\geqslant 0$$

其中

$$M=\frac{a+b}{a^2b+b^2c+c^2a}-\frac{k}{ab+bc+ca}-\frac{[(1-k)a+b+2c](c-a)(c-b)}{(a^2b+b^2c+c^2a)(ab+bc+ca)}$$

$$N=\frac{b+c}{a^2b+b^2c+c^2a}-\frac{k}{ab+bc+ca}+\frac{[(1-k)a+b+2c](a-b)^2}{(a^2b+b^2c+c^2a)(ab+bc+ca)}$$

去分母, 有

$$(a^2b+b^2c+c^2a)(ab+bc+ca)M$$
$$=(a+b)(ab+bc+ca)-k(a^2b+b^2c+c^2a)+$$
$$[(1-k)a+b+2c](c-a)(c-b)$$
$$=(2-k)(a^2+b^2+ab)c+(a+b-2c)c^2\geqslant 0$$

另外, 设 $t=\dfrac{a}{b}$, 则

$$(a^2b+b^2c+c^2a)(ab+bc+ca)N$$
$$=(b+c)(ab+bc+ca)-k(a^2b+b^2c+c^2a)+[(1-k)a+b+2c](a-b)^2$$
$$=[(1-k)a^3-(1-k)a^2b-kab^2+b^3]+$$
$$c[2a^2+(3-k)b^2-2ab]+c^2[(1-k)a+b]$$
$$\geqslant b^3[(1-k)t^3-(1-k)t^2-kt+1]\geqslant 0$$

因为(直接利用导数检查函数)
$$g(t)=(1-k)t^3-(1-k)t^2-kt+1\geqslant 0$$

所以, $N\geqslant 0$. 从而, 原不等式得证.

注 实际上, 上面这个不等式的最佳常数 k 的近似值为 0.808 397 414. 这可以由上面的方法找到(但需要一定的计算量).

7.9 其他例子

下面的不等式也可以用 SOS-Schur 方法证明,这里不再提供解答.你可以利用这些问题进行训练,提高解题技能.

1.(Vasile Cirtoaje,mathlinks)设 a,b,c 是正实数,证明

$$\frac{a}{b+c}+\frac{b}{c+a}+\frac{c}{a+b}+\frac{(\sqrt{3}-1)(ab+bc+ca)}{a^2+b^2+c^2}\geqslant\frac{3}{2}+(\sqrt{3}-1)$$

2.(Nguyen Vu Tuan,CPR)设 a,b,c 是正实数,证明

$$\frac{2a}{b+c}+\frac{2b}{c+a}+\frac{2c}{a+b}\leqslant 1+\frac{2(a^2+b^2+c^2)}{ab+bc+ca}$$

3.(Nguyen Van Thach,CPR)设 a,b,c 是正实数,对于 $k\leqslant 1$,证明

$$\frac{(a+b+c)^2}{ab+bc+ca}\geqslant\frac{a+kc}{a+kb}+\frac{b+ak}{b+kc}+\frac{c+kb}{c+ak}$$

4.(Nguyen Trung Kien,CPR)设 a,b,c 是正实数,证明

$$\frac{(a+b)^2}{(b+c)^2}+\frac{(b+c)^2}{(c+a)^2}+\frac{(c+a)^2}{(a+b)^2}+\frac{2abc}{a^3+b^3+c^3}\geqslant\frac{11}{3}$$

5.(Nguyen Trung Kien,CPR)设 a,b,c 是正实数,证明:

(1) $\dfrac{a^3}{b}+\dfrac{b^3}{c}+\dfrac{c^3}{a}\geqslant\sqrt{3(a^4+b^4+c^4)}$;

(2) $\dfrac{a^4}{b}+\dfrac{b^4}{c}+\dfrac{c^4}{a}\geqslant\sqrt{3(a^6+b^6+c^6)}$;

(3)证明下列不等式不成立

$$\frac{a^5}{b}+\frac{b^5}{c}+\frac{c^5}{a}\geqslant\sqrt{3(a^8+b^8+c^8)}$$

6.(Bach Ngoc Thanh Cong,Nguyen Trung Kien,CPR)设 a,b,c 是正实数,证明

$$\left(\frac{a^2}{b}+\frac{b^2}{c}+\frac{c^2}{a}\right)^2+(4\sqrt{2}-5)(ab+bc+ca)$$

$$\geqslant 3\left(\frac{a^3}{b}+\frac{b^3}{c}+\frac{c^3}{a}\right)+(4\sqrt{2}-5)(a^2+b^2+c^2)$$

7.(Bach Ngoc Thanh Cong,CPR)设 a,b,c 是正实数,证明:

(1) $\left(\dfrac{a^3}{b^2}+\dfrac{b^3}{c^2}+\dfrac{c^3}{a^2}\right)^2\geqslant 3\left(\dfrac{a^4}{b^2}+\dfrac{b^4}{c^2}+\dfrac{c^4}{a^2}\right)$;

(2) $\left(\dfrac{a^3}{b^2}+\dfrac{b^3}{c^2}+\dfrac{c^3}{a^2}\right)^2+\dfrac{\sqrt{3}}{2}(ab+bc+ca)\geqslant\left(3+\dfrac{\sqrt{3}}{2}\right)\left(\dfrac{a^4}{b^2}+\dfrac{b^4}{c^2}+\dfrac{c^4}{a^2}\right)$.

8.(Bach Ngoc Thanh Cong,Nguyen Vu Tuan,CPR)设 a,b,c 是某三角形

三边长,证明

$$\frac{a}{b}+\frac{b}{c}+\frac{c}{a}+5 \geq \frac{8}{3}\left(\frac{a+b}{b+c}+\frac{b+c}{c+a}+\frac{c+a}{a+b}\right)$$

9. (Nguyen Vu Tuan,CPR) 设 a,b,c 是非负实数,证明

$$\frac{a^3}{b^2}+\frac{b^3}{c^2}+\frac{c^3}{a^2}+\frac{5}{3}(a+b+c) \geq \frac{8}{3}\left(\frac{a^2}{b}+\frac{b^2}{c}+\frac{c^2}{a}\right)$$

10. (Bach Ngoc Thanh Cong,Nguyen Vu Tuan,CPR) 设 a,b,c 是非负实数,$k=\frac{2\sqrt{2}+1}{2}$,证明

$$\frac{a}{b+c}+\frac{b}{c+a}+\frac{c}{a+b}+k\,\frac{a^3b+b^3c+c^3a}{a^2b^2+b^2c^2+c^2a^2} \geq \frac{3}{2}+k$$

11. (Bach Ngoc Thanh Cong,CPR) 设 a,b,c 是非负实数,$k=\frac{23}{4}$,证明

$$\frac{a^3+b^3+c^3}{a^2b+b^2c+c^2a}+k\,\frac{a^3b+b^3c+c^3a}{a^2b^2+b^2c^2+c^2a^2} \geq 1+k$$

12. (Pham Kim Hung) 设 a,b,c 是 $\left[1,\frac{8}{3}\right]$ 上的实数,证明

$$\frac{a}{b}+\frac{b}{c}+\frac{c}{a} \geq \frac{2a}{b+c}+\frac{2b}{c+a}+\frac{2c}{a+b}$$

13. (Bach Ngoc Thanh Cong,CPR) 设 a,b,c 是非负实数,$k=\frac{3}{\sqrt[3]{4}}-1$,证明

$$\frac{a^3+b^3+c^3}{a^2b+b^2c+c^2a}+\frac{8kabc}{(a+b)(b+c)(c+a)} \geq 1+k$$

14. (Nguyen Vu Tuan,CPR) 设 a,b,c 是非负实数,$k=\frac{19}{8}$,证明

$$\frac{a^2+b^2+c^2}{ab+bc+ca}+k\cdot\frac{a^2b+b^2c+c^2a}{ab^2+bc^2+ca^2} \geq 1+k$$

15. (Bach Ngoc Thanh Cong,CPR) 设 a,b,c 是非负实数,证明

$$\frac{a}{b+c}+\frac{b}{c+a}+\frac{c}{a+b}+\frac{3abc}{2(ab^2+bc^2+ca^2)} \geq 2$$

参考文献

[1] T. Andreescu, Z. Feng. USA and International Mathrnatical Olympiads. 2001, 2002, 2003, MAA Problem Books Series.

[2] T. Andreescu, Z. Feng, Mathrnatical Olympiad Problem From Around The World, MAA Problem Books Series, 1999, 2000, 2001, 2002, 2003.

[3] T. Andreescu, D. Andrica, 360 Problems For Mathematical Contests, GIL Publishing House , 2002.

[4] T. Andreescu, V. Cirtoaje, G. Dospinescu, M. Lascu, Old and New Intequalities, GIL Publishing House, 2004.

[5] G. Hardy, J. E. LIttlewood, G. Pòlya, Inequalities, Cambridge University Press, 1967.

[6] P. K. Hung, Secrets in Inequalities(Vietnamese language), Knowledge Publisher, Vietnam, 2006.

[7] V. Cirtoaje, Algebraic Inequalities, GIL Publishing House, 2006.

[8] M. Lascu, Inequalities(romanian language), GIL Publishing House, 1994.

[9] N. D. Tien , Analysis I(vienamese language), Hanoi National University Publisher, 2002.

[10] L. Panaitopol, V. Bandila, M. Lascu, Inequalities(romanian languag), GIL Publishing House, 1995.

[11] N. V. Mau, Inequalities(vienamese language), Hanoi National University Publisher, 2006.

[12] N. V. Luong, P. V. Hung, N. N. Thang, Inequalities(vienamese language), Hanoi National University Publisher, 2006.

[13] M. O. Drimbe, Inequalities(romanian language), GIL Publishing House, 2003.

[14] P. K. Hung, The Stronger Mixing Variable Method, Mathematics Reflection, issue 6/2006.

[15] P. K. Hung, The Entirely Mixing Variable Method, Mathematics Reflection, issue 5/2006.

[16] P. K. Hung, On The AM – GM Inequality, Mathematics Reflection, issue 3/2007.

[17]P. K. Hung,Deduction From An Inequality, Mathematics and Youth Magazine,issue 350. August,2006.

[18]Crux Mathematicorum,Canada,2000,2001,2002.

[19]Mathematics And Youth Magazinem,Vietnam,2000,2001,2002.

《不等式的秘密》(〔越〕范建雄著,隋振林译,哈尔滨工业大学出版社,2012)一书 104 页例 8.4,著者的解答有误,并且不必要地使用导数,兹给出该题之正确解答,并乐于看到更简洁的初等证明。

设 $a,b,c,d>0$,且 $a+b+c+d=4$,证明

$$\frac{1}{a^2}+\frac{1}{b^2}+\frac{1}{c^2}+\frac{1}{d^2} \geqslant a^2+b^2+c^2+d^2$$

证明　令

$$f(x)=\frac{1}{x^2}-x^2+4x-4 \quad (0<x<4)$$

注意到

$$f(x)=\frac{(x-1)^2(1+\sqrt{2}-x)(x+\sqrt{2}-1)}{x^2}$$

可知:$0<x\leqslant 1+\sqrt{2}$ 时,$f(x)\geqslant 0$;$1+\sqrt{2}<x<4$ 时,$f(x)<0$.

情形(1)

$$a,b,c,d\leqslant 1+\sqrt{2}$$

则　　　　　$f(a),f(b),f(c),f(d)\geqslant 0$

故　　　　　$f(a)+f(b)+f(c)+f(d)\geqslant 0$

由　　　　　$a+b+c+d=4$

得　　$\frac{1}{a^2}+\frac{1}{b^2}+\frac{1}{c^2}+\frac{1}{d^2} \geqslant a^2+b^2+c^2+d^2$

情形(2):a,b,c,d 中有一个(只能有一个),不妨设为 a,满足

211

$$1+\sqrt{2}<a<4$$

则
$$b+c+d=4-a<3-\sqrt{2}$$

由
$$\sqrt{\dfrac{\dfrac{1}{b^2}+\dfrac{1}{c^2}+\dfrac{1}{d^2}}{3}}\geqslant\dfrac{\dfrac{1}{b}+\dfrac{1}{c}+\dfrac{1}{d}}{3}\geqslant\dfrac{3}{b+c+d}$$

故
$$\frac{1}{b^2}+\frac{1}{c^2}+\frac{1}{d^2}\geqslant\frac{27}{(b+c+d)^2}>\frac{27}{(3-\sqrt{2})^2}>10$$

若
$$1+\sqrt{2}<a\leqslant 3$$

则
$$a^2+b^2+c^2+d^2<a^2+(b+c+d)^2=a^2+(4-a)^2$$
$$=2(a-1)(a-3)+10\leqslant 10$$

此时不等式成立.

若 $3<a<4$,则
$$0<b+c+d=4-a<1$$

则
$$a^2+b^2+c^2+d^2<a^2+(b+c+d)^2=a^2+(4-a)^2=16+2a(a-4)<16$$

而
$$\frac{1}{b^2}+\frac{1}{c^2}+\frac{1}{d^2}\geqslant\frac{27}{(b+c+d)^2}>27$$

故此时不等式成立.

故我们证明了不等式对满足条件的所有正数 a,b,c,d 均成立。

我们指出,尽管《不等式的秘密》总地说来写得不错,但隋译本有许多脱误,就本题来说,作者以 2.4 代替 $1+\sqrt{2}$ 且不指明来历,有"卖关子"嫌疑,实不可取。另同书 166 页第 77 题:设 a,b,c 为非负实数证明
$$\frac{a^4}{a^3+b^3}+\frac{b^4}{b^3+c^3}+\frac{c^4}{c^3+a^3}\geqslant\frac{a+b+c}{2}$$

其证明的第二种情况也是错的,杨学枝老师在《数学奥林匹克不等式研究》410~412 页的证明第二部分也错误,韩京俊在《初等不等式的证明方法》336~337 页中利用 Vasile 不等式给出了两个手工证明,但 Vasile 不等式:

设 a,b,c 为实数,则
$$(a^2+b^2+c^2)^2\geqslant 3(a^3b+b^3c+c^3a)$$

此不等式已有很多精巧的证明(可看上引三书),但确定取等条件是个难题,笔者目前尚未见到有人对 Vasile 不等式的取等条件给出完整解答。

本书的版权是我室从罗马尼亚一家小型出版社 GIL 购买的.2012 年 10 月 10 日,当一年一度的"美国国家图书奖"的评审工作结束时,人们发现从参选的 1 300 部作品中脱颖而出的 20 本图书中有 6 本是由小型、独立的出版社或者大学出版社出版的.所以图书出版这个行业是一个文化创意产业.某种意义上说"小的即是美的".大型机构可以垄断物质产品,因为它可以通过垄断资源来控制,但它垄断不了思想、创意.

本书的原著者是一位越南人,现在美国,书的内容是关涉数学奥林匹克的.越南是个小国,但数学奥林匹克力量却不弱.2007 年的 IMO 就是在越南首都河内举行的.在 95 个参赛国家和地区代表队中排名第三,仅居俄罗斯(184 分),中国(181 分)之后.2012 年居世界第九位.不能不说是一个 IMO 强国.

著名画家黄永玉是著名作家沈从文的侄子.有一次,《新观察》杂志请他为一篇文章赶一个木刻插图,黄永玉那时还年轻,一晚上就赶出来了.发表之后,自己也感觉太仓促,不好看.就为这副插图,沈从文特地赶到他家里,狠狠地批了他一顿:

"你看看,这像什么? 怎么能够这样浪费生命? 你已经三十岁了.没有想象,没有技巧,看不到工作的庄严! 准备就这样下去?"(杜素娟著,《沈从文与《大公报》》,济南:山东画报出版社,2006 年 P93)"

编辑手记

213

写书是一件庄严的事.本书作者是以极其认真的精神从事本书的写作的.美国的斯坦福大学特为他提供了奖学金,越南科学院的三位资深专家热心鼓励作者创作并审校全书,还有许多不等式的爱好者与其共同切磋,绝不像我们现在一些年青作者,粗制滥造,其作品令人无法卒读.

本书是应读者要求,我室通过中华版权代理中心协助购买到的版权.近日,一部拍摄于 20 世纪 40 年代的美国版"抗日神剧"*Dragon Seed*(龙种),在网络上暴红,影片中用了聂耳的《义勇军进行曲》,虽然是美国黑人歌手保罗·罗伯逊改编后的英文版本,但米高梅公司并没有忘记歌曲的原作者是聂耳.1944年,米高梅公司特地拨出 500 美元版权费,因聂耳已经去世,故委托国民党中央宣传部国际宣传处代为寻访聂耳的合法继承人收领.国宣处最终于 1945 年 1 月 23 日将此款交到聂耳生母彭氏手中.1 月 27 日,重庆《新华日报》特意刊文报道此事,并特别写明聂耳是中共党员.米高梅公司堪称版权保护之楷模.当我们慨叹为什么欧美出版社总是能出版一些令我们爱不释手的好书时,我们不妨学学人家对作者版权的这份尊重.

当笔者读完全书,掩卷之余除了对本书作者在不等式技巧方面的颠覆性运用和发挥赞叹外,最感慨的是本书中出现的几位高中生的奇思妙想.如 Le Trung Kien(Bac Giang 高中生),Nguyen Vu Hoang(Quang Ngai 高中生).如此优秀的中学生使笔者想起当年(20 世纪 80 年代)在《数学通报》上发表不等式文章的北京四中学生潘子刚.这些年这种中学生少见了.这与我们的高考制度有关.我们对之是爱恨交加,爱它是因为它是目前低层向上流动的唯一通道.正如高晓松微博所言:

> 今晨赶考的举子们金榜题名!学好数理化,货与帝王家,或者货与丈母娘家.在每个国家和时代,向上的 social ladder 都是需要奋斗的,无论是靠战功、科举、技术还是商业,即便是靠继承,继承权也是要奋斗的.因为每个社会越向上人数越少是不变的.今日中国虽然封闭了许多平民 social ladder,好在还有高考.

恨它是因为它完全异化了教育,将学校办成了工厂,将学生视为了工业产品,将教师沦为生产线上的工人.在商品生产领域我们获得了阶段性的成功,被誉为"世界工厂",使我们有了居世界第二位的 GDP.但这种模式一旦被稼接到教育领域就大事不妙了.

《南方周末》2013 年 10 月 10 日头版刊登了一篇题为"超级高考工厂"的文章,开头是这样写的:

完全可以把衡水中学当做一家工厂来看待.流水线从每天清晨5:30开始运作,到每晚上 22:10 关机停工,其间的每一分钟都被精确管理.拿着衡水中学的作息时间表,你看不到哪怕一分钟,是留给学生们自由支配的.

现代企业的流水线终于被无缝移植到中学教育当中.教师们仿佛是往电路板上焊接元件的女工——喜欢招聘女老师是衡水中学的一个传统,因为"好管理"——她们在规定的时间点上,娴熟地把语文、英语、数学等科目考试所需要的知识,焊接到这些十六七岁孩子的大脑里.这个工厂的产品,便是每年 6 月份的高考升学率.

整个河北省的初中,都是衡水中学的原材料供应商.尽管恶评不断,当地政府也多次出台政策限制跨区域掠夺优秀生源,但衡水中学仍能轻松从全省甚至从北京遴选优秀生源.

在这所超级中学的"英才街"上,2013 年 104 位考入清华北大学生的头像贴画从街口一字排开,一直延伸到校门口.

300 米的小街显然不够长,考入香港大学、新加坡国立大学等国际名校的 77 名学生甚至都没能一一露脸.

在这 300 米的小街上,可以看到教育的理念和荣耀被层层削减后剩下的东西:考试,考更好高校以及最好的高校.

看完这篇报道后,你还对教育抱有什么幻想吗?你还会对中学生有什么期许吗?你还会认为本书在中国也会像在越南一样拥有许多读者吗?我不知道.古希腊有一句格言:"幸福人生的首要条件,是生在一个著名的城邦."但愿我们都在!

刘培杰
2013 年 10 月 23 日
于哈工大

215

刘培杰数学工作室
已出版(即将出版)图书目录——初等数学

书　名	出版时间	定　价	编号
新编中学数学解题方法全书(高中版)上卷(第2版)	2018—08	58.00	951
新编中学数学解题方法全书(高中版)中卷(第2版)	2018—08	68.00	952
新编中学数学解题方法全书(高中版)下卷(一)(第2版)	2018—08	58.00	953
新编中学数学解题方法全书(高中版)下卷(二)(第2版)	2018—08	58.00	954
新编中学数学解题方法全书(高中版)下卷(三)(第2版)	2018—08	68.00	955
新编中学数学解题方法全书(初中版)上卷	2008—01	28.00	29
新编中学数学解题方法全书(初中版)中卷	2010—07	38.00	75
新编中学数学解题方法全书(高考复习卷)	2010—01	48.00	67
新编中学数学解题方法全书(高考真题卷)	2010—01	38.00	62
新编中学数学解题方法全书(高考精华卷)	2011—03	68.00	118
新编平面解析几何解题方法全书(专题讲座卷)	2010—01	18.00	61
新编中学数学解题方法全书(自主招生卷)	2013—08	88.00	261
数学奥林匹克与数学文化(第一辑)	2006—05	48.00	4
数学奥林匹克与数学文化(第二辑)(竞赛卷)	2008—01	48.00	19
数学奥林匹克与数学文化(第二辑)(文化卷)	2008—07	58.00	36'
数学奥林匹克与数学文化(第三辑)(竞赛卷)	2010—01	48.00	59
数学奥林匹克与数学文化(第四辑)(竞赛卷)	2011—08	58.00	87
数学奥林匹克与数学文化(第五辑)	2015—06	98.00	370
世界著名平面几何经典著作钩沉——几何作图专题卷(共3卷)	2022—01	198.00	1460
世界著名平面几何经典著作钩沉(民国平面几何老课本)	2011—03	38.00	113
世界著名平面几何经典著作钩沉(建国初期平面三角老课本)	2015—08	38.00	507
世界著名解析几何经典著作钩沉——平面解析几何卷	2014—01	38.00	264
世界著名数论经典著作钩沉(算术卷)	2012—01	28.00	125
世界著名数学经典著作钩沉——立体几何卷	2011—02	28.00	88
世界著名三角学经典著作钩沉(平面三角卷Ⅰ)	2010—06	28.00	69
世界著名三角学经典著作钩沉(平面三角卷Ⅱ)	2011—01	38.00	78
世界著名初等数论经典著作钩沉(理论和实用算术卷)	2011—07	38.00	126
世界著名几何经典著作钩沉(解析几何卷)	2022—10	68.00	1564
发展你的空间想象力(第3版)	2021—01	98.00	1464
空间想象力进阶	2019—05	68.00	1062
走向国际数学奥林匹克的平面几何试题诠释.第1卷	2019—07	88.00	1043
走向国际数学奥林匹克的平面几何试题诠释.第2卷	2019—09	78.00	1044
走向国际数学奥林匹克的平面几何试题诠释.第3卷	2019—03	78.00	1045
走向国际数学奥林匹克的平面几何试题诠释.第4卷	2019—09	98.00	1046
平面几何证明方法全书	2007—08	48.00	1
平面几何证明方法全书习题解答(第2版)	2006—12	18.00	10
平面几何天天练上卷·基础篇(直线型)	2013—01	58.00	208
平面几何天天练中卷·基础篇(涉及圆)	2013—01	28.00	234
平面几何天天练下卷·提高篇	2013—01	58.00	237
平面几何专题研究	2013—07	98.00	258
平面几何解题之道.第1卷	2022—05	38.00	1494
几何学习题集	2020—10	48.00	1217
通过解题学习代数几何	2021—04	88.00	1301
圆锥曲线的奥秘	2022—06	88.00	1541

— 1 —

书　名	出版时间	定　价	编号
最新世界各国数学奥林匹克中的平面几何试题	2007－09	38.00	14
数学竞赛平面几何典型题及新颖解	2010－07	48.00	74
初等数学复习及研究(平面几何)	2008－09	68.00	38
初等数学复习及研究(立体几何)	2010－06	38.00	71
初等数学复习及研究(平面几何)习题解答	2009－01	58.00	42
几何学教程(平面几何卷)	2011－03	68.00	90
几何学教程(立体几何卷)	2011－07	68.00	130
几何变换与几何证题	2010－06	88.00	70
计算方法与几何证题	2011－06	28.00	129
立体几何技巧与方法(第2版)	2022－10	168.00	1572
几何瑰宝——平面几何500名题暨1500条定理(上、下)	2021－07	168.00	1358
三角形的解法与应用	2012－07	18.00	183
近代的三角形几何学	2012－07	48.00	184
一般折线几何学	2015－08	48.00	503
三角形的五心	2009－06	28.00	51
三角形的六心及其应用	2015－10	68.00	542
三角形趣谈	2012－08	28.00	212
解三角形	2014－01	28.00	265
探秘三角形:一次数学旅行	2021－10	68.00	1387
三角学专门教程	2014－09	28.00	387
图天下几何新题试卷.初中(第2版)	2017－11	58.00	855
圆锥曲线习题集(上册)	2013－06	68.00	255
圆锥曲线习题集(中册)	2015－01	78.00	434
圆锥曲线习题集(下册·第1卷)	2016－10	78.00	683
圆锥曲线习题集(下册·第2卷)	2018－01	98.00	853
圆锥曲线习题集(下册·第3卷)	2019－10	128.00	1113
圆锥曲线的思想方法	2021－08	48.00	1379
圆锥曲线的八个主要问题	2021－10	48.00	1415
论九点圆	2015－05	88.00	645
论圆的几何学	2024－06	48.00	1736
近代欧氏几何学	2012－03	48.00	162
罗巴切夫斯基几何学及几何基础概要	2012－07	28.00	188
罗巴切夫斯基几何学初步	2015－06	28.00	474
用三角、解析几何、复数、向量计算解数学竞赛几何题	2015－03	48.00	455
用解析法研究圆锥曲线的几何理论	2022－05	48.00	1495
美国中学几何教程	2015－04	88.00	458
三线坐标与三角形特征点	2015－04	98.00	460
坐标几何学基础.第1卷,笛卡儿坐标	2021－08	48.00	1398
坐标几何学基础.第2卷,三线坐标	2021－09	28.00	1399
平面解析几何方法与研究(第1卷)	2015－05	28.00	471
平面解析几何方法与研究(第2卷)	2015－06	38.00	472
平面解析几何方法与研究(第3卷)	2015－07	28.00	473
解析几何研究	2015－01	38.00	425
解析几何学教程.上	2016－01	38.00	574
解析几何学教程.下	2016－01	38.00	575
几何学基础	2016－01	58.00	581
初等几何研究	2015－02	58.00	444
十九和二十世纪欧氏几何学中的片段	2017－01	58.00	696
平面几何中考.高考.奥数一本通	2017－07	28.00	820
几何学简史	2017－08	28.00	833
四面体	2018－01	48.00	880
平面几何证明方法思路	2018－12	68.00	913
折纸中的几何练习	2022－09	48.00	1559
中学新几何学(英文)	2022－10	98.00	1562
线性代数与几何	2023－04	68.00	1633

刘培杰数学工作室
已出版(即将出版)图书目录——初等数学

书　名	出版时间	定　价	编号
四面体几何学引论	2023－06	68.00	1648
平面几何图形特性新析.上篇	2019－01	68.00	911
平面几何图形特性新析.下篇	2018－06	88.00	912
平面几何范例多解探究.上篇	2018－04	48.00	910
平面几何范例多解探究.下篇	2018－12	68.00	914
从分析解题过程学解题:竞赛中的几何问题研究	2018－07	68.00	946
从分析解题过程学解题:竞赛中的向量几何与不等式研究(全2册)	2019－06	138.00	1090
从分析解题过程学解题:竞赛中的不等式问题	2021－01	48.00	1249
二维、三维欧氏几何的对偶原理	2018－12	38.00	990
星形大观及闭折线论	2019－03	68.00	1020
立体几何的问题和方法	2019－11	58.00	1127
三角代换论	2021－05	58.00	1313
俄罗斯平面几何问题集	2009－08	88.00	55
俄罗斯立体几何问题集	2014－03	58.00	283
俄罗斯几何大师——沙雷金论数学及其他	2014－01	48.00	271
来自俄罗斯的5000道几何习题及解答	2011－03	58.00	89
俄罗斯初等数学问题集	2012－05	38.00	177
俄罗斯函数问题集	2011－03	38.00	103
俄罗斯组合分析问题集	2011－01	48.00	79
俄罗斯初等数学万题选——三角卷	2012－11	38.00	222
俄罗斯初等数学万题选——代数卷	2013－08	68.00	225
俄罗斯初等数学万题选——几何卷	2014－01	68.00	226
俄罗斯《量子》杂志数学征解问题100题选	2018－08	48.00	969
俄罗斯《量子》杂志数学征解问题又100题选	2018－08	48.00	970
俄罗斯《量子》杂志数学征解问题	2020－05	48.00	1138
463个俄罗斯几何老问题	2012－01	28.00	152
《量子》数学短文精粹	2018－09	38.00	972
用三角、解析几何等计算解来自俄罗斯的几何题	2019－11	88.00	1119
基谢廖夫平面几何	2022－01	48.00	1461
基谢廖夫立体几何	2023－04	48.00	1599
数学:代数、数学分析和几何(10—11年级)	2021－01	48.00	1250
直观几何学:5—6年级	2022－04	58.00	1508
几何学:第2版.7—9年级	2023－08	68.00	1684
平面几何:9—11年级	2022－10	48.00	1571
立体几何.10—11年级	2022－01	58.00	1472
几何快递	2024－05	48.00	1697

谈谈素数	2011－03	18.00	91
平方和	2011－03	18.00	92
整数论	2011－05	38.00	120
从整数谈起	2015－10	28.00	538
数与多项式	2016－01	38.00	558
谈谈不定方程	2011－05	28.00	119
质数漫谈	2022－07	68.00	1529

解析不等式新论	2009－06	68.00	48
建立不等式的方法	2011－03	98.00	104
数学奥林匹克不等式研究(第2版)	2020－07	68.00	1181
不等式研究(第三辑)	2023－08	198.00	1673
不等式的秘密(第一卷)(第2版)	2014－02	38.00	286
不等式的秘密(第二卷)	2014－01	38.00	268
初等不等式的证明方法	2010－06	38.00	123
初等不等式的证明方法(第二版)	2014－11	38.00	407
不等式·理论·方法(基础卷)	2015－07	38.00	496
不等式·理论·方法(经典不等式卷)	2015－07	38.00	497
不等式·理论·方法(特殊类型不等式卷)	2015－07	48.00	498
不等式探究	2016－03	38.00	582
不等式探秘	2017－01	88.00	689

书 名	出版时间	定 价	编号
四面体不等式	2017—01	68.00	715
数学奥林匹克中常见重要不等式	2017—09	38.00	845
三正弦不等式	2018—09	98.00	974
函数方程与不等式:解法与稳定性结果	2019—04	68.00	1058
数学不等式.第1卷,对称多项式不等式	2022—05	78.00	1455
数学不等式.第2卷,对称有理不等式与对称无理不等式	2022—05	88.00	1456
数学不等式.第3卷,循环不等式与非循环不等式	2022—05	88.00	1457
数学不等式.第4卷,Jensen不等式的扩展与加细	2022—05	88.00	1458
数学不等式.第5卷,创建不等式与解不等式的其他方法	2022—05	88.00	1459
不定方程及其应用.上	2018—12	58.00	992
不定方程及其应用.中	2019—01	78.00	993
不定方程及其应用.下	2019—02	98.00	994
Nesbitt不等式加强式的研究	2022—06	128.00	1527
最值定理与分析不等式	2023—02	78.00	1567
一类积分不等式	2023—02	88.00	1579
邦费罗尼不等式及概率应用	2023—05	58.00	1637
同余理论	2012—05	38.00	163
[x]与{x}	2015—04	48.00	476
极值与最值.上卷	2015—06	28.00	486
极值与最值.中卷	2015—06	38.00	487
极值与最值.下卷	2015—06	28.00	488
整数的性质	2012—11	38.00	192
完全平方数及其应用	2015—08	78.00	506
多项式理论	2015—10	88.00	541
奇数、偶数、奇偶分析法	2018—01	98.00	876
历届美国中学生数学竞赛试题及解答(第一卷)1950—1954	2014—07	18.00	277
历届美国中学生数学竞赛试题及解答(第二卷)1955—1959	2014—04	18.00	278
历届美国中学生数学竞赛试题及解答(第三卷)1960—1964	2014—06	18.00	279
历届美国中学生数学竞赛试题及解答(第四卷)1965—1969	2014—04	28.00	280
历届美国中学生数学竞赛试题及解答(第五卷)1970—1972	2014—06	18.00	281
历届美国中学生数学竞赛试题及解答(第六卷)1973—1980	2017—07	18.00	768
历届美国中学生数学竞赛试题及解答(第七卷)1981—1986	2015—01	18.00	424
历届美国中学生数学竞赛试题及解答(第八卷)1987—1990	2017—05	18.00	769
历届国际数学奥林匹克试题集	2023—09	158.00	1701
历届中国数学奥林匹克试题集(第3版)	2021—10	58.00	1440
历届加拿大数学奥林匹克试题集	2012—08	38.00	215
历届美国数学奥林匹克试题集	2023—08	98.00	1681
历届波兰数学竞赛试题集.第1卷,1949~1963	2015—03	18.00	453
历届波兰数学竞赛试题集.第2卷,1964~1976	2015—03	18.00	454
历届巴尔干数学奥林匹克试题集	2015—05	38.00	466
历届CGMO试题及解答	2024—03	48.00	1717
保加利亚数学奥林匹克	2014—10	38.00	393
圣彼得堡数学奥林匹克试题集	2015—01	38.00	429
匈牙利奥林匹克数学竞赛题解.第1卷	2016—05	28.00	593
匈牙利奥林匹克数学竞赛题解.第2卷	2016—05	28.00	594
历届美国数学邀请赛试题集(第2版)	2017—10	78.00	851
全美高中数学竞赛:纽约州数学竞赛(1989—1994)	2024—08	48.00	1740
普林斯顿大学数学竞赛	2016—06	38.00	669
亚太地区数学奥林匹克竞赛题	2015—07	18.00	492
日本历届(初级)广中杯数学竞赛试题及解答.第1卷(2000~2007)	2016—05	28.00	641
日本历届(初级)广中杯数学竞赛试题及解答.第2卷(2008~2015)	2016—05	38.00	642
越南数学奥林匹克题选:1962—2009	2021—07	48.00	1370
欧洲女子数学奥林匹克	2024—04	48.00	1723
360个数学竞赛问题	2016—08	58.00	677

刘培杰数学工作室
已出版(即将出版)图书目录——初等数学

书　名	出版时间	定　价	编号
奥数最佳实战题.上卷	2017—06	38.00	760
奥数最佳实战题.下卷	2017—05	58.00	761
解决问题的策略	2024—08	48.00	1742
哈尔滨市早期中学数学竞赛试题汇编	2016—07	28.00	672
全国高中数学联赛试题及解答:1981—2019(第4版)	2020—07	138.00	1176
2024年全国高中数学联合竞赛模拟题集	2024—01	38.00	1702
20世纪50年代全国部分城市数学竞赛试题汇编	2017—07	28.00	797
国内外数学竞赛题及精解:2018~2019	2020—08	45.00	1192
国内外数学竞赛题及精解:2019~2020	2021—11	58.00	1439
许康华竞赛优学精选集.第一辑	2018—08	68.00	949
天问叶班数学问题征解100题.Ⅰ,2016—2018	2019—05	88.00	1075
天问叶班数学问题征解100题.Ⅱ,2017—2019	2020—07	98.00	1177
美国初中数学竞赛:AMC8准备(共6卷)	2019—07	138.00	1089
美国高中数学竞赛:AMC10准备(共6卷)	2019—08	158.00	1105
王连笑教你怎样学数学:高考选择题解题策略与客观题实用训练	2014—01	48.00	262
王连笑教你怎样学数学:高考数学高层次讲座	2015—02	48.00	432
高考数学的理论与实践	2009—08	38.00	53
高考数学核心题型解题方法与技巧	2010—01	28.00	86
高考思维新平台	2014—03	38.00	259
高考数学压轴题解题诀窍(上)(第2版)	2018—01	58.00	874
高考数学压轴题解题诀窍(下)(第2版)	2018—01	48.00	875
突破高考数学新定义创新压轴题	2024—08	88.00	1741
北京市五区文科数学三年高考模拟题详解:2013~2015	2015—08	48.00	500
北京市五区理科数学三年高考模拟题详解:2013~2015	2015—09	68.00	505
向量法巧解数学高考题	2009—08	28.00	54
高中数学课堂教学的实践与反思	2021—11	48.00	791
数学高考参考	2016—01	78.00	589
新课程标准高考数学解答题各种题型解法指导	2020—08	78.00	1196
全国及各省市高考数学试题审题要津与解法研究	2015—02	48.00	450
高中数学章节起始课的教学研究与案例设计	2019—05	28.00	1064
新课标高考数学——五年试题分章详解(2007~2011)(上、下)	2011—10	78.00	140,141
全国中考数学压轴题审题要津与解法研究	2013—04	78.00	248
新编全国及各省市中考数学压轴题审题要津与解法研究	2014—05	58.00	342
全国及各省市5年中考数学压轴题审题要津与解法研究(2015版)	2015—04	58.00	462
中考数学专题总复习	2007—04	28.00	6
中考数学较难题常考题型解题方法与技巧	2016—09	48.00	681
中考数学难题常考题型解题方法与技巧	2016—09	48.00	682
中考数学中档题常考题型解题方法与技巧	2017—08	68.00	835
中考数学选择填空压轴好题妙解365	2024—01	80.00	1698
中考数学:三类重点考题的解法例析与习题	2020—04	48.00	1140
中小学数学的历史文化	2019—11	48.00	1124
小升初衔接数学	2024—06	68.00	1734
赢在小升初——数学	2024—08	78.00	1739
初中平面几何百题多思创新解	2020—01	58.00	1125
初中数学中考备考	2020—01	58.00	1126
高考数学之九章演义	2019—08	68.00	1044
高考数学之难题谈笑间	2022—06	68.00	1519
化学可以这样学:高中化学知识方法智慧感悟疑难辨析	2019—07	58.00	1103
如何成为学习高手	2019—09	58.00	1107
高考数学:经典真题分类解析	2020—04	78.00	1134
高考数学解答题破解策略	2020—11	58.00	1221
从分析解题过程学解题:高考压轴题与竞赛题之关系探究	2020—08	88.00	1179
从分析解题过程学解题:数学高考与竞赛的互联互通探究	2024—06	88.00	1735
教学新思考:单元整体视角下的初中数学教学设计	2021—03	58.00	1278
思维再拓展:2020年经典几何题的多解探究与思考	即将出版		1279
中考数学小压轴汇编初讲	2017—07	48.00	788
中考数学大压轴专题微言	2017—09	48.00	846

刘培杰数学工作室
已出版(即将出版)图书目录——初等数学

书　名	出版时间	定　价	编号
怎么解中考平面几何探索题	2019—06	48.00	1093
北京中考数学压轴题解题方法突破(第9版)	2024—01	78.00	1645
助你高考成功的数学解题智慧:知识是智慧的基础	2016—01	58.00	596
助你高考成功的数学解题智慧:错误是智慧的试金石	2016—04	58.00	643
助你高考成功的数学解题智慧:方法是智慧的推手	2016—04	68.00	657
高考数学奇思妙解	2016—04	38.00	610
高考数学解题策略	2016—05	48.00	670
数学解题泄天机(第2版)	2017—10	48.00	850
高中物理教学讲义	2018—01	48.00	871
高中物理教学讲义:全模块	2022—03	98.00	1492
高中物理答疑解惑65篇	2021—11	48.00	1462
中学物理基础问题解析	2020—08	48.00	1183
初中数学、高中数学脱节知识补缺教材	2017—06	48.00	766
高考数学客观题解题方法和技巧	2017—10	38.00	847
十年高考数学精品试题审题要津与解法研究	2021—10	98.00	1427
中国历届高考数学试题及解答.1949—1979	2018—01	38.00	877
历届中国高考数学试题及解答.第二卷,1980—1989	2018—10	28.00	975
历届中国高考数学试题及解答.第三卷,1990—1999	2018—10	48.00	976
跟我学解高中数学题	2018—07	58.00	926
中学数学研究的方法及案例	2018—05	58.00	869
高考数学抢分技能	2018—07	68.00	934
高一新生常用数学方法和重要数学思想提升教材	2018—06	38.00	921
高考数学全国六道解答题常考题型解题诀窍:理科(全2册)	2019—07	78.00	1101
高考数学全国卷16道选择、填空题常考题型解题诀窍.理科	2018—09	88.00	971
高考数学全国卷16道选择、填空题常考题型解题诀窍.文科	2020—01	88.00	1123
高中数学一题多解	2019—06	58.00	1087
历届中国高考数学试题及解答:1917—1999	2021—08	98.00	1371
2000~2003年全国及各省市高考数学试题及解答	2022—05	88.00	1499
2004年全国及各省市高考数学试题及解答	2023—08	78.00	1500
2005年全国及各省市高考数学试题及解答	2023—08	78.00	1501
2006年全国及各省市高考数学试题及解答	2023—08	88.00	1502
2007年全国及各省市高考数学试题及解答	2023—08	98.00	1503
2008年全国及各省市高考数学试题及解答	2023—08	88.00	1504
2009年全国及各省市高考数学试题及解答	2023—08	88.00	1505
2010年全国及各省市高考数学试题及解答	2023—08	98.00	1506
2011~2017年全国及各省市高考数学试题及解答	2024—01	78.00	1507
2018~2023年全国及各省市高考数学试题及解答	2024—03	78.00	1709
突破高原:高中数学解题思维探究	2021—08	48.00	1375
高考数学中的"取值范围"	2021—10	48.00	1429
新课程标准高中数学各种题型解法大全.必修一分册	2021—06	58.00	1315
新课程标准高中数学各种题型解法大全.必修二分册	2022—01	68.00	1471
高中数学各种题型解法大全.选择性必修一分册	2022—06	68.00	1525
高中数学各种题型解法大全.选择性必修二分册	2023—01	58.00	1600
高中数学各种题型解法大全.选择性必修三分册	2023—04	48.00	1643
高中数学专题研究	2024—05	88.00	1722
历届全国初中数学竞赛经典试题详解	2023—04	88.00	1624
孟祥礼高考数学精刷精解	2023—06	98.00	1663
新编640个世界著名数学智力趣题	2014—01	88.00	242
500个最新世界著名数学智力趣题	2008—06	48.00	3
400个最新世界著名数学最值问题	2008—09	48.00	36
500个世界著名数学征解问题	2009—06	48.00	52
400个中国最佳初等数学征解老问题	2010—01	48.00	60
500个俄罗斯数学经典老题	2011—01	28.00	81
1000个国外中学物理好题	2012—04	48.00	174
300个日本高考数学题	2012—05	38.00	142
700个早期日本高考数学试题	2017—02	88.00	752

刘培杰数学工作室
已出版(即将出版)图书目录——初等数学

书　名	出版时间	定　价	编号
500 个前苏联早期高考数学试题及解答	2012—05	28.00	185
546 个早期俄罗斯大学生数学竞赛题	2014—03	38.00	285
548 个来自美苏的数学好问题	2014—11	28.00	396
20 所苏联著名大学早期入学试题	2015—02	18.00	452
161 道德国工科大学生必做的微分方程习题	2015—05	28.00	469
500 个德国工科大学生必做的高数习题	2015—06	28.00	478
360 个数学竞赛问题	2016—08	58.00	677
200 个趣味数学故事	2018—02	48.00	857
470 个数学奥林匹克中的最值问题	2018—10	88.00	985
德国讲义日本考题.微积分卷	2015—04	48.00	456
德国讲义日本考题.微分方程卷	2015—04	38.00	457
二十世纪中叶中、英、美、日、法、俄高考数学试题精选	2017—06	38.00	783
中国初等数学研究　2009 卷(第 1 辑)	2009—05	20.00	45
中国初等数学研究　2010 卷(第 2 辑)	2010—05	30.00	68
中国初等数学研究　2011 卷(第 3 辑)	2011—07	60.00	127
中国初等数学研究　2012 卷(第 4 辑)	2012—07	48.00	190
中国初等数学研究　2014 卷(第 5 辑)	2014—02	48.00	288
中国初等数学研究　2015 卷(第 6 辑)	2015—06	68.00	493
中国初等数学研究　2016 卷(第 7 辑)	2016—04	68.00	609
中国初等数学研究　2017 卷(第 8 辑)	2017—01	98.00	712
初等数学研究在中国.第 1 辑	2019—03	158.00	1024
初等数学研究在中国.第 2 辑	2019—10	158.00	1116
初等数学研究在中国.第 3 辑	2021—05	158.00	1306
初等数学研究在中国.第 4 辑	2022—06	158.00	1520
初等数学研究在中国.第 5 辑	2023—07	158.00	1635
几何变换(Ⅰ)	2014—07	28.00	353
几何变换(Ⅱ)	2015—06	28.00	354
几何变换(Ⅲ)	2015—01	38.00	355
几何变换(Ⅳ)	2015—12	38.00	356
初等数论难题集(第一卷)	2009—05	68.00	44
初等数论难题集(第二卷)(上、下)	2011—02	128.00	82,83
数论概貌	2011—03	18.00	93
代数数论(第二版)	2013—08	58.00	94
代数多项式	2014—06	38.00	289
初等数论的知识与问题	2011—02	28.00	95
超越数论基础	2011—03	28.00	96
数论初等教程	2011—03	28.00	97
数论基础	2011—03	18.00	98
数论基础与维诺格拉多夫	2014—03	18.00	292
解析数论基础	2012—08	28.00	216
解析数论基础(第二版)	2014—01	48.00	287
解析数论问题集(第二版)(原版引进)	2014—05	88.00	343
解析数论问题集(第二版)(中译本)	2016—04	88.00	607
解析数论基础(潘承洞,潘承彪著)	2016—07	98.00	673
解析数论导引	2016—07	58.00	674
数论入门	2011—03	38.00	99
代数数论入门	2015—03	38.00	448

书　名	出版时间	定　价	编号
数论开篇	2012—07	28.00	194
解析数论引论	2011—03	48.00	100
Barban Davenport Halberstam 均值和	2009—01	40.00	33
基础数论	2011—03	28.00	101
初等数论100例	2011—05	18.00	122
初等数论经典例题	2012—07	18.00	204
最新世界各国数学奥林匹克中的初等数论试题(上、下)	2012—01	138.00	144,145
初等数论(Ⅰ)	2012—01	18.00	156
初等数论(Ⅱ)	2012—01	18.00	157
初等数论(Ⅲ)	2012—01	28.00	158
平面几何与数论中未解决的新老问题	2013—01	68.00	229
代数数论简史	2014—11	28.00	408
代数数论	2015—09	88.00	532
代数、数论及分析习题集	2016—11	98.00	695
数论导引提要及习题解答	2016—01	48.00	559
素数定理的初等证明.第2版	2016—09	48.00	686
数论中的模函数与狄利克雷级数(第二版)	2017—11	78.00	837
数论:数学导引	2018—01	68.00	849
范氏大代数	2019—02	98.00	1016
解析数学讲义.第一卷,导来式及微分、积分、级数	2019—04	88.00	1021
解析数学讲义.第二卷,关于几何的应用	2019—04	68.00	1022
解析数学讲义.第三卷,解析函数论	2019—04	78.00	1023
分析·组合·数论纵横谈	2019—04	58.00	1039
Hall 代数:民国时期的中学数学课本:英文	2019—08	88.00	1106
基谢廖夫初等代数	2022—07	38.00	1531
基谢廖夫算术	2024—05	48.00	1725
数学精神巡礼	2019—01	58.00	731
数学眼光透视(第2版)	2017—06	78.00	732
数学思想领悟(第2版)	2018—01	68.00	733
数学方法溯源(第2版)	2018—08	68.00	734
数学解题引论	2017—05	58.00	735
数学史话览胜(第2版)	2017—01	48.00	736
数学应用展观(第2版)	2017—08	68.00	737
数学建模尝试	2018—04	48.00	738
数学竞赛采风	2018—01	68.00	739
数学测评探营	2019—05	58.00	740
数学技能操握	2018—03	48.00	741
数学欣赏拾趣	2018—02	48.00	742
从毕达哥拉斯到怀尔斯	2007—10	48.00	9
从迪利克雷到维斯卡尔迪	2008—01	48.00	21
从哥德巴赫到陈景润	2008—05	98.00	35
从庞加莱到佩雷尔曼	2011—08	138.00	136
博弈论精粹	2008—03	58.00	30
博弈论精粹.第二版(精装)	2015—01	88.00	461
数学 我爱你	2008—01	28.00	20
精神的圣徒　别样的人生——60位中国数学家成长的历程	2008—09	48.00	39
数学史概论	2009—06	78.00	50

刘培杰数学工作室
已出版(即将出版)图书目录——初等数学

书　名	出版时间	定　价	编号
数学史概论(精装)	2013—03	158.00	272
数学史选讲	2016—01	48.00	544
斐波那契数列	2010—02	28.00	65
数学拼盘和斐波那契魔方	2010—07	38.00	72
斐波那契数列欣赏(第2版)	2018—08	58.00	948
Fibonacci数列中的明珠	2018—06	58.00	928
数学的创造	2011—02	48.00	85
数学美与创造力	2016—01	48.00	595
数海拾贝	2016—01	48.00	590
数学中的美(第2版)	2019—04	68.00	1057
数论中的美学	2014—12	38.00	351
数学王者　科学巨人——高斯	2015—01	28.00	428
振兴祖国数学的圆梦之旅:中国初等数学研究史话	2015—06	98.00	490
二十世纪中国数学史料研究	2015—10	48.00	536
《九章算法比类大全》校注	2024—06	198.00	1695
数字谜、数阵图与棋盘覆盖	2016—01	58.00	298
数学概念的进化:一个初步的研究	2023—07	68.00	1683
数学发现的艺术:数学探索中的合情推理	2016—07	58.00	671
活跃在数学中的参数	2016—07	48.00	675
数海趣史	2021—05	98.00	1314
玩转幻中之幻	2023—08	88.00	1682
数学艺术品	2023—09	98.00	1685
数学博弈与游戏	2023—10	68.00	1692
数学解题——靠数学思想给力(上)	2011—07	38.00	131
数学解题——靠数学思想给力(中)	2011—07	48.00	132
数学解题——靠数学思想给力(下)	2011—07	38.00	133
我怎样解题	2013—01	48.00	227
数学解题中的物理方法	2011—06	28.00	114
数学解题的特殊方法	2011—06	48.00	115
中学数学计算技巧(第2版)	2020—10	48.00	1220
中学数学证明方法	2012—01	58.00	117
数学趣题巧解	2012—03	28.00	128
高中数学教学通鉴	2015—05	58.00	479
和高中生漫谈:数学与哲学的故事	2014—08	28.00	369
算术问题集	2017—03	38.00	789
张教授讲数学	2018—07	38.00	933
陈永明实话实说数学教学	2020—04	68.00	1132
中学数学学科知识与教学能力	2020—06	58.00	1155
怎样把课讲好:大罕数学教学随笔	2022—03	58.00	1484
中国高考评价体系下高考数学探秘	2022—03	48.00	1487
数苑漫步	2024—01	58.00	1670
自主招生考试中的参数方程问题	2015—01	28.00	435
自主招生考试中的极坐标问题	2015—04	28.00	463
近年全国重点大学自主招生数学试题全解及研究.华约卷	2015—02	38.00	441
近年全国重点大学自主招生数学试题全解及研究.北约卷	2016—05	38.00	619
自主招生数学解证宝典	2015—09	48.00	535
中国科学技术大学创新班数学真题解析	2022—03	48.00	1488
中国科学技术大学创新班物理真题解析	2022—03	58.00	1489
格点和面积	2012—07	18.00	191
射影几何趣谈	2012—04	28.00	175
斯潘纳尔引理——从一道加拿大数学奥林匹克试题谈起	2014—01	28.00	228
李普希兹条件——从几道近年高考数学试题谈起	2012—10	18.00	221
拉格朗日中值定理——从一道北京高考试题的解法谈起	2015—10	18.00	197

刘培杰数学工作室

  已出版(即将出版)图书目录——初等数学

书 名	出版时间	定价	编号
闵科夫斯基定理——从一道清华大学自主招生试题谈起	2014—01	28.00	198
哈尔测度——从一道冬令营试题的背景谈起	2012—08	28.00	202
切比雪夫逼近问题——从一道中国台北数学奥林匹克试题谈起	2013—04	38.00	238
伯恩斯坦多项式与贝齐尔曲面——从一道全国高中数学联赛试题谈起	2013—03	38.00	236
卡塔兰猜想——从一道普特南竞赛试题谈起	2013—06	18.00	256
麦卡锡函数和阿克曼函数——从一道前南斯拉夫数学奥林匹克试题谈起	2012—08	18.00	201
贝蒂定理与拉姆贝克莫斯尔定理——从一个拣石子游戏谈起	2012—08	18.00	217
皮亚诺曲线和豪斯道夫分球定理——从无限集谈起	2012—08	18.00	211
平面凸图形与凸多面体	2012—10	28.00	218
斯坦因豪斯问题——从一道二十五省市自治区中学数学竞赛试题谈起	2012—07	18.00	196
纽结理论中的亚历山大多项式与琼斯多项式——从一道北京市高一数学竞赛试题谈起	2012—07	28.00	195
原则与策略——从波利亚"解题表"谈起	2013—04	38.00	244
转化与化归——从三大尺规作图不能问题谈起	2012—08	28.00	214
代数几何中的贝祖定理(第一版)——从一道 IMO 试题的解法谈起	2013—08	18.00	193
成功连贯理论与约当块理论——从一道比利时数学竞赛试题谈起	2012—04	18.00	180
素数判定与大数分解	2014—08	18.00	199
置换多项式及其应用	2012—10	18.00	220
椭圆函数与模函数——从一道美国加州大学洛杉矶分校(UCLA)博士资格考题谈起	2012—10	28.00	219
差分方程的拉格朗日方法——从一道 2011 年全国高考理科试题的解法谈起	2012—08	28.00	200
力学在几何中的一些应用	2013—01	38.00	240
从根式解到伽罗华理论	2020—01	48.00	1121
康托洛维奇不等式——从一道全国高中联赛试题谈起	2013—03	28.00	337
西格尔引理——从一道第 18 届 IMO 试题的解法谈起	即将出版		
罗斯定理——从一道前苏联数学竞赛试题谈起	即将出版		
拉克斯定理和阿廷定理——从一道 IMO 试题的解法谈起	2014—01	58.00	246
毕卡大定理——从一道美国大学数学竞赛试题谈起	2014—07	18.00	350
贝齐尔曲线——从一道全国高中联赛试题谈起	即将出版		
拉格朗日乘子定理——从一道 2005 年全国高中联赛试题的高等数学解法谈起	2015—05	28.00	480
雅可比定理——从一道日本数学奥林匹克试题谈起	2013—04	48.00	249
李天岩—约克定理——从一道波兰数学竞赛试题谈起	2014—06	28.00	349
受控理论与初等不等式:从一道 IMO 试题的解法谈起	2023—03	48.00	1601
布劳维不动点定理——从一道前苏联数学奥林匹克试题谈起	2014—01	38.00	273
伯恩赛德定理——从一道英国数学奥林匹克试题谈起	即将出版		
布查特—莫斯特定理——从一道上海市初中竞赛试题谈起	即将出版		
数论中的同余数问题——从一道普特南竞赛试题谈起	即将出版		
范·德蒙行列式——从一道美国数学奥林匹克试题谈起	即将出版		
中国剩余定理:总数法构建中国历史年表	2015—01	28.00	430
牛顿程序与方程求根——从一道全国高考试题解法谈起	即将出版		
库默尔定理——从一道 IMO 预选试题谈起	即将出版		
卢丁定理——从一道冬令营试题的解法谈起	即将出版		
沃斯滕霍姆定理——从一道 IMO 预选试题谈起	即将出版		
卡尔松不等式——从一道莫斯科数学奥林匹克试题谈起	即将出版		
信息论中的香农熵——从一道近年高考压轴题谈起	即将出版		

刘培杰数学工作室
已出版(即将出版)图书目录——初等数学

书　名	出版时间	定　价	编号
约当不等式——从一道希望杯竞赛试题谈起	即将出版		
拉比诺维奇定理	即将出版		
刘维尔定理——从一道《美国数学月刊》征解问题的解法谈起	即将出版		
卡塔兰恒等式与级数求和——从一道 IMO 试题的解法谈起	即将出版		
勒让德猜想与素数分布——从一道爱尔兰竞赛试题谈起	即将出版		
天平称重与信息论——从一道基辅市数学奥林匹克试题谈起	即将出版		
哈尔森顿—凯莱定理:从一道高中数学联赛试题的解法谈起	2014—09	18.00	376
艾思特曼定理——从一道 CMO 试题的解法谈起	即将出版		
阿贝尔恒等式与经典不等式及应用	2018—06	98.00	923
迪利克雷除数问题	2018—07	48.00	930
幻方、幻立方与拉丁方	2019—08	48.00	1092
帕斯卡三角形	2014—03	18.00	294
蒲丰投针问题——从 2009 年清华大学的一道自主招生试题谈起	2014—01	38.00	295
斯图姆定理——从一道"华约"自主招生试题的解法谈起	2014—01	18.00	296
许瓦兹引理——从一道加利福尼亚大学伯克利分校数学系博士生试题谈起	2014—08	18.00	297
拉姆塞定理——从王诗宬院士的一个问题谈起	2016—04	48.00	299
坐标法	2013—12	28.00	332
数论三角形	2014—04	38.00	341
毕克定理	2014—07	18.00	352
数林掠影	2014—09	48.00	389
我们周围的概率	2014—10	38.00	390
凸函数最值定理:从一道华约自主招生题的解法谈起	2014—10	28.00	391
易学与数学奥林匹克	2014—10	38.00	392
生物数学趣谈	2015—01	18.00	409
反演	2015—01	28.00	420
因式分解与圆锥曲线	2015—01	18.00	426
轨迹	2015—01	28.00	427
面积原理:从常庚哲命的一道 CMO 试题的积分解法谈起	2015—01	48.00	431
形形色色的不动点定理:从一道 28 届 IMO 试题谈起	2015—01	38.00	439
柯西函数方程:从一道上海交大自主招生的试题谈起	2015—02	28.00	440
三角恒等式	2015—02	28.00	442
无理性判定:从一道 2014 年"北约"自主招生试题谈起	2015—01	38.00	443
数学归纳法	2015—03	18.00	451
极端原理与解题	2015—04	28.00	464
法雷级数	2014—08	18.00	367
摆线族	2015—01	38.00	438
函数方程及其解法	2015—05	38.00	470
含参数的方程和不等式	2012—09	28.00	213
希尔伯特第十问题	2016—01	38.00	543
无穷小量的求和	2016—01	28.00	545
切比雪夫多项式:从一道清华大学金秋营试题谈起	2016—01	38.00	583
泽肯多夫定理	2016—03	38.00	599
代数等式证题法	2016—01	28.00	600
三角等式证题法	2016—01	28.00	601
吴大任教授藏书中的一个因式分解公式:从一道美国数学邀请赛试题的解法谈起	2016—06	28.00	656
易卦——类万物的数学模型	2017—08	68.00	838
"不可思议"的数与数系可持续发展	2018—01	38.00	878
最短线	2018—01	38.00	879
数学在天文、地理、光学、机械力学中的一些应用	2023—03	88.00	1576
从阿基米德三角形谈起	2023—01	28.00	1578

刘培杰数学工作室
已出版(即将出版)图书目录——初等数学

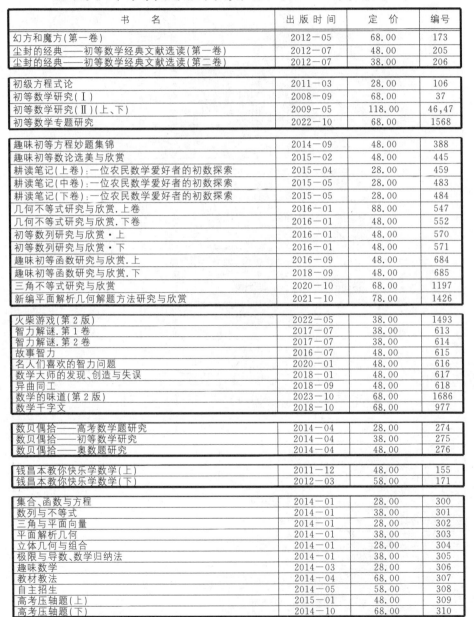

书　名	出版时间	定　价	编号
幻方和魔方(第一卷)	2012—05	68.00	173
尘封的经典——初等数学经典文献选读(第一卷)	2012—07	48.00	205
尘封的经典——初等数学经典文献选读(第二卷)	2012—07	38.00	206
初级方程式论	2011—03	28.00	106
初等数学研究(Ⅰ)	2008—09	68.00	37
初等数学研究(Ⅱ)(上、下)	2009—05	118.00	46,47
初等数学专题研究	2022—10	68.00	1568
趣味初等方程妙题集锦	2014—09	48.00	388
趣味初等数论选美与欣赏	2015—02	48.00	445
耕读笔记(上卷):一位农民数学爱好者的初数探索	2015—04	28.00	459
耕读笔记(中卷):一位农民数学爱好者的初数探索	2015—05	28.00	483
耕读笔记(下卷):一位农民数学爱好者的初数探索	2015—05	28.00	484
几何不等式研究与欣赏.上卷	2016—01	88.00	547
几何不等式研究与欣赏.下卷	2016—01	48.00	552
初等数列研究与欣赏·上	2016—01	48.00	570
初等数列研究与欣赏·下	2016—01	48.00	571
趣味初等函数研究与欣赏.上	2016—09	48.00	684
趣味初等函数研究与欣赏.下	2018—09	48.00	685
三角不等式研究与欣赏	2020—10	68.00	1197
新编平面解析几何解题方法研究与欣赏	2021—10	78.00	1426
火柴游戏(第2版)	2022—05	38.00	1493
智力解谜.第1卷	2017—07	38.00	613
智力解谜.第2卷	2017—07	38.00	614
故事智力	2016—07	48.00	615
名人们喜欢的智力问题	2020—01	48.00	616
数学大师的发现、创造与失误	2018—01	48.00	617
异曲同工	2018—09	48.00	618
数学的味道(第2版)	2023—10	68.00	1686
数学千字文	2018—10	68.00	977
数贝偶拾——高考数学题研究	2014—04	28.00	274
数贝偶拾——初等数学研究	2014—04	38.00	275
数贝偶拾——奥数题研究	2014—04	48.00	276
钱昌本教你快乐学数学(上)	2011—12	48.00	155
钱昌本教你快乐学数学(下)	2012—03	58.00	171
集合、函数与方程	2014—01	28.00	300
数列与不等式	2014—01	38.00	301
三角与平面向量	2014—01	28.00	302
平面解析几何	2014—01	38.00	303
立体几何与组合	2014—01	28.00	304
极限与导数、数学归纳法	2014—01	38.00	305
趣味数学	2014—03	28.00	306
教材教法	2014—04	68.00	307
自主招生	2014—05	58.00	308
高考压轴题(上)	2015—01	48.00	309
高考压轴题(下)	2014—10	68.00	310

刘培杰数学工作室
已出版(即将出版)图书目录——初等数学

书　名	出版时间	定　价	编号
从费马到怀尔斯——费马大定理的历史	2013−10	198.00	I
从庞加莱到佩雷尔曼——庞加莱猜想的历史	2013−10	298.00	II
从切比雪夫到爱尔特希(上)——素数定理的初等证明	2013−07	48.00	III
从切比雪夫到爱尔特希(下)——素数定理100年	2012−12	98.00	III
从高斯到盖尔方特——二次域的高斯猜想	2013−10	198.00	IV
从库默尔到朗兰兹——朗兰兹猜想的历史	2014−01	98.00	V
从比勃巴赫到德布朗斯——比勃巴赫猜想的历史	2014−02	298.00	VI
从麦比乌斯到陈省身——麦比乌斯变换与麦比乌斯带	2014−02	298.00	VII
从布尔到豪斯道夫——布尔方程与格论漫谈	2013−10	198.00	VIII
从开普勒到阿诺德——三体问题的历史	2014−05	298.00	IX
从华林到华罗庚——华林问题的历史	2013−10	298.00	X
美国高中数学竞赛五十讲.第1卷(英文)	2014−08	28.00	357
美国高中数学竞赛五十讲.第2卷(英文)	2014−08	28.00	358
美国高中数学竞赛五十讲.第3卷(英文)	2014−09	28.00	359
美国高中数学竞赛五十讲.第4卷(英文)	2014−09	28.00	360
美国高中数学竞赛五十讲.第5卷(英文)	2014−10	28.00	361
美国高中数学竞赛五十讲.第6卷(英文)	2014−11	28.00	362
美国高中数学竞赛五十讲.第7卷(英文)	2014−12	28.00	363
美国高中数学竞赛五十讲.第8卷(英文)	2015−01	28.00	364
美国高中数学竞赛五十讲.第9卷(英文)	2015−01	28.00	365
美国高中数学竞赛五十讲.第10卷(英文)	2015−02	38.00	366
三角函数(第2版)	2017−04	38.00	626
不等式	2014−01	38.00	312
数列	2014−01	38.00	313
方程(第2版)	2017−04	38.00	624
排列和组合	2014−01	28.00	315
极限与导数(第2版)	2016−04	38.00	635
向量(第2版)	2018−08	58.00	627
复数及其应用	2014−08	28.00	318
函数	2014−01	38.00	319
集合	2020−01	48.00	320
直线与平面	2014−01	28.00	321
立体几何(第2版)	2016−04	38.00	629
解三角形	即将出版		323
直线与圆(第2版)	2016−11	38.00	631
圆锥曲线(第2版)	2016−09	48.00	632
解题通法(一)	2014−07	38.00	326
解题通法(二)	2014−07	38.00	327
解题通法(三)	2014−05	38.00	328
概率与统计	2014−01	28.00	329
信息迁移与算法	即将出版		330

书　名	出版时间	定　价	编号
IMO 50 年.第 1 卷(1959—1963)	2014—11	28.00	377
IMO 50 年.第 2 卷(1964—1968)	2014—11	28.00	378
IMO 50 年.第 3 卷(1969—1973)	2014—09	28.00	379
IMO 50 年.第 4 卷(1974—1978)	2016—04	38.00	380
IMO 50 年.第 5 卷(1979—1984)	2015—04	38.00	381
IMO 50 年.第 6 卷(1985—1989)	2015—04	58.00	382
IMO 50 年.第 7 卷(1990—1994)	2016—01	48.00	383
IMO 50 年.第 8 卷(1995—1999)	2016—06	38.00	384
IMO 50 年.第 9 卷(2000—2004)	2015—04	58.00	385
IMO 50 年.第 10 卷(2005—2009)	2016—01	48.00	386
IMO 50 年.第 11 卷(2010—2015)	2017—03	48.00	646
数学反思(2006—2007)	2020—09	88.00	915
数学反思(2008—2009)	2019—01	68.00	917
数学反思(2010—2011)	2018—05	58.00	916
数学反思(2012—2013)	2019—01	58.00	918
数学反思(2014—2015)	2019—03	78.00	919
数学反思(2016—2017)	2021—03	58.00	1286
数学反思(2018—2019)	2023—01	88.00	1593
历届美国大学生数学竞赛试题集.第一卷(1938—1949)	2015—01	28.00	397
历届美国大学生数学竞赛试题集.第二卷(1950—1959)	2015—01	28.00	398
历届美国大学生数学竞赛试题集.第三卷(1960—1969)	2015—01	28.00	399
历届美国大学生数学竞赛试题集.第四卷(1970—1979)	2015—01	18.00	400
历届美国大学生数学竞赛试题集.第五卷(1980—1989)	2015—01	28.00	401
历届美国大学生数学竞赛试题集.第六卷(1990—1999)	2015—01	28.00	402
历届美国大学生数学竞赛试题集.第七卷(2000—2009)	2015—08	18.00	403
历届美国大学生数学竞赛试题集.第八卷(2010—2012)	2015—01	18.00	404
新课标高考数学创新题解题诀窍:总论	2014—09	28.00	372
新课标高考数学创新题解题诀窍:必修 1~5 分册	2014—08	38.00	373
新课标高考数学创新题解题诀窍:选修 2—1,2—2,1—1,1—2分册	2014—09	38.00	374
新课标高考数学创新题解题诀窍:选修 2—3,4—4,4—5分册	2014—09	18.00	375
全国重点大学自主招生英文数学试题全攻略:词汇卷	2015—07	48.00	410
全国重点大学自主招生英文数学试题全攻略:概念卷	2015—01	28.00	411
全国重点大学自主招生英文数学试题全攻略:文章选读卷(上)	2016—09	38.00	412
全国重点大学自主招生英文数学试题全攻略:文章选读卷(下)	2017—01	58.00	413
全国重点大学自主招生英文数学试题全攻略:试题卷	2015—07	38.00	414
全国重点大学自主招生英文数学试题全攻略:名著欣赏卷	2017—03	48.00	415
劳埃德数学趣题大全.题目卷.1:英文	2016—01	18.00	516
劳埃德数学趣题大全.题目卷.2:英文	2016—01	18.00	517
劳埃德数学趣题大全.题目卷.3:英文	2016—01	18.00	518
劳埃德数学趣题大全.题目卷.4:英文	2016—01	18.00	519
劳埃德数学趣题大全.题目卷.5:英文	2016—01	18.00	520
劳埃德数学趣题大全.答案卷:英文	2016—01	18.00	521

书　名	出版时间	定　价	编号
李成章教练奥数笔记.第1卷	2016-01	48.00	522
李成章教练奥数笔记.第2卷	2016-01	48.00	523
李成章教练奥数笔记.第3卷	2016-01	38.00	524
李成章教练奥数笔记.第4卷	2016-01	38.00	525
李成章教练奥数笔记.第5卷	2016-01	38.00	526
李成章教练奥数笔记.第6卷	2016-01	38.00	527
李成章教练奥数笔记.第7卷	2016-01	38.00	528
李成章教练奥数笔记.第8卷	2016-01	48.00	529
李成章教练奥数笔记.第9卷	2016-01	28.00	530
第19~23届"希望杯"全国数学邀请赛试题审题要津详细评注(初一版)	2014-03	28.00	333
第19~23届"希望杯"全国数学邀请赛试题审题要津详细评注(初二、初三版)	2014-03	38.00	334
第19~23届"希望杯"全国数学邀请赛试题审题要津详细评注(高一版)	2014-03	28.00	335
第19~23届"希望杯"全国数学邀请赛试题审题要津详细评注(高二版)	2014-03	38.00	336
第19~25届"希望杯"全国数学邀请赛试题审题要津详细评注(初一版)	2015-01	38.00	416
第19~25届"希望杯"全国数学邀请赛试题审题要津详细评注(初二、初三版)	2015-01	58.00	417
第19~25届"希望杯"全国数学邀请赛试题审题要津详细评注(高一版)	2015-01	48.00	418
第19~25届"希望杯"全国数学邀请赛试题审题要津详细评注(高二版)	2015-01	48.00	419
物理奥林匹克竞赛大题典——力学卷	2014-11	48.00	405
物理奥林匹克竞赛大题典——热学卷	2014-04	28.00	339
物理奥林匹克竞赛大题典——电磁学卷	2015-07	48.00	406
物理奥林匹克竞赛大题典——光学与近代物理卷	2014-06	28.00	345
历届中国东南地区数学奥林匹克试题及解答	2024-06	68.00	1724
历届中国西部地区数学奥林匹克试题集(2001~2012)	2014-07	18.00	347
历届中国女子数学奥林匹克试题集(2002~2012)	2014-08	18.00	348
数学奥林匹克在中国	2014-06	98.00	344
数学奥林匹克问题集	2014-01	38.00	267
数学奥林匹克不等式散论	2010-06	38.00	124
数学奥林匹克不等式欣赏	2011-09	38.00	138
数学奥林匹克超级题库(初中卷上)	2010-01	58.00	66
数学奥林匹克不等式证明方法和技巧(上、下)	2011-08	158.00	134,135
他们学什么:原民主德国中学数学课本	2016-09	38.00	658
他们学什么:英国中学数学课本	2016-09	38.00	659
他们学什么:法国中学数学课本.1	2016-09	38.00	660
他们学什么:法国中学数学课本.2	2016-09	28.00	661
他们学什么:法国中学数学课本.3	2016-09	38.00	662
他们学什么:苏联中学数学课本	2016-09	28.00	679

刘培杰数学工作室
已出版（即将出版）图书目录——初等数学

书　名	出版时间	定　价	编号
高中数学题典——集合与简易逻辑·函数	2016－07	48.00	647
高中数学题典——导数	2016－07	48.00	648
高中数学题典——三角函数·平面向量	2016－07	48.00	649
高中数学题典——数列	2016－07	58.00	650
高中数学题典——不等式·推理与证明	2016－07	38.00	651
高中数学题典——立体几何	2016－07	48.00	652
高中数学题典——平面解析几何	2016－07	78.00	653
高中数学题典——计数原理·统计·概率·复数	2016－07	48.00	654
高中数学题典——算法·平面几何·初等数论·组合数学·其他	2016－07	68.00	655
台湾地区奥林匹克数学竞赛试题.小学一年级	2017－03	38.00	722
台湾地区奥林匹克数学竞赛试题.小学二年级	2017－03	38.00	723
台湾地区奥林匹克数学竞赛试题.小学三年级	2017－03	38.00	724
台湾地区奥林匹克数学竞赛试题.小学四年级	2017－03	38.00	725
台湾地区奥林匹克数学竞赛试题.小学五年级	2017－03	38.00	726
台湾地区奥林匹克数学竞赛试题.小学六年级	2017－03	38.00	727
台湾地区奥林匹克数学竞赛试题.初中一年级	2017－03	38.00	728
台湾地区奥林匹克数学竞赛试题.初中二年级	2017－03	38.00	729
台湾地区奥林匹克数学竞赛试题.初中三年级	2017－03	28.00	730
不等式证题法	2017－04	28.00	747
平面几何培优教程	2019－08	88.00	748
奥数鼎级培优教程.高一分册	2018－09	88.00	749
奥数鼎级培优教程.高二分册.上	2018－04	68.00	750
奥数鼎级培优教程.高二分册.下	2018－04	68.00	751
高中数学竞赛冲刺宝典	2019－04	68.00	883
初中尖子生数学超级题典.实数	2017－07	58.00	792
初中尖子生数学超级题典.式、方程与不等式	2017－08	58.00	793
初中尖子生数学超级题典.圆、面积	2017－08	38.00	794
初中尖子生数学超级题典.函数、逻辑推理	2017－08	48.00	795
初中尖子生数学超级题典.角、线段、三角形与多边形	2017－07	58.00	796
数学王子——高斯	2018－01	48.00	858
坎坷奇星——阿贝尔	2018－01	48.00	859
闪烁奇星——伽罗瓦	2018－01	58.00	860
无穷统帅——康托尔	2018－01	48.00	861
科学公主——柯瓦列夫斯卡娅	2018－01	48.00	862
抽象代数之母——埃米·诺特	2018－01	48.00	863
电脑先驱——图灵	2018－01	58.00	864
昔日神童——维纳	2018－01	48.00	865
数坛怪侠——爱尔特希	2018－01	68.00	866
传奇数学家徐利治	2019－09	88.00	1110

书　　名	出版时间	定　价	编号
当代世界中的数学.数学思想与数学基础	2019—01	38.00	892
当代世界中的数学.数学问题	2019—01	38.00	893
当代世界中的数学.应用数学与数学应用	2019—01	38.00	894
当代世界中的数学.数学王国的新疆域(一)	2019—01	38.00	895
当代世界中的数学.数学王国的新疆域(二)	2019—01	38.00	896
当代世界中的数学.数林撷英(一)	2019—01	38.00	897
当代世界中的数学.数林撷英(二)	2019—01	48.00	898
当代世界中的数学.数学之路	2019—01	38.00	899
105个代数问题:来自 AwesomeMath 夏季课程	2019—02	58.00	956
106个几何问题:来自 AwesomeMath 夏季课程	2020—07	58.00	957
107个几何问题:来自 AwesomeMath 全年课程	2020—07	58.00	958
108个代数问题:来自 AwesomeMath 全年课程	2019—01	68.00	959
109个不等式:来自 AwesomeMath 夏季课程	2019—04	58.00	960
110个几何问题:选自各国数学奥林匹克竞赛	2024—04	58.00	961
111个代数和数论问题	2019—05	58.00	962
112个组合问题:来自 AwesomeMath 夏季课程	2019—05	58.00	963
113个几何不等式:来自 AwesomeMath 夏季课程	2020—08	58.00	964
114个指数和对数问题:来自 AwesomeMath 夏季课程	2019—09	48.00	965
115个三角问题:来自 AwesomeMath 夏季课程	2019—09	58.00	966
116个代数不等式:来自 AwesomeMath 全年课程	2019—04	58.00	967
117个多项式问题:来自 AwesomeMath 夏季课程	2021—09	58.00	1409
118个数学竞赛不等式	2022—08	78.00	1526
119个三角问题	2024—05	58.00	1726
紫色彗星国际数学竞赛试题	2019—02	58.00	999
数学竞赛中的数学:为数学爱好者、父母、教师和教练准备的丰富资源.第一部	2020—04	58.00	1141
数学竞赛中的数学:为数学爱好者、父母、教师和教练准备的丰富资源.第二部	2020—07	48.00	1142
和与积	2020—10	38.00	1219
数论:概念和问题	2020—12	68.00	1257
初等数学问题研究	2021—03	48.00	1270
数学奥林匹克中的欧几里得几何	2021—10	68.00	1413
数学奥林匹克题解新编	2022—01	58.00	1430
图论入门	2022—09	58.00	1554
新的、更新的、最新的不等式	2023—07	58.00	1650
几何不等式相关问题	2024—04	58.00	1721
数学归纳法——一种高效而简捷的证明方法	2024—06	48.00	1738
数学竞赛中奇妙的多项式	2024—01	78.00	1646
120个奇妙的代数问题及20个奖励问题	2024—04	48.00	1647

刘培杰数学工作室
已出版(即将出版)图书目录——初等数学

书　名	出版时间	定　价	编号
澳大利亚中学数学竞赛试题及解答(初级卷)1978~1984	2019—02	28.00	1002
澳大利亚中学数学竞赛试题及解答(初级卷)1985~1991	2019—02	28.00	1003
澳大利亚中学数学竞赛试题及解答(初级卷)1992~1998	2019—02	28.00	1004
澳大利亚中学数学竞赛试题及解答(初级卷)1999~2005	2019—02	28.00	1005
澳大利亚中学数学竞赛试题及解答(中级卷)1978~1984	2019—03	28.00	1006
澳大利亚中学数学竞赛试题及解答(中级卷)1985~1991	2019—03	28.00	1007
澳大利亚中学数学竞赛试题及解答(中级卷)1992~1998	2019—03	28.00	1008
澳大利亚中学数学竞赛试题及解答(中级卷)1999~2005	2019—03	28.00	1009
澳大利亚中学数学竞赛试题及解答(高级卷)1978~1984	2019—05	28.00	1010
澳大利亚中学数学竞赛试题及解答(高级卷)1985~1991	2019—05	28.00	1011
澳大利亚中学数学竞赛试题及解答(高级卷)1992~1998	2019—05	28.00	1012
澳大利亚中学数学竞赛试题及解答(高级卷)1999~2005	2019—05	28.00	1013
天才中小学生智力测验题.第一卷	2019—03	38.00	1026
天才中小学生智力测验题.第二卷	2019—03	38.00	1027
天才中小学生智力测验题.第三卷	2019—03	38.00	1028
天才中小学生智力测验题.第四卷	2019—03	38.00	1029
天才中小学生智力测验题.第五卷	2019—03	38.00	1030
天才中小学生智力测验题.第六卷	2019—03	38.00	1031
天才中小学生智力测验题.第七卷	2019—03	38.00	1032
天才中小学生智力测验题.第八卷	2019—03	38.00	1033
天才中小学生智力测验题.第九卷	2019—03	38.00	1034
天才中小学生智力测验题.第十卷	2019—03	38.00	1035
天才中小学生智力测验题.第十一卷	2019—03	38.00	1036
天才中小学生智力测验题.第十二卷	2019—03	38.00	1037
天才中小学生智力测验题.第十三卷	2019—03	38.00	1038
重点大学自主招生数学备考全书:函数	2020—05	48.00	1047
重点大学自主招生数学备考全书:导数	2020—08	48.00	1048
重点大学自主招生数学备考全书:数列与不等式	2019—10	78.00	1049
重点大学自主招生数学备考全书:三角函数与平面向量	2020—08	68.00	1050
重点大学自主招生数学备考全书:平面解析几何	2020—07	58.00	1051
重点大学自主招生数学备考全书:立体几何与平面几何	2019—08	48.00	1052
重点大学自主招生数学备考全书:排列组合·概率统计·复数	2019—09	48.00	1053
重点大学自主招生数学备考全书:初等数论与组合数学	2019—08	48.00	1054
重点大学自主招生数学备考全书:重点大学自主招生真题.上	2019—04	68.00	1055
重点大学自主招生数学备考全书:重点大学自主招生真题.下	2019—04	58.00	1056
高中数学竞赛培训教程:平面几何问题的求解方法与策略.上	2018—05	68.00	906
高中数学竞赛培训教程:平面几何问题的求解方法与策略.下	2018—06	78.00	907
高中数学竞赛培训教程:整除与同余以及不定方程	2018—01	88.00	908
高中数学竞赛培训教程:组合计数与组合极值	2018—04	48.00	909
高中数学竞赛培训教程:初等代数	2019—04	78.00	1042
高中数学讲座:数学竞赛基础教程(第一册)	2019—06	48.00	1094
高中数学讲座:数学竞赛基础教程(第二册)	即将出版		1095
高中数学讲座:数学竞赛基础教程(第三册)	即将出版		1096
高中数学讲座:数学竞赛基础教程(第四册)	即将出版		1097

书　名	出版时间	定　价	编号
新编中学数学解题方法 1000 招丛书.实数(初中版)	2022—05	58.00	1291
新编中学数学解题方法 1000 招丛书.式(初中版)	2022—05	48.00	1292
新编中学数学解题方法 1000 招丛书.方程与不等式(初中版)	2021—04	58.00	1293
新编中学数学解题方法 1000 招丛书.函数(初中版)	2022—05	38.00	1294
新编中学数学解题方法 1000 招丛书.角(初中版)	2022—05	48.00	1295
新编中学数学解题方法 1000 招丛书.线段(初中版)	2022—05	48.00	1296
新编中学数学解题方法 1000 招丛书.三角形与多边形(初中版)	2021—04	48.00	1297
新编中学数学解题方法 1000 招丛书.圆(初中版)	2022—05	48.00	1298
新编中学数学解题方法 1000 招丛书.面积(初中版)	2021—07	28.00	1299
新编中学数学解题方法 1000 招丛书.逻辑推理(初中版)	2022—06	48.00	1300
高中数学题典精编.第一辑.函数	2022—01	58.00	1444
高中数学题典精编.第一辑.导数	2022—01	68.00	1445
高中数学题典精编.第一辑.三角函数·平面向量	2022—01	68.00	1446
高中数学题典精编.第一辑.数列	2022—01	58.00	1447
高中数学题典精编.第一辑.不等式·推理与证明	2022—01	58.00	1448
高中数学题典精编.第一辑.立体几何	2022—01	58.00	1449
高中数学题典精编.第一辑.平面解析几何	2022—01	68.00	1450
高中数学题典精编.第一辑.统计·概率·平面几何	2022—01	58.00	1451
高中数学题典精编.第一辑.初等数论·组合数学·数学文化·解题方法	2022—01	58.00	1452
历届全国初中数学竞赛试题分类解析.初等代数	2022—09	98.00	1555
历届全国初中数学竞赛试题分类解析.初等数论	2022—09	48.00	1556
历届全国初中数学竞赛试题分类解析.平面几何	2022—09	38.00	1557
历届全国初中数学竞赛试题分类解析.组合	2022—09	38.00	1558
从三道高三数学模拟题的背景谈起:兼谈傅里叶三角级数	2023—03	48.00	1651
从一道日本东京大学的入学试题谈起:兼谈 π 的方方面面	即将出版		1652
从两道 2021 年福建高三数学测试题谈起:兼谈球面几何学与球面三角学	即将出版		1653
从一道湖南高考数学试题谈起:兼谈有界变差数列	2024—01	48.00	1654
从一道高校自主招生试题谈起:兼谈詹森函数方程	即将出版		1655
从一道上海高考数学试题谈起:兼谈有界变差函数	即将出版		1656
从一道北京大学金秋营数学试题的解法谈起:兼谈伽罗瓦理论	即将出版		1657
从一道北京高考数学试题的解法谈起:兼谈毕克定理	即将出版		1658
从一道北京大学金秋营数学试题的解法谈起:兼谈帕塞瓦尔恒等式	即将出版		1659
从一道高三数学模拟测试题的背景谈起:兼谈等周问题与等周不等式	即将出版		1660
从一道 2020 年全国高考数学试题的解法谈起:兼谈斐波那契数列和纳卡穆拉定理及奥斯图达定理	即将出版		1661
从一道高考数学附加题谈起:兼谈广义斐波那契数列	即将出版		1662

刘培杰数学工作室
已出版(即将出版)图书目录——初等数学

书　名	出版时间	定　价	编号
代数学教程.第一卷,集合论	2023—08	58.00	1664
代数学教程.第二卷,抽象代数基础	2023—08	68.00	1665
代数学教程.第三卷,数论原理	2023—08	58.00	1666
代数学教程.第四卷,代数方程式论	2023—08	48.00	1667
代数学教程.第五卷,多项式理论	2023—08	58.00	1668
代数学教程.第六卷,线性代数原理	2024—06	98.00	1669
中考数学培优教程——二次函数卷	2024—05	78.00	1718
中考数学培优教程——平面几何最值卷	2024—05	58.00	1719
中考数学培优教程——专题讲座卷	2024—05	58.00	1720

联系地址:哈尔滨市南岗区复华四道街 10 号　哈尔滨工业大学出版社刘培杰数学工作室
邮　　编:150006
联系电话:0451—86281378　　　13904613167
E-mail:lpj1378@163.com